솔직한 공학수학 4판

풀이

노태완 지음

TEXT BOOKS
텍스트북스

지은이 소개

노태완 | twnoh@hongik.ac.kr

서울대학교 공과대학 원자핵공학과, 학사(1985)
서울대학교 대학원 원자핵공학과, 석사(1987)
한국원자력연구소 연구원(1985~1989)
University of California at Berkeley, Nuclear Engineering Department, Ph.D.
미국 Los Alamos National Laboratory 연구원(1992~1994)
홍익대학교 공과대학 기초과학과 교수(1994~현재)
한국공학교육학회 우수 강의록 Award(2007)

솔직한 **공학수학** 풀이

발행일 2022년 8월 31일
지은이 노태완
발행인 양정완 **발행처** (주)텍스트북스 **주소** 서울특별시 영등포구 양평로 30길 14, 세종앤까뮤스퀘어 1109호
전화 02-702-5725~6 **팩스** 02-702-5727 **웹사이트** www.textbooks.co.kr
등록번호 제2022-000098호

ISBN 978-89-93543-90-2 93410
정가 15,000원

머리말

번역서가 아닌 국내에서 출간된 공학수학 교재 "솔직한 공학수학"이 2019년에 벌써 4판이 출간되었다. 수학자가 아닌 공학자가 감히 수학 교재를 집필한다는 것이 쉬운 일은 아니었지만 그나마 각고의 노력으로 책이 출판되었고 이 책을 사용했던 공대생들의 반응이 좋은 점은 다행이 아닐 수 없다.

처음 초판을 발간할 때부터 교재에 수록된 모든 연습문제의 풀이를 저자가 직접 만들어 놓았지만 연습문제를 학생들이 스스로 풀도록 하기 위해 이제까지 풀이를 공개하지 않았다. 수업시간에 연습문제에 대한 질문을 받고 풀이를 함께 생각하는 기회를 갖도록 노력했다. 하지만 이러한 방법은 수업시간의 부족을 초래하였고, 일부 내성적인 학생들의 욕구를 충족시키지 못했다. 특히 2020년 코로나19로 인한 원격수업이 시작되며 스스로 공부하는 학생들을 위해 풀이집의 필요성이 더욱 부각되어 "솔직한 공학수학 풀이"를 발간하게 되었다.

과거 중, 고, 대학생 467명을 대상으로 시행한 설문조사에 의하면 수학을 싫어하는 이유가 (1) 모르겠다 (2) 점수를 잘 받을 수 없다 (3) 풀리지 않는다 순이었고 수학을 좋아하는 이유는 (1) 풀었을 때의 기쁨 (2) 잘 안다 (3) 답이 있다 순서로 나타났다. 부디 이 책이 수학을 좋아하는 이유에 누가 되지 않도록 제대로 사용되기를 진심으로 바란다.

전 세계적으로 어려운 상황이지만 우리 공대 학생들은 코로나 19 이후에도 우리나라의 지속적인 발전과 개인의 행복을 위해 공헌해야 할 중요한 사람들이다. 현 상황에 부화뇌동 마시고 열심히, 재미있게 또한 묵묵히 자기 일에 전념하길 바란다.

2020년 9월

솔직한 공학수학 저자 노태완 교수

차 례

제1장 1계 상미분방정식

1.1 미분방정식
1.2 변수분리법
1.3 완전미분방정식
1.4 1계 선형 미분방정식
1.5 1계 미분방정식의 응용

1.1 미분방정식

1. (1) $y = x^2 + c$ (2) $y = ce^x$ (3) $y = -\frac{1}{3}\cos 3x + c$

2. (1) 상미분방정식. $y = c_1 e^x + c_2 e^{-x}$, $y' = c_1 e^x - c_2 e^{-x}$ and $y'' = c_1 e^x + c_2 e^{-x}$

$$\therefore\ y'' = y$$

(2) 편미분방정식. $u = \tan^{-1}\frac{y}{x}$ 에서

$$\frac{\partial u}{\partial x} = \frac{-y/x^2}{1+(y/x)^2} = \frac{-y}{(x^2+y^2)}, \quad \frac{\partial^2 u}{\partial x^2} = \frac{2xy}{(x^2+y^2)^2}$$

$$\frac{\partial u}{\partial y} = \frac{1/x}{1+(y/x)^2} = \frac{x}{(x^2+y^2)}, \quad \frac{\partial^2 u}{\partial y^2} = -\frac{2xy}{(x^2+y^2)^2}$$

$$\therefore\ \frac{\partial^2 u}{\partial x^2} + \frac{\partial^2 u}{\partial y^2} = 0$$

3. (1) 1계 선형 비제차 : $y = -x + c$, $\therefore\ y' = -1$

(2) 2계 선형 제차 : $y = c_1\cos x + c_2\sin x$, $y' = -c_1\sin x + c_2\cos x$

$$y'' = -c_1\cos x - c_2\sin x \quad \therefore\ y'' + y = 0$$

(3) 1계 비선형 비제차 : $x^2 + y^2 = 1$, $2x + 2y\frac{dy}{dx} = 0 \quad \therefore\ yy' = -x$

(4) 1계 선형 비제차 :

$$y = ce^{-x} + x^2 - 2x\ , \quad y' = -ce^{-x} + 2x - 2 \quad \therefore\ y' + y = x^2 - 2$$

(5) 2계 선형 제차 :

$$y = e^{-x}(c_1\cos x + c_2\sin x),\ y' = e^{-x}[(c_2 - c_1)\cos x - (c_1 + c_2)\sin x]$$

$$y'' = e^{-x}[2c_1\sin x - 2c_2\cos x] \quad \therefore\ y'' + 2y' + 2y = 0$$

4. (1) $y = cx - c^2$, $y' = c$

$$(y')^2 - xy' + y = (c)^2 - x(c) + (cx - c^2) = 0 \quad \therefore \text{ 일반해}$$

(2) $y = x - 1$, $y' = 1$

$$(y')^2 - xy' + y = (1)^2 - x(1) + (x - 1) = 0 \quad \therefore \text{ 특수해}$$

(3) $y = x^2/4$, $y' = x/2$

$$(y')^2 - xy' + y = \left(\frac{x}{2}\right)^2 - x\left(\frac{x}{2}\right) + \left(\frac{x^2}{4}\right) = 0 \quad \therefore \text{ 특이해}$$

5. (1) $y' = \omega c_1\cos\omega t - \omega c_2\sin\omega t$, $y'' = -\omega^2 c_1\sin\omega t - \omega^2\cos\omega t = -\omega^2 y \quad \therefore\ y'' + \omega^2 y = 0$

(2) $y' = \omega c_1^*\cos(\omega t + c_2^*)$, $y'' = -\omega^2 c_1^*\sin(\omega t + c_2^*) = -\omega^2 y \quad \therefore\ y'' + \omega^2 y = 0$

(3) $y = c_1^*\sin(\omega t + c_2^*) = c_1^*(\sin\omega t\cos c_2^* + \cos\omega t\sin c_2^*) = c_1\sin\omega t + c_2\cos\omega t$

여기서 $c_1 = c_1^*\cos c_2^*$, $c_2 = c_1^*\sin c_2^*$. 또는 삼각함수 합성을 이용하면

$$y = c_1 \sin\omega t + c_2 \cos\omega t = c_1^* \sin(\omega t + c_2^*)$$

여기서, $c_1^* = \sqrt{c_1^2 + c_2^2}$, $c_2^* = \tan^{-1}\dfrac{c_2}{c_1}$.

6. (1) $y^2 = 2t^2 + c$ 를 t 에 대해 음함수 미분하면 $2y\dfrac{dy}{dt} - 4t = 0$, $\therefore\ yy' = 2t$

$y(1) = \sqrt{3}$ 이므로 $(\sqrt{3})^2 - 2(1)^2 = c \ \rightarrow\ c = 1 \quad \therefore\ y^2 = 2t^2 + 1$

(2) $y = c_1 \cosh x + c_2 \sinh x$, $y' = c_1 \sinh x + c_2 \cosh x$, $y'' = c_1 \cosh x + c_2 \sinh x \quad \therefore\ y'' - y = 0$

$y(0) = c_1 \cosh 0 + c_2 \sinh 0 = c_1 = 1$, $y'(0) = c_1 \sinh 0 + c_2 \cos 0 = c_2 = 0$

$\therefore\ y = \cosh x$

7. $|y'| + |y| = 0$ 이므로 $y' = 0$, $y = 0$ 에서 $y = 0$ 이어야 하는데 이는 $y(0) = 1$ 을 만족하지 않으므로 해가 존재하지 않음.

8. $\sinh 2x = \dfrac{e^{2x} - e^{-2x}}{2} = \dfrac{(e^x - e^{-x})(e^x + e^{-x})}{2} = 2\left(\dfrac{e^x - e^{-x}}{2}\right)\left(\dfrac{e^x + e^{-x}}{2}\right) = 2\sinh x \cosh x$

9. $y = \tan x \quad (-\infty < x < \infty,\ -\infty < y < \infty)$ 은 일대일 대응함수가 아니지만 정의역과 치역을 $-\pi/2 \leqq x \leqq \pi/2$, $-\infty < y < \infty$ 로 제한하면 일대일 대응함수가 된다. 변수 x 와 y 를 바꾸면 $x = \tan y$ 이고, 이를 $y = \tan^{-1}x \quad (-\infty < x < \infty,\ -\pi/2 \leqq y \leqq \pi/2)$ 또는 $y = \arctan x$ 로 쓴다. 여기서 $y = \tan^{-1}x$ 의 도함수를 구하기 위해 음함수 형태 $x = \tan y$ 의 양변을 음함수 미분하면 $1 = (1 + \tan^2 y)\, y'$ 이므로

$$y' = \frac{1}{1 + \tan^2 y} = \frac{1}{1 + x^2}$$

이다. 따라서

$$\int \frac{1}{1 + x^2} dx = \tan^{-1}x + c.$$

1.2 변수분리법

1. (1) $\dfrac{dy}{dx} + 3x^2y^2 = 0$; $\displaystyle\int \frac{dy}{y^2} = -\int 3x^2 dx \quad \therefore\ y = \frac{1}{x^3 + c}$

(2) $y' + \csc y = 0$; $\displaystyle\int \sin y\, dy = -\int dx \quad \therefore \cos y = x + c$

(3) $xy' = y^2 + y$; $\dfrac{dy}{y(y+1)} = \dfrac{dx}{x}$, $\displaystyle\int \frac{dy}{y(y+1)} = \int \frac{dx}{x}$: $\dfrac{1}{y(y+1)} = \dfrac{1}{y} - \dfrac{1}{y+1}$

$\ln\left|\dfrac{y}{y+1}\right| = \ln|x| + c$, $\quad \dfrac{y}{y+1} = cx$ or $y = \dfrac{cx}{1 - cx}$

(4) $xy' = y^2 + y$, $(y/x = u)$; $y = ux$, $\quad y' = u'x + u$

$x(u'x+u) = u^2x^2 + ux$ or $u' = u^2$

$\int \frac{du}{u^2} = \int dx$, $-\frac{1}{u} = x + c$ $\therefore y = -\frac{x}{x+c}$

2. (1) $xy' + y = 0$, ; $\int \frac{dy}{y} = -\int \frac{dx}{x}$, $\ln|y| = -\ln|x| + \ln|c| = \ln\left|\frac{c}{x}\right|$ $\therefore$ $y = \frac{c}{x}$.

Since $y(2) = -2 = \frac{c}{2}$ $\rightarrow$ $c = -4$ $\therefore y = -\frac{4}{x}$

(2) $\frac{dr}{dt} = -2tr$, ; $\int \frac{dr}{r} = -\int 2tdt$, $\ln|r| = -t^2 + c$ $\therefore r = ce^{-t^2}$

Using $r(0) = 2.5 = ce^0$ $\rightarrow$ $c = 2.5$ $\therefore r = 2.5e^{-t^2}$

3. (1) $xy' = y + 3x^4\cos^2(y/x)$, $y(1) = 0$

미분방정식의 양변을 x로 나누고 $u = \frac{y}{x}$로 놓으면 $y = ux$에서 $y' = u'x + u$.

따라서 $u' = 3x^2\cos^2 u$ 이 되고 변수분리하면 $\sec^2 u du = 3x^2 dx$.

$\int \sec^2 u du = \int 3x^2 dx$, $\tan u = x^3 + c$ 또는 $\tan\frac{y}{x} = x^3 + c$.

$y(1) = 0$ 이므로 $\tan\frac{0}{1} = 1 + c$ $\rightarrow$ $c = -1$ $\therefore$ $\tan\frac{y}{x} = x^3 - 1$

(2) $xyy' = 2y^2 + 4x^2$, $y(2) = -4$

미분방정식의 양변을 xy로 나누면 $y' = 2\left(\frac{y}{x}\right) + 4\left(\frac{x}{y}\right)$.

$u = \frac{y}{x}$로 놓으면 $y' = u'x + u$ 에서 $u'x + u = 2u + \frac{4}{u}$ 또는 $u'x = \frac{u^2+4}{u}$.

$\int \frac{u}{u^2+4} du = \int \frac{dx}{x}$, $\frac{1}{2}\ln(u^2+4) = \ln|x| + \ln|c|$

$\therefore \sqrt{u^2+4} = cx$ or $\left(\frac{y}{x}\right)^2 + 4 = cx^2$

초기조건 $y(2) = -4$에서 $c = 2$. $\therefore \left(\frac{y}{x}\right)^2 + 4 = 2x^2$

4. $y' = \frac{1-2y-4x}{1+y+2x}$

$v = y + 2x$ $(y = v - 2x$, $y' = v' - 2)$ 로 놓으면 $v' - 2 = \frac{1-2v}{1+v}$ 또는 $v' = \frac{3}{1+v}$.

$\int (1+v)dv = \int 3dx$ $\therefore$ $v + \frac{v^2}{2} = 3x + c$ or $y - x + \frac{1}{2}(y+2x)^2 = c$

1.3 완전미분방정식

1. (1) $\phi = x^2+4y^2$; $d\phi = \frac{\partial u}{\partial x}dx + \frac{\partial u}{\partial y}dy = 2xdx + 8ydy = 0$, $x^2+4y^2 = c$

(2) $\phi = \tan(y^2-x^3)$; $\frac{\partial\phi}{\partial x} = -3x^2[1+\tan^2(y^2-x^3)]$, $\frac{\partial\phi}{\partial y} = 2y[1+\tan^2(y^2-x^3)]$

$\therefore\ -3x^2[1+\tan^2(y^2-x^3)]dx + 2y[1+\tan^2(y^2-x^3)]dy = 0$ or $-3x^2dx+2ydy=0$

$\phi = \tan(y^2-x^3) = c$, $y^2-x^3 = c$, $y^2 = x^3+c$

2. (1) $2xydx + x^2dy = 0$; $\frac{\partial}{\partial y}(2xy) = 2x = \frac{\partial}{\partial x}(x^2)$ $\therefore$ 완전미방

$\phi(x,y) = \int(2xy)dx = x^2y + k(y)$

$\frac{\partial\phi}{\partial y} = x^2 + k'(y) = x^2 \rightarrow k(y) = c \ \therefore\ \phi = x^2y = c$

(2) $\sinh x\cos y dx - \cosh x\sin y dy = 0$

$\frac{\partial}{\partial y}(\sinh x\cos y) = -\sinh x\sin y = \frac{\partial}{\partial x}(-\cosh x\sin y)$ $\therefore$ 완전미방

$\phi(x,y) = \int\sinh x\cos y dx = \cosh x\cos y + k(y)$

$\frac{\partial\phi}{\partial y} = -\cosh x\sin y + k'(y) = -\cosh x\sin y \rightarrow k(y) = c \ \therefore\ \phi = \cosh x\cos y = c$

(3) $e^{-2\theta}(rdr - r^2d\theta) = 0$, $\frac{\partial}{\partial\theta}(re^{-2\theta}) = -2re^{-2\theta} = \frac{\partial}{\partial r}(-r^2e^{-2\theta})$ $\therefore$ 완전미방

$\phi(r,\theta) = \int re^{-2\theta}dr = \frac{r^2}{2}e^{-2\theta} + k(\theta)$, $\frac{\partial\phi}{\partial\theta} = -r^2e^{-2\theta} + k'(\theta) = -r^2e^{-2\theta} \rightarrow k(\theta) = c$

$\therefore\ \phi = \frac{r^2}{2}e^{-2\theta} = c$ or $r = ce^{\theta}$

(4) $\frac{2}{y}\cos 2x dx - \frac{1}{y^2}\sin 2x dy = 0$, $y\left(\frac{\pi}{4}\right) = 3.8$

$\frac{\partial}{\partial y}\left(\frac{2}{y}\cos 2x\right) = -\frac{2}{y^2}\cos 2x = \frac{\partial}{\partial x}\left(-\frac{1}{y^2}\sin 2x\right)$ $\therefore$ 완전미방

$\phi(x,y) = \int\frac{2}{y}\cos 2x dx = \frac{1}{y}\sin 2x + k(y)$, $\frac{\partial\phi}{\partial y} = -\frac{1}{y^2}\sin 2x + k'(y) = -\frac{1}{y^2}\sin 2x$

$\rightarrow k(y) = c \ \therefore\ \phi = \frac{1}{y}\sin 2x = c$ 또는 $y = c\sin 2x$

IC $y\left(\frac{\pi}{4}\right) = 3.8 = c\sin\frac{\pi}{2} \rightarrow c = 3.8 \ \therefore\ y = 3.8\sin 2x$

(5) $[(x+1)e^x - e^y]dx - xe^ydy = 0$ $\quad y(1) = 0$

$\frac{\partial}{\partial y}[(x+1)e^x - e^y] = -e^y = \frac{\partial}{\partial x}[-xe^y]$ $\therefore$ 완전미방

$\phi(x,y) = \int(-xe^y)dy = -xe^y + l(x)$, $\frac{\partial\phi}{\partial x} = -e^y + l'(x) = (x+1)e^x - e^y$

$\rightarrow \quad l'(x)=(x+1)e^x, \quad l(x)=\int(x+1)e^x dx=(x+1)e^x-\int e^x dx=xe^x$

$\therefore\ \phi=-xe^y+xe^x=c$ 또는 $x(e^x-e^y)=c$

IC $1(e^1-e^0)=c \rightarrow c=e-1 \ \therefore\ x(e^x-e^y)=e-1$

3. $\sinh x\cos y dx-\cosh x\sin y dy=0, \ \dfrac{\sinh x}{\cosh x}dx-\dfrac{\sin y}{\cos y}dy=0$

$\int\dfrac{\sinh x}{\cosh x}dx-\int\dfrac{\sin y}{\cos y}dy=\ln|\cosh x|+\ln|\cos x|=c \ \therefore\ \cosh x\cos y=c$

1.4 1계 선형 미분방정식

1. $\dfrac{dy}{dx}-y=x$

(1) $\dfrac{dy}{dx}-y=0, \ \dfrac{dy}{y}=dx, \ \int\dfrac{dy}{y}=\int dx$에서 $y_h=ce^x$.

(2) $y_p=y_1\int\dfrac{r}{y_1}dx=e^x\int xe^{-x}dx=-x-1$

(3) $y=y_h+y_p=ce^x-x-1$

(4) $y=e^{-\int(-1)dx}\left(c+\int xe^{\int(-1)dx}dx\right)=e^x\left(c+\int xe^{-x}dx\right)=e^x(c-xe^{-x}-e^{-x})=ce^x-x-1$

(5) IF$=e^{\int(-1)dx}=e^{-x}$; $\dfrac{d}{dx}[e^{-x}y]=xe^{-x}, \ \int d[e^{-x}y]=\int xe^{-x}dx$

$e^{-x}y=\int xe^{-x}dx=-xe^{-x}-e^{-x}+c, \ y=-x-1+ce^x$

2. (1) $y'-y=4$; IF$=e^{\int(-1)dx}=e^{-x}$

$\dfrac{d}{dx}(e^{-x}\cdot y)=4e^{-x}, \quad e^{-x}y=\int 4e^{-x}dx=-4e^{-x}+c \ \therefore\ y=-4+ce^x$

(2) $y'+3xy=0$; IF$=e^{\int 3xdx}=e^{3x^2/2}$

$\dfrac{d}{dx}\left(e^{3x^2/2}y\right)=0, \quad e^{3x^2/2}y=c \quad \therefore\ y=ce^{-3x^2/2}$

(3) $y'+ky=e^{-kx}$; IF$=e^{\int kdx}=e^{kx}$

$\dfrac{d}{dx}(e^{kx}\cdot y)=1, \quad e^{kx}\cdot y=x+c \ \therefore y=(x+c)e^{-kx}$

(4) $xy'=2y+x^3e^x$; $y'-\dfrac{2}{x}y=x^2e^x$, IF$=e^{\int(-2/x)dx}=e^{-2\ln x}=1/x^2$

$\dfrac{d}{dx}\left(\dfrac{1}{x^2}\cdot y\right)=e^x, \ \dfrac{y}{x^2}=e^x+c \ \therefore\ y=x^2(e^x+c)$

(5) $y'=(y-2)\cot x$; $y'-\cot x\cdot y=-2\cot x$, IF$=e^{\int(-\cot x)dx}=e^{-\ln|\sin x|}=\csc x$

$\dfrac{d}{dx}(\csc x\cdot y)=-2\cot x\csc x$

$\csc x \cdot y = -2\int \cot x \csc x dx = -2\int \frac{\cos x}{\sin^2 x}dx = \frac{2}{\sin x} + c$ ($\sin x = t$로 치환)

$\therefore\ y = 2 + c\sin x$ (변수분리도 가능)

3. (1) $y' = 2(y-1)\tanh 2x$, $y(0) = 4$; $y' - (2\tanh 2x)y = -2\tanh 2x$

IF$= e^{\int(-2\tanh 2x)dx} = e^{-\ln|\cosh 2x|} = \text{sech}2x$, $\frac{d}{dx}(\text{sech}2x \cdot y) = -2\tanh 2x \,\text{sech}2x$

$\text{sech}2x \cdot y = -2\int \tanh 2x \cdot \text{sech}2x dx$

$= -2\int \frac{\sinh 2x}{\cosh^2 2x}dx = \frac{1}{\cosh 2x} + c = \text{sech}2x + c$ ($\cosh 2x = t$ 로 치환)

$\therefore\ y = 1 + c\cosh 2x$

From IC $4 = 1 + c \cdot 1 \rightarrow c = 3 \quad \therefore\ y = 1 + 3\cosh 2x$

(2) $y' + 3y = \sin x$, $y\left(\frac{\pi}{2}\right) = 0.3$; IF$= e^{\int 3dx} = e^{3x}$

$\frac{d}{dx}(e^{3x} \cdot y) = e^{3x}\sin x$, $e^{3x} \cdot y = \int e^{3x}\sin x dx = \cdots = \frac{1}{10}e^{3x}(3\sin x - \cos x) + c$

$y = \frac{1}{10}(3\sin x - \cos x) + ce^{-3x}$. From IC $0.3 = \frac{1}{10}(3 \cdot \sin\frac{\pi}{2} - \cos\frac{\pi}{2}) + ce^{-\frac{3}{2}\pi}$, $c = 0$

$\therefore\ y = \frac{1}{10}(3\sin x - \cos x)$

4. 변수분리하면 $\frac{dy}{y(a-by)} = dx$가 되고 이의 양변을 적분하면

$$\frac{1}{y(a-by)} = \frac{1}{a}\left(\frac{1}{y}\right) + \frac{b}{a}\left(\frac{1}{a-by}\right)$$

로 부분분수화되므로

$\frac{1}{a}\ln|y| - \frac{1}{a}\ln|a-by| = x + c_1$, $\ln\left|\frac{y}{a-by}\right| = a(x+c_1)$, $\frac{y}{a-by} = c_2 e^{ax}$,

$\therefore\ y = \frac{ac_2 e^{ax}}{1 + bc_2 e^{ax}} = \frac{1}{b/a + ce^{-ax}}$ 여기서 $c = 1/ac_2$.

5. $y' + xy = xy^{-1}$: Let $u = y^2$, then $u' = 2yy' = 2y(xy^{-1} - xy) = 2x - 2xu$. So $u' + 2xu = 2x$.

Multiplying IF = $e^{\int 2xdx} = e^{x^2}$ yields $\left(e^{x^2}u\right)' = 2xe^{x^2}$.

$e^{x^2}u = \int 2xe^{x^2}dx$; $t = x^2$, $dt = 2xdx$

$= \int e^t dt = e^t + c = e^{x^2} + c$

$\therefore\ u = 1 + ce^{-x^2}$ or $y^2 = 1 + ce^{-x^2}$

1.5 1계 미분방정식의 응용

1. $\dfrac{dN}{dt}=kN \rightarrow N=ce^{kt}$. $N(t=0)=N_0$ 이면 $N=N_0e^{kt}$.

$2N_0=N_0e^{k\cdot 1}$ 에서 $k=\ln 2 \quad \therefore N(t)=N_0e^{(\ln 2)t}$

$N(t=3)=N_0e^{(\ln 2)3}=8N_0$, $N(t=7)=N_0e^{(\ln 2)7}=128N_0$

2. $\dfrac{dT}{dt}=-k(T-22)$, $\dfrac{dT}{T-22}=-kdt$, $T(t)=22+ce^{-kt}$

$T(0)=22+c=5 \rightarrow c=-17 \quad \therefore T(t)=22-17e^{-kt}$

$T(1)=12=22-17e^{-k\cdot 1} \rightarrow k=\ln\dfrac{17}{10}$, $T(t)=22-17e^{-\ln(17/10)\cdot t}$

$21.9=22-17e^{-\ln(17/10)\cdot t} \rightarrow t=-\dfrac{\ln(0.1/17)}{\ln(17/10)}=9.7$ [min]

3. $t_{1/2}=\dfrac{\ln 2}{k}=\dfrac{\ln 2}{1.4\times 10^{-11}}=4.95\times 10^{10}$ sec $\simeq 1570$ 년

4. $k=\dfrac{\ln 2}{t_{1/2}}=\dfrac{\ln 2}{3.6}=0.1925$. From Ex 1, $y(t)=e^{-kt}=e^{-0.1925t}$

$y(1)=e^{-0.1925\cdot 1}=0.825$ g, $y(365)=e^{-0.1925\cdot 365}=3.01\times 10^{-31}$ g

5. $y(t)=y_0e^{-(\ln 2/t_{1/2})t}$. $t=3000$ 일 때 $y=y_0e^{-(\ln 2/5730)\cdot 3000}=0.696y_0 \quad \therefore$ 69.6%

6. $\dfrac{dP}{P}+\dfrac{dV}{V}=\dfrac{dT}{T}$의 양변을 적분하면 $\int\dfrac{dP}{P}+\int\dfrac{dV}{V}=\int\dfrac{dT}{T}$에서 $\ln P+\ln V=\ln T+\ln c$, 즉 $\ln PV=\ln cT$에서 $\dfrac{PV}{T}=c$

7. 소금의 유입률이

$$R_{\text{in}}=5\cdot(1+\cos t)=5(1+\cos t)\ \text{[kg/min]}$$

이므로 새로운 초기값 문제

$$\frac{dy}{dt}+\frac{y}{40}=5(1+\cos t),\ y(0)=40$$

이다. 적분인자= $e^{\int 1/40dt}=e^{1/40\cdot t}$이므로

$$e^{1/40\cdot t}\frac{dy}{dt}+\frac{1}{40}e^{1/40\cdot t}y=5e^{1/40\cdot t}(1+\cos t)$$

또는

$$\frac{d}{dt}[e^{1/40\cdot t}y]=5e^{1/40\cdot t}(1+\cos t)$$

이다. 양변을 $\int d[e^{1/40\cdot t}y]=5\int e^{1/40\cdot t}(1+\cos t)dt$와 같이 적분하면

$$e^{1/40\cdot t}y=5\int e^{1/40\cdot t}(1+\cos t)dt=200e^{1/40\cdot t}+5\int e^{1/40\cdot t}\cos t dt \qquad (*)$$

이다. $I=\int e^{1/40\cdot t}\cos t dt$ 로 놓으면

$$\begin{aligned} I &= 40e^{1/40\cdot t}\cos t+40\int e^{1/40\cdot t}\sin t dt \\ &= 40e^{1/40\cdot t}\cos t+40\left[40e^{1/40\cdot t}\sin t-40\int e^{1/40\cdot t}\cos t dt\right] \\ &= 40e^{1/40\cdot t}[\cos t+40\sin t]-1600I \end{aligned}$$

에서 $I=\frac{40}{1601}e^{1/40\cdot t}(\cos t+40\sin t)$이다. 따라서 식(*)에서

$$e^{1/40\cdot t}y=200e^{1/40\cdot t}+\frac{200}{1601}e^{1/40\cdot t}(\cos t+40\sin t)+c,$$

$$y=200+\frac{200}{1601}(\cos t+40\sin t)+ce^{-1/40\cdot t}.$$

초기조건이 $y(0)=40=200+\frac{200}{1601}+c$이므로 $c=-160-\frac{200}{1601}$이고 해는

$$\begin{aligned} y &= 200+\frac{200}{1601}(\cos t+40\sin t)-\left(160+\frac{200}{1601}\right)e^{-1/40\cdot t} \\ &\simeq 200+0.125\cos t+5\sin t-160.125e^{-1/40\cdot t}. \end{aligned}$$

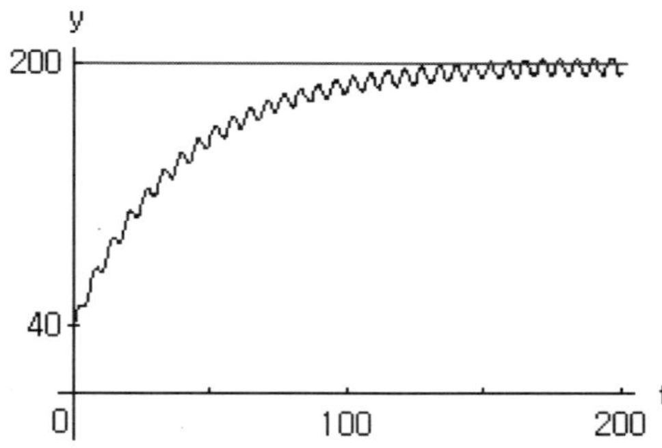

유입되는 소금물의 평균농도가 1 kg/m^3 이므로 시간이 충분히 경과하면 수조 안의 소금의 양이 200 kg 에 가까워 진다.

8. $v^2=\frac{2gR^2}{r}+c$에 초기조건 $v(r=R+1000)=v_0$를 적용하면 $v_0^2=\frac{2gR^2}{R+1000}+c$에서 $c=v_0^2-\frac{2gR^2}{R+1000}$. 따라서 $v^2=v_0^2-2gR^2\left(\frac{1}{R+1000}-\frac{1}{r}\right)$. 따라서 $r\to\infty$ 에서 $v\neq 0$이려면 $v_0\geqq\sqrt{\frac{2gR^2}{R+1000}}=\sqrt{\frac{2\times 9.8\times(6.372\times 10^6)^2}{6.372\times 10^6+10^6}}=10.39$ [km/sec] <11.2 [km/sec]

9. $y'=1+\cos\frac{\pi}{12}t-y$ or $y'+y=1+\cos\left(\frac{\pi}{12}t\right)$, $y(0)=2$

IF$=e^{\int 1dt}=e^t$, $\frac{d}{dt}(e^t\cdot y)=e^t\left(1+\cos\frac{\pi t}{12}\right)$

$$e^t y=\int e^t\left(1+\cos\frac{\pi t}{12}\right)dt=\int e^t dt+\int e^t \cos\frac{\pi t}{12}dt=\cdots$$

$$=e^t+\frac{1}{1+\pi^2/144}e^t\left(\cos\frac{\pi t}{12}+\frac{\pi}{12}\sin\frac{\pi t}{12}\right)+c$$

$$y=1+\frac{1}{1+\pi^2/144}\left(\cos\frac{\pi t}{12}+\frac{\pi}{12}\sin\frac{\pi t}{12}\right)+ce^{-t}$$

$y(0)=2$ 이므로 $2=1+\dfrac{1}{1+\pi^2/144}+c$, $c=1-\dfrac{1}{1+\pi^2/144}$

$$\therefore\ y=1+\frac{1}{1+\pi^2/144}\left(\cos\frac{\pi t}{12}+\frac{\pi}{12}\sin\frac{\pi t}{12}\right)+\left(1-\frac{1}{1+\pi^2/144}\right)e^{-t}$$

$$\approx 1+0.936\cos\frac{\pi t}{12}+0.245\sin\frac{\pi t}{12}+0.064e^{-t}$$

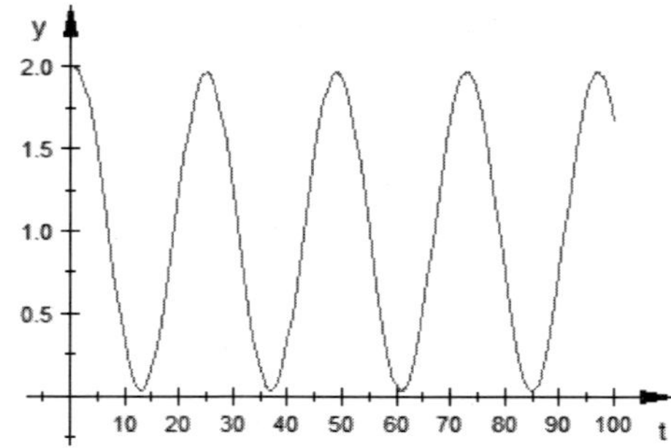

10. 식(1.5.14) $\dfrac{dP}{dt}=(a-bP)P$의 양변을 t로 미분하면

$$\frac{d^2P}{dt^2}=\frac{d}{dt}(a-bP)\cdot P+(a-bP)\frac{dP}{dt}=-bP\frac{dP}{dt}+(a-bP)\frac{dP}{dt}=(a-2bP)\frac{dP}{dt}=0$$

에서 $P=\dfrac{a}{2b}$이다. 한편 식(1.5.16)을 이용하면

$$P(t)=\frac{aP_0}{bP_0+(a-bP_0)e^{-at}}=\frac{a}{2b}$$

에서 $t=\dfrac{1}{a}\ln\left(\dfrac{a-bP_0}{bP_o}\right)$이므로 변곡점은 $\left(\dfrac{1}{a}\ln\left(\dfrac{a-bP_0}{bP_o}\right),\dfrac{a}{2b}\right)$이다.

$\dfrac{d^2P}{dt^2}=(a-2bP)\dfrac{dP}{dt}$에서 $\dfrac{dP}{dt}>0$ 이므로 $P<\dfrac{a}{2b}$이면 $\dfrac{d^2P}{dt^2}>0$, $P>\dfrac{a}{2b}$이면 $\dfrac{d^2P}{dt^2}<0$이다.

11. 본 문제의 초기값 문제는 식(1.5.14)와 비교하여 $a=1$, $b=0.0005$, $P_0=1$인 경우이므로 식(1.5.16)에 의해 해는 $C(t)=\dfrac{1}{0.0005+(1-0.0005)e^{-t}}$이다. 따라서

$$C(10)=(0.0005+0.9995e^{-10})^{-1}\simeq 1{,}834.$$

12. (1) $0.1\dfrac{di}{dt}+2i=100$, $i(0)=0$

$$\frac{di}{dt}+20i=1000,\ \text{I.F.}\ =e^{\int 20dt}=e^{20t}$$

$$\frac{d}{dt}(e^{20t}i)=1000e^{20t},\ e^{20t}i=1000\int e^{20t}dt=50e^{20t}+c,\ i(t)=50+ce^{-20t}$$

Using $i(0)=50+c=0,\ c=-50\quad \therefore\ i(t)=50(1-e^{-20t})$

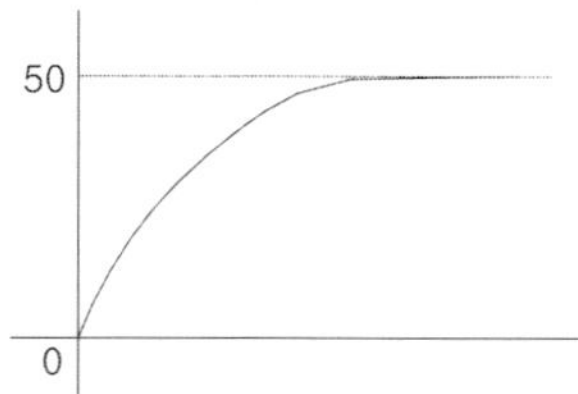

(2) $0.1\frac{di}{dt}+2i=100\sin(120\pi t),\ i(0)=0$

$$\frac{di}{dt}+20i=1000\sin(120\pi t),\ \frac{d}{dt}(e^{20t}i)=1000e^{20t}\sin(120\pi t)$$

$$e^{20t}i=1000\int e^{20t}\sin(120\pi t)dt=\cdots$$

$$=1000\cdot\frac{1}{20(1+36\pi^2)}e^{20t}[\sin(120\pi t)-6\pi\cos(120\pi t)]+c$$

$$i(t)=\frac{50}{1+36\pi^2}[\sin(120\pi t)-6\pi\cos(120\pi t)]+ce^{-20t}$$

From $i(0)=\frac{50}{1+36\pi^2}(0-6\pi)+c=0,\ c=\frac{300\pi}{1+36\pi^2}$

$$i(t)=\frac{50}{1+36\pi^2}[\sin(120\pi t)-6\pi\cos(120\pi t)]+\frac{300\pi}{1+36\pi^2}e^{-20t}$$

or

$$i(t)=\frac{50}{\sqrt{1+36\pi^2}}\sin(120\pi t-\theta)+\frac{300\pi}{1+36\pi^2}e^{-20t}\ :\ \theta=\tan^{-1}6\pi=1.518$$

$$=2.649\sin(120\pi t-1.518)+2.645e^{-20t}$$

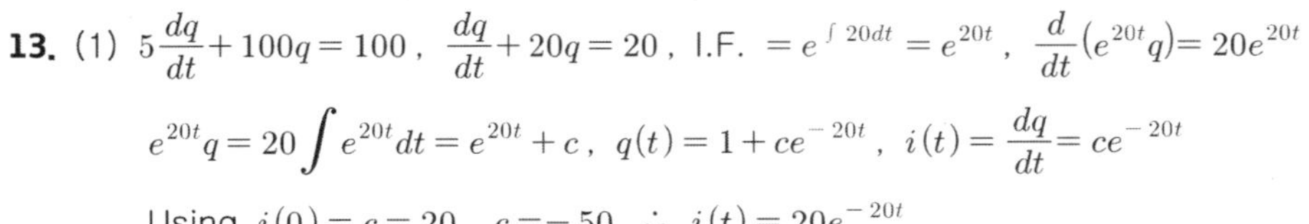

13. (1) $5\frac{dq}{dt}+100q=100,\ \frac{dq}{dt}+20q=20,\ \text{I.F.}\ =e^{\int 20dt}=e^{20t},\ \frac{d}{dt}(e^{20t}q)=20e^{20t}$

$$e^{20t}q=20\int e^{20t}dt=e^{20t}+c,\ q(t)=1+ce^{-20t},\ i(t)=\frac{dq}{dt}=ce^{-20t}$$

Using $i(0)=c=20,\ c=-50\quad \therefore\ i(t)=20e^{-20t}$

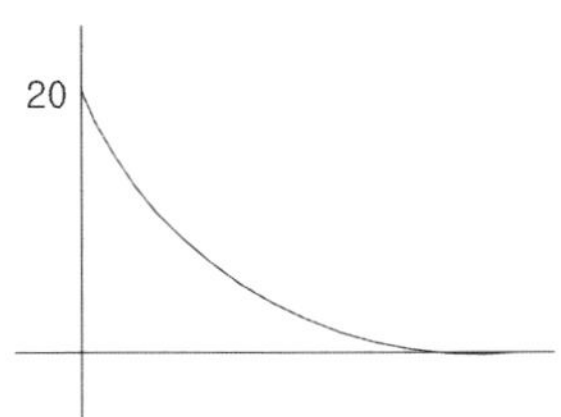

(2) $5\dfrac{dq}{dt}+100q=100\sin(120\pi t)$, $\dfrac{dq}{dt}+20q=20\sin(120\pi t)$

I.F. $=e^{\int 20dt}=e^{20t}$, $\dfrac{d}{dt}(e^{20t}q)=20e^{20t}\sin(120\pi t)$

$$e^{20t}q=20\int e^{20t}\sin(120\pi t)dt=\cdots=\frac{1}{1+36\pi^2}e^{20t}\ [\sin(120\pi t)-6\pi\cos(120\pi t)]+c$$

$$q(t)=\frac{1}{1+36\pi^2}[\sin(120\pi t)-6\pi\cos(120\pi t)]+ce^{-20t}$$

$$i(t)=\frac{dq}{dt}=\frac{120\pi}{1+36\pi^2}[\cos(120\pi t)+6\pi\sin(120\pi t)]+ce^{-20t}$$

Using $i(0)=\dfrac{120\pi}{1+36\pi^2}+c=20$, $c=20-\dfrac{120\pi}{1+36\pi^2}$

$$\therefore\ i(t)=\frac{120\pi}{1+36\pi^2}[\cos(120\pi t)+6\pi\sin(120\pi t)]+\left(20-\frac{120\pi}{1+36\pi^2}\right)e^{-20t}$$

$$=\frac{120\pi}{\sqrt{1+36\pi^2}}\sin(120\pi t+\theta)+\left(20-\frac{120\pi}{1+36\pi^2}\right)e^{-20t}\ :\ \theta=\tan^{-1}\frac{1}{6\pi}\simeq 0.053$$

$$\approx 19.97\sin(120\pi t+0.053)+18.94e^{-20t}$$

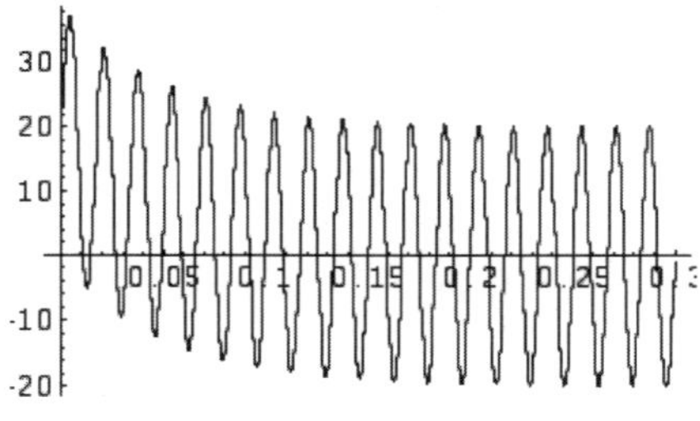

14. $I=\displaystyle\int e^{Rt/L}\sin\omega t\,dt=\frac{L}{R^2+\omega^2L^2}e^{Rt/L}(R\sin\omega t-\omega L\cos\omega t)$.

부분적분으로 보일 수 있음. (과정 생략)

제2장

2계 및 고계 상미분방정식

- 2.1 기초학습
- 2.2 주어진 해를 이용하여 나머지 해를 구하는 방법
- 2.3 상수계수 2계 미분방정식
- 2.4 Cauchy-Euler 방정식
- 2.5 상수계수 비제차 미분방정식: 미정계수법
- 2.6 비제차 미분방정식: 매개변수변환법
- 2.7 고계 미분방정식
- 2.8 선형 연립미분방정식
- 2.9 질량-용수철계
- 2.10 전기회로

2.1 기초학습

1. (1) $W[\sin mx, \cos mx] = \begin{vmatrix} \sin mx & \cos mx \\ \cos mx & -\sin mx \end{vmatrix} = -\sin^2 mx - \cos^2 mx = -1 \neq 0$ on $(-\infty, \infty)$

∴ 1차 독립

(2) $W[e^x, xe^x] = \begin{vmatrix} e^x & xe^x \\ e^x & (1+x)e^x \end{vmatrix} = e^{2x} \neq 0$ on $(-\infty, \infty)$

∴ 1차 독립

(3) $W[x, x^2, 4x-3x^2] = \begin{vmatrix} x & x^2 & 4x-3x^2 \\ 1 & 2x & 4-6x \\ 0 & 2 & -6 \end{vmatrix} = 0$ for every x in $(-\infty, \infty)$

∴ 1차 종속

(4) $W[x, x\ln x, x^2\ln x] = \begin{vmatrix} x & x\ln x & x^2\ln x \\ 1 & 1+\ln x & x+2x\ln x \\ 0 & 1/x & 3+2\ln x \end{vmatrix} = x(2+\ln x) \neq 0$ for at least one point on $(-\infty, \infty)$

∴ 1차 독립 ($x = e^{-2}$일 때 $W=0$)

2. (1) $y_1 = 1$, $y' = 0$, $y'' = 0$: $y'' + (y')^2 = (1)'' + [(1)']^2 = 0 + 0^2 = 0$

$y_2 = \ln x$, $y' = \dfrac{1}{x}$, $y'' = -\dfrac{1}{x^2}$: $y'' + (y')^2 = -\dfrac{1}{x^2} + \left(\dfrac{1}{x}\right)^2 = 0$

(2) $y = y_1 + y_2 = 1 + \ln x$, $y' = \dfrac{1}{x}$, $y'' = -\dfrac{1}{x^2}$: $y'' + (y')^2 = -\dfrac{1}{x^2} + \left(\dfrac{1}{x}\right)^2 = 0$

$y = c_1 y_1 + c_2 y_2 = c_1 + c_2 \ln x$, $y' = \dfrac{c_2}{x}$, $y'' = -\dfrac{c_2}{x^2}$:

$y'' + (y')^2 = -\dfrac{c_2}{x^2} + \left(\dfrac{c_2}{x}\right)^2 = \dfrac{-c_2 + c_2^2}{x^2} \neq 0$ for an arbitrary c_2 ($c_2 \neq 0$, $c_2 \neq 1$)

3. (1) $y'' - 4y = (\cosh 2x)'' - 4\cosh 2x = 0$, $y'' - 4y = (\sinh 2x)'' - 4\sinh 2x = 0$.

$W[\cosh 2x, \sinh 2x] = \begin{vmatrix} \cosh 2x & \sinh 2x \\ 2\sinh 2x & 2\cosh 2x \end{vmatrix} = 2(\cosh^2 2x - \sinh^2 2x) = 2 \cdot 1 = 2 \neq 0$

∴ linearly independent in $(-\infty, \infty)$ and $y = c_1 \cosh 2x + c_2 \sinh 2x$

(2) $x^2 y'' - 6xy' + 12y = x^2 (x^3)'' - 6x(x^3)' + 12(x^3) = x^2 \cdot 6x - 6x \cdot 3x^2 + 12x^3 = 0$

$x^2 y'' - 6xy' + 12y = x^2 (x^4)'' - 6x(x^4)' + 12(x^4) = x^2 \cdot 12x^2 - 6x \cdot 4x^3 + 12x^4 = 0$

$W[x^3, x^4] = \begin{vmatrix} x^3 & x^4 \\ 3x^2 & 4x^3 \end{vmatrix} = x^6 \neq 0$ for $(0, \infty)$, $y = c_1 x^3 + c_2 x^4$

4. $y_1 = e^{2x}$, $y_2 = e^{5x}$, $y_p = 6e^x$

$y_1'' - 7y_1' + 10y_1 = (e^{2x})'' - 7(e^{2x})' + 10(e^{2x}) = 0$

$y_2'' - 7y_2' + 10y_2 = (e^{5x})'' - 7(e^{5x})' + 10(e^{5x}) = 0$

$W[y_1, y_2] = \begin{vmatrix} e^{2x} & e^{5x} \\ 2e^{2x} & 5e^{5x} \end{vmatrix} = 3e^{7x} \neq 0$ for $(0, \infty)$, so $y_h = c_1e^{2x} + c_2e^{5x}$.

$y_p'' - 7y_p' + 10y_p = (6e^x)'' - 7(6e^x)' + 10(6e^x) = 24e^x$, so $y_p = 6e^x$ is a particular solution.

$$\therefore\ y = c_1e^{2x} + c_2e^{5x} + 6e^x$$

5. Adding $a_2y_1'' + a_1y_1' + a_0y_1 = g_1$ and $a_2y_2'' + a_1y_2' + a_0y_2 = g_2$,

$a_2(y_1 + y_2)'' + a_1(y_1 + y_2)' + a_0(y_1 + y_2)$

$= (a_2y_1'' + a_1y_1' + a_0y_1) + (a_2y_2'' + a_1y_2' + a_0y_2) = g_1 + g_2$

$\therefore\ y_1 + y_2$ is a response of the system to the input $g_1 + g_2$.

6. $y = c_1e^x + c_2e^{-x}$, $y' = c_1e^x - c_2e^{-x}$

(1) $y(0) = 0 = c_1 + c_2$, $y'(0) = c_1 - c_2 = 1 \rightarrow c_1 = 1/2$, $c_2 = -1/2$ $\therefore\ y = \dfrac{1}{2}(e^x - e^{-x})$

(2) $y(0) = 0 = c_1 + c_2$, $y(1) = c_1e + c_2e^{-1} = 1 \rightarrow c_1 = \dfrac{e}{e^2 - 1}$, $c_2 = -\dfrac{e}{e^2 - 1}$

$\therefore\ y = \dfrac{e}{e^2 - 1}(e^x - e^{-x})$

2.2 주어진 해를 이용하여 나머지 해를 구하는 방법

1. (1) $y'' + 5y' = 0$; $y_1 = 1$

(i) $y_2 = uy_1$, $y_2' = u'y_1 + uy_1'$, $y_2'' = u''y_1 + 2u'y_1' + uy_1''$

$y_2'' + 5y_2' = u''y_1 + 2u'y_1' + uy_1'' + 5(u'y_1 + uy_1')$

$= u(y_1'' + 5y_1') + y_1u'' + (2y_1' + 5y_1)u' = 0$

$y_1'' + 5y_1' = 0$ 이고 $y_1 = 1$, $y_1' = 0$ 이므로 $u'' + 5u' = 0$.

$w = u'$ 로 놓으면 $w' + 5w = 0 \rightarrow w = c_1e^{-5x}$

$u = \int w\,dx = c_1\int e^{-5x}dx = -\dfrac{c_1}{5}e^{-5x} + c_2$ 에서 $c_1 = -5$, $c_2 = 0$ 로 놓으면 $u = e^{-5x}$

$\therefore\ y_2 = uy_1 = e^{-5x} \cdot 1 = e^{-5x}$

(ii) $y_2 = y_1\int \dfrac{e^{-\int p\,dx}}{y_1^2}dx = 1\int \dfrac{e^{-\int 5dx}}{1^2}dx = \int e^{-5x}dx = -\dfrac{1}{5}e^{-5x}$ $\quad\therefore\ y_2 = e^{-5x}$

(2) $y'' + 16y = 0$; $y_1 = \cos 4x$

(i) $y_2 = uy_1$, $y_2' = u'y_1 + uy_1'$, $y_2'' = u''y_1 + 2u'y_1' + uy_1''$

$y_2'' + 16y_2 = u''y_1 + 2u'y_1' + uy_1'' + 16uy_1 = u(y_1'' + 16y_1) + y_1u'' + 2y_1'u' = 0$

$y_1'' + 16y_1 = 0$ 이고 $y_1 = \cos 4x$, $y_1' = -4\sin 4x$ 이므로 $(\cos 4x)u'' - (8\sin 4x)u' = 0$

$w = u'$ 로 놓으면 $(\cos 4x)w' - (8\sin 4x)w = 0$.

$\dfrac{dw}{w} = 8\tan 4x\,dx$, $\ln|w| = 8\int \tan 4x\,dx = 8\left[-\dfrac{1}{4}\ln|\cos 4x|\right] + c \rightarrow w = c_1\sec^2 4x$

$u = c_1 \int \sec^2 4x dx = \dfrac{c_1}{4}\tan 4x + c_2$ 에서 $c_1 = 4$, $c_2 = 0$ 로 놓으면 $u = \tan 4x$.

$\therefore\ y_2 = uy_1 = \tan 4x \cos 4x = \sin 4x$

(ii) $y_2 = y_1 \int \dfrac{e^{-\int p dx}}{y_1^2} dx = \cos 4x \int \dfrac{e^{-\int 0 dx}}{\cos^2 4x} dx = \cos 4x \int \sec^2 4x dx = \cos 4x \left(\dfrac{1}{4}\tan 4x\right) = \dfrac{1}{4}\sin 4x$

$\therefore\ y_2 = \sin 4x$

2. (1) $xy'' + y' = 0$; $y_1 = \ln x$

$$y_2 = y_1 \int \frac{e^{-\int p dx}}{y_1^2} dx = \ln x \int \frac{e^{-\int 1/x dx}}{(\ln x)^2} dx = \ln x \int \frac{e^{-\ln x}}{(\ln x)^2} dx$$

$= \ln x \int \dfrac{1}{x(\ln x)^2} dx$; $\ln x = t$ 로 치환

$= \ln x \int \dfrac{1}{t^2} dt = \ln x \left(-\dfrac{1}{t}\right) = \ln x \left(-\dfrac{1}{\ln x}\right) = -1$ $\qquad \therefore\ y_2 = 1$

(2) $x^2 y'' - xy' + 2y = 0$; $y_1 = x\sin(\ln x)$

$$y_2 = y_1 \int \frac{e^{-\int p dx}}{y_1^2} dx = x\sin(\ln x) \int \frac{e^{-\int (-1/x) dx}}{x^2 \sin^2(\ln x)} dx = x\sin(\ln x) \int \frac{e^{\ln x}}{x^2 \sin^2(\ln x)} dx$$

$= x\sin(\ln x) \int \dfrac{1}{x\sin^2(\ln x)} dx$; $\ln x = t$ 로 치환

$= x\sin(\ln x) \int \dfrac{1}{\sin^2 t} dt = x\sin(\ln x) \int \csc^2 t dt = x\sin(\ln x)(-\cot t)$

$= -x\sin(\ln x)\cot(\ln x) = -x\cos(\ln x)$ $\qquad \therefore\ y_2 = x\cos(\ln x)$

3. $y_2 = c_1^* y_1 \int \dfrac{e^{-\int p dx}}{y_1^2} dx + c_2^* y_1$:

$$y = c_1 y_1 + c_2 y_2 = c_1 y_1 + c_2\left(c_1^* y_1 \int \frac{e^{-\int p dx}}{y_1^2} dx + c_2^* y_1\right) = (c_1 + c_2^*) y_1 + c_1^* c_2 y_1 \int \frac{e^{-\int p dx}}{y_1^2} dx$$

여기서 $c_1 + c_2^* = c_1$, $c_1^* c_2 = c_2$로 놓으면

$$y = c_1 y_1 + c_2\left(y_1 \int \frac{e^{-\int p dx}}{y_1^2} dx\right)$$

로 식(2.2.3)을 사용한 경우와 같다.

2.3 상수계수 2계 미분방정식

1. (1) $y_1 = e^{m_1 x}$, $y_2 = xe^{m_1 x}$

$$W[y_1, y_2] = \begin{vmatrix} e^{m_1 x} & xe^{m_1 x} \\ m_1 e^{m_1 x} & (1 + m_1 x)e^{m_1 x} \end{vmatrix} = e^{2m_1 x}(1 + m_1 x - m_1 x) = e^{2m_1 x} \neq 0$$

$\therefore$ linearly independent for all x

(2) $y_1 = e^{\alpha x}\cos\beta x$, $y_2 = e^{\alpha x}\sin\beta x$

$$W[y_1, y_2] = \begin{vmatrix} e^{\alpha x}\cos\beta x & e^{\alpha x}\sin\beta x \\ e^{\alpha x}(\alpha\cos\beta x - \beta\sin\beta x) & e^{\alpha x}(\alpha\sin\beta x + \beta\cos\beta x) \end{vmatrix}$$

$$= e^{2\alpha x}(\alpha\cos\beta x\sin\beta x + \beta\cos^2\beta x - \alpha\cos\beta x\sin\beta x + \beta\sin^2\beta x) = \beta e^{2\alpha x} \neq 0$$

$\therefore$ linearly independent for all x

2. (1) $4y'' + 4y' - 3y = 0$: $4m^2 + 4m - 3 = (2m-1)(2m+3) = 0$, $m = 1/2,\ -3/2$

$$\therefore\ y = c_1 e^{x/2} + c_2 e^{-3x/2}$$

(2) $2y'' - 9y' = 0$: $2m^2 - 9m = m(2m-9) = 0$, $m = 0,\ 9/2$

$$\therefore\ y = c_1 + c_2 e^{9x/2}$$

(3) $y'' + 2ky' + k^2 y = 0$: $m^2 + 2km + k^2 = (m+k)^2 = 0$, $m = -k$ (중근)

$$\therefore\ y = c_1 e^{-kx} + c_2 x e^{-kx}$$

(4) $y'' + 2.2y' + 1.17y = 0$: $m^2 + 2.2m + 1.17 = (m+0.9)(m+1.3) = 0$, $m = -0.9,\ -1.3$

$$\therefore\ y = c_1 e^{-0.9x} + c_2 e^{-1.3x}$$

(5) $\dfrac{d^2y}{dx^2} - 2\dfrac{dy}{dx} + 2y = 0$: $m^2 - 2m + 2 = 0$, $m = 1 \pm i$

$$\therefore\ y = e^x[c_1\cos x + c_2\sin x]$$

(6) $\dfrac{d^2x}{dt^2} + 4\dfrac{dx}{dt} + (4+\omega^2)x = 0$: $m^2 + 4m + (4+\omega^2) = 0$, $m = -2 \pm i\omega$

$$\therefore\ x(t) = e^{-2t}[c_1\cos\omega t + c_2\sin\omega t]$$

(7) $y'' + 2ky' + (k^2 + k^{-2})y = 0$: $m^2 + 2km + (k^2 + k^{-2}) = 0$, $m = -k \pm i/k$

$$\therefore\ y = e^{-kx}\left[c_1\cos\frac{x}{k} + c_2\sin\frac{x}{k}\right]$$

3. (1) $y'' + 4y' + 4y = 0$, $y(0) = 1$, $y'(0) = 1$: $m^2 + 4m + 4 = (m+2)^2 = 0$, $m = -2$ (중근)

$y = c_1 e^{-2x} + c_2 x e^{-2x}$. 초기조건에서 $c_1 = 1$, $c_2 = 3$ $\therefore\ y = e^{-2x} + 3xe^{-2x}$

(2) $4y'' + 16y' + 17y = 0$, $y(0) = -0.5$, $y'(0) = 1$: $4m^2 + 16m + 17 = 0$, $m = -2 \pm i/2$

$y = e^{-2x}[c_1\cos(x/2) + c_2\sin(x/2)]$. 초기조건에서 $c_1 = -0.5$, $c_2 = 0$

$\therefore\ y = -0.5e^{-2x}\cos(x/2)$

4. (1) $y'' - y = 0$, $y(0) = 1$, $y(\infty) = 0$: $m^2 - 1 = (m-1)(m+1) = 0$, $m = \pm 1$

$y = c_1 e^x + c_2 e^{-x}$. 경계조건에서 $c_1 = 0$, $c_2 = -1$ $\therefore\ y = e^{-x}$

또는 $y = c_1\cosh x + c_2\sinh x$. 경계조건에서 $c_1 = 1$, $c_2 = -1$ $\therefore\ y = \cosh x - \sinh x$

(2) $y'' + y = 0$, $y'(0) = 0$, $y'(\pi/2) = 2$: $m^2 + 1 = 0$, $m = \pm i$

$y = c_1\cos x + c_2\sin x$. 경계조건에서 $c_1 = -2$, $c_2 = 0$ $\therefore\ y = -2\cos x$

5. (1) $y'' - 2y' + 2y = [c_1 e^{(1+i)x} + c_2 e^{(1-i)x}]'' - 2[c_1 e^{(1+i)x} + c_2 e^{(1-i)x}]' + 2[c_1 e^{(1+i)x} + c_2 e^{(1-i)x}]$

$= [c_1(1+i)^2 e^{(1+i)x} + c_2(1-i)^2 e^{(1-i)x}] - 2[c_1(1+i)e^{(1+i)x} + c_2(1-i)e^{(1-i)x}]$

$+ 2[c_1 e^{(1+i)x} + c_2 e^{(1-i)x}]$

$= c_1 e^{(1+i)x}[(1+i)^2 - 2(1+i) + 2] + c_2 e^{(1-i)x}[(1-i)^2 - 2(1-i) + 2]$

$= c_1 e^{(1+i)x}(0) + c_2 e^{(1-i)x}(0) = 0$

(2) $y = c_1 e^{(1+i)x} + c_2 e^{(1-i)x} = e^x[c_1 e^{ix} + c_2 e^{-ix}] = e^x[c_1(\cos x + i\sin x) + c_2(\cos x - i\sin x)]$

$= e^x[(c_1+c_2)\cos x + i(c_1 - c_2)\sin x]$; $c_1 + c_2 = c_1^*$, $i(c_1 - c_2) = c_2^*$로 놓으면

$y = e^x(c_1^*\cos x + c_2^*\sin x)$

6. $T = 2\pi/\omega = 2\pi\sqrt{\dfrac{l}{g}}$ 이므로 l, g만 주기에 영향을 미친다. 질량 m, 초기변위 θ_0는 주기에 영향을 미치지 않는다. 달의 중력가속도는 지구의 중력가속도보다 작으므로 달에서는 지구에서 보다 시간이 느리게 간다.

2.4 Cauchy-Euler 방정식

1. (1) $y_1 = x^{m_1}$, $y_2 = x^{m_1}\ln x$

$$W[y_1, y_2] = \begin{vmatrix} x^{m_1} & x^{m_1}\ln x \\ m_1 x^{m_1 - 1} & (m_1\ln x + 1)x^{m_1 - 1} \end{vmatrix} = x^{2m_1 - 1}(m_1\ln x + 1 - m_1\ln x) = x^{2m_1 - 1} \neq 0$$

$\therefore$ linearly independent for $x > 0$

(2) $y_1 = x^{\alpha}\cos(\beta\ln x)$, $y_2 = x^{\alpha}\sin(\beta\ln x)$, $\beta \neq 0$

$$W[y_1, y_2] = \begin{vmatrix} x^{\alpha}\cos(\beta\ln x) & x^{\alpha}\sin(\beta\ln x) \\ x^{\alpha-1}[\alpha\cos(\beta\ln x) - \beta\sin(\beta\ln x)] & x^{\alpha-1}[\alpha\sin(\beta\ln x) + \beta\cos(\beta\ln x)] \end{vmatrix}$$

$= x^{2\alpha-1}[\alpha\cos(\beta\ln x)\sin(\beta\ln x) + \beta\cos^2(\beta\ln x) - \alpha\cos(\beta\ln x)\sin(\beta\ln x) + \beta\sin^2(\beta\ln x)]$

$= \beta x^{2\alpha-1} \neq 0$ $\therefore$ linearly independent for $x > 0$

2. (1) $xy'' + 2y' = 0$: $m(m-1) + 2m = m(m+1) = 0$, $m = 0, -1$ $\therefore y = c_1 + c_2 x^{-1}$

(2) $10x^2y'' + 46xy' + 32.4y = 0$: $10m(m-1) + 46m + 32.4 = 10(m+1.8)^2 = 0$, $m = -1.8$ (중근)

$\therefore$ $y = c_1 x^{-1.8} + c_2 x^{-1.8}\ln x$

(3) $x^2y'' - xy' + 2y = 0$: $m(m-1) - m + 2 = 0$, $m = 1 \pm i$ $\therefore$ $y = x[c_1\cos(\ln x) + c_2\sin(\ln x)]$

3. (1) $x^2y'' - 2xy' + 2y = 0$, $y(1) = 1.5$, $y'(1) = 1$:

$m(m-1) - 2m + 2 = (m-1)(m-2) = 0$, $m = 1, 2$ $\therefore$ $y = c_1 x + c_2 x^2$, $y' = c_1 + 2c_2 x$

$y(1) = 1.5 = c_1 + c_2$, $y'(1) = 1 = c_1 + 2c_2$ $\rightarrow$ $c_1 = 2$, $c_2 = -\dfrac{1}{2}$ $\therefore$ $y = 2x - \dfrac{1}{2}x^2$

(2) $4x^2y'' + 24xy' + 25y = 0$, $y(1) = 2$, $y'(1) = -6$:

$4m(m-1) + 24m + 25 = (2m+5)^2 = 0$, $m = -5/2$ (중근)

$\therefore\ y = c_1 x^{-5/2} + c_2 x^{-5/2} \ln x\,,\ y' = -\dfrac{5}{2} c_1 x^{-7/2} + c_2\left(-\dfrac{5}{2} x^{-7/2} \ln x + x^{-7/2}\right)$

$y(1) = 2 = c_1\,,\ y'(1) = -6 = -\dfrac{5}{2} c_1 + c_2 \ \rightarrow\ c_1 = 2\,,\ c_2 = -1$

$\therefore\ y = 2x^{-5/2} - x^{-5/2} \ln x = x^{-5/2}(2 - \ln x)$

(3) $x^2 y'' + xy' + 9y = 0\,,\ y(1) = 2\,,\ y'(1) = 0$: $\quad m(m-1) + m + 9 = m^2 + 9 = 0\,,\ m = \pm 3i$

$y = c_1 \cos(3\ln x) + c_2 \sin(3\ln x)\,,\ y' = \dfrac{-3c_1}{x} \sin(3\ln x) + \dfrac{3c_2}{x} \cos(3\ln x)$

$y(1) = 2 = c_1\,,\ y'(1) = 0 = 3c_2 \ \rightarrow\ c_1 = 2\,,\ c_2 = 0 \ \therefore\ y = 2\cos(3\ln x)$

4. V가 ρ만의 함수이므로 구좌표계에서 Laplace 방정식은 2계 상미분방정식

$$\frac{d^2 V}{d\rho^2} + \frac{2}{\rho}\frac{dV}{d\rho} = 0 \qquad (*)$$

이 되고 이는 Cauchy-Euler 방정식이다. 따라서 특성방정식 $m(m-1) + 2m = m(m+1) = 0$, $m = 0,\ -1$에 의해 해는

$$V(\rho) = c_1 + \frac{c_2}{\rho}$$

이다. 경계조건 $V(1) = 0$, $V(2) = 100$ 에서 $c_1 = 200$, $c_2 = -200$ 이므로 최종해는 분수함수

$$V(\rho) = 200\left(1 - \frac{1}{\rho}\right)$$

이다. $\rho = 1.5$ 에서는

$$V(1.5) = 200\left(1 - \frac{1}{1.5}\right) = 66.6\ [\mathrm{V}]$$

별해: 식(*)는

$$\frac{d^2 V}{d\rho^2} + \frac{2}{\rho}\frac{dV}{d\rho} = \frac{1}{\rho^2}\frac{d}{d\rho}\left(\rho^2 \frac{dV}{d\rho}\right) = 0$$

과 같으므로 $\rho \neq 0$에서 $\dfrac{d}{d\rho}\left(\rho^2 \dfrac{dV}{d\rho}\right) = 0$에서 $\rho^2 \dfrac{dV}{d\rho} = c_1$ (c_1은 상수) 또는 $\dfrac{dV}{d\rho} = \dfrac{c_1}{\rho^2}$이 되며 다시 양변을 적분하여 $V(\rho) = -\dfrac{c_1}{\rho} + c_2$이 되고 이후는 위의 풀이와 같다.

2.5 상수계수 비제차 미분방정식: 미정계수법

1. (1) $y'' + 3y' = 28\cosh 4x$

$m^2 + 3m = m(m+3) = 0\,,\ m = 0, -3 \ \therefore\ y_h = c_1 + c_2 e^{-3x}$

$y_p = A\cosh 4x + B\sinh 4x$ 로 놓으면

$y_p'' + 3y_p' = \cdots = (16A + 12B)\cosh 4x + (12A + 16B)\sinh 4x = 28\cosh 4x$

$16A + 12B = 28\,,\ 12A + 16B = 0 \ \rightarrow\ A = 4\,,\ B = -3$

$\therefore\ y_p = 4\cosh 4x - 3\sinh 4x \ \Rightarrow\ y = c_1 + c_2 e^{-3x} + 4\cosh 4x - 3\sinh 4x$

(2) $y'' + 2y' + 10y = 25x^2 + 3$

$m^2+2m+10=0$, $m=-1\pm 3i$ $\therefore$ $y_h=e^{-x}[c_1\cos 3x+c_2\sin 3x]$

$y_p=Ax^2+Bx+C$로 놓으면

$y_p''+2y_p'+10y_p=\cdots=10Ax^2+(4A+10B)x+(2A+2B+10C)=25x^2+3$

$10A=25$, $4A+10B=0$, $2A+2B+10C=3$ $\rightarrow$ $A=\frac{5}{2}$, $B=-1$, $C=0$

$$\therefore\ y_p=\frac{5}{2}x^2-x \ \Rightarrow\ y=e^{-x}[c_1\cos 3x+c_2\sin 3x]+\frac{5}{2}x^2-x$$

(3) $y''+2y'-35y=12e^{5x}+37\sin 5x$

$m^2+2m-35=(m-5)(m+7)=0$, $m=5,-7$ $\therefore$ $y_h=c_1e^{5x}+c_2e^{-7x}$

$y_p=Axe^{5x}+B\sin 5x+C\cos 5x$ 로 놓으면

$y_p''+2y_p'-35y_p=\cdots=12Ae^{5x}+(-60B-10C)\sin 5x+(10B-60C)\cos 5x$
$=12e^{5x}+37\sin 5x$

$12A=12$, $-60B-10C=37$, $10B-60C=0$ $\rightarrow$ $A=1$, $B=-\frac{6}{10}$, $C=-\frac{1}{10}$

$\therefore$ $y_p=xe^{5x}-\frac{6}{10}\sin 5x-\frac{1}{10}\cos 5x$

$$\Rightarrow\ y=c_1e^{5x}+c_2e^{-7x}+xe^{5x}-\frac{6}{10}\sin 5x-\frac{1}{10}\cos 5x$$

(4) $y''+10y'+25y=e^{-5x}$

$m^2+10m+25=(m+5)^2=0$, $m=5$ (중근) $\therefore$ $y_h=c_1e^{-5x}+c_2xe^{-5x}$

$y_p=Ax^2e^{-5x}$로 놓으면

$y_p''+10y_p'+25y_p=\cdots=2Ae^{-5x}=e^{-5x}$ $\rightarrow$ $A=\frac{1}{2}$

$\therefore$ $y_p=\frac{1}{2}x^2e^{-5x}$ $\Rightarrow$ $y=c_1e^{-5x}+c_2xe^{-5x}+\frac{1}{2}x^2e^{-5x}$

2. (1) $y''-4y=e^{-2x}-2x$, $y(0)=0$, $y'(0)=0$

$m^2-4=(m-2)(m+2)=0$, $m=2,-2$ $\therefore$ $y_h=c_1e^{2x}+c_2e^{-2x}$

$y_p=Axe^{-2x}+Bx$ 로 놓으면 (1계 미분항이 없으므로 상수항은 불필요)

$y_p''-4y_p=\cdots=-4Ae^{-2x}-4Bx=e^{-2x}-2x$ $\rightarrow$ $A=-\frac{1}{4}$, $B=\frac{1}{2}$

$\therefore$ $y_p=-\frac{1}{4}xe^{-2x}+\frac{1}{2}x$ $\Rightarrow$ $y=c_1e^{2x}+c_2e^{-2x}-\frac{1}{4}xe^{-2x}+\frac{1}{2}x$

$y(0)=0=c_1+c_2$, $y'(0)=0=2c_1-2c_2-\frac{1}{4}+\frac{1}{2}$ $\rightarrow$ $c_1=-\frac{1}{16}$, $c_2=\frac{1}{16}$

$\therefore$ $y=-\frac{1}{16}e^{2x}+\frac{1}{16}e^{-2x}-\frac{1}{4}xe^{-2x}+\frac{1}{2}x$

(2) $y''+1.2y'+0.36y=4e^{-0.6x}$, $y(0)=0$, $y'(0)=1$

$m^2+1.2m+0.36=\frac{1}{100}(10m+6)^2=0$, $m=-0.6$ (중근) $\therefore$ $y_h=c_1e^{-0.6x}+c_2xe^{-0.6x}$

$y_p=Ax^2e^{-0.6x}$ 로 놓으면

$$y_p'' + 1.2y_p' + 0.36y_p = \cdots = 2Ae^{-0.6x} = 4e^{-0.6x} \to A = 2 \quad \therefore \; y_p = 2x^2e^{-0.6x}$$

$$\Rightarrow \; y = c_1e^{-0.6x} + c_2xe^{-0.6x} + 2x^2e^{-0.6x},$$

$$y(0) = 0 = c_1 + c_2, \; y'(0) = 1 = -0.6c_1 + c_2 \to c_1 = 0, \; c_2 = 1$$

$$\therefore \; y = xe^{-0.6x} + 2x^2e^{-0.6x}$$

2.6 비제차 미분방정식: 매개변수변환법

1. (1) $y'' - 4y' + 4y = \dfrac{e^{2x}}{x}$

$m^2 - 4m + 4 = (m-2)^2 = 0$, $m = 2$ (중근) $\therefore \; y_h = c_1y_1 + c_2y_2$ where $y_1 = e^{2x}$, $y_2 = xe^{2x}$.

$$W = \begin{vmatrix} e^{2x} & xe^{2x} \\ 2e^{2x} & (1+2x)e^{2x} \end{vmatrix} = e^{4x}, \quad W_1 = \begin{vmatrix} 0 & xe^{2x} \\ \dfrac{e^{2x}}{x} & (1+2x)e^{2x} \end{vmatrix} = -e^{4x}, \quad W_2 = \begin{vmatrix} e^{2x} & 0 \\ 2e^{2x} & \dfrac{e^{2x}}{x} \end{vmatrix} = \frac{e^{4x}}{x}$$

$$y_p = y_1\int \frac{W_1}{W}dx + y_2\int \frac{W_2}{W}dx$$

$$= e^{2x}\int(-1)dx + xe^{2x}\int \frac{1}{x}dx = -xe^{2x} + x\ln|x|e^{2x}$$

에서 xe^x 항은 제차해에 포함되므로 $y_p = x\ln|x|e^{2x}$.

$$\therefore \; y = y_h + y_p = c_1e^{2x} + c_2xe^{2x} + x\ln|x|e^{2x} = e^{2x}(c_1 + c_2x + x\ln|x|)$$

(2) $y'' + 2y' + y = e^{-x}\cos x$

$m^2 + 2m + 1 = (m+1)^2 = 0$, $m = -1$ (중근) $\therefore \; y_h = c_1e^{-x} + c_2xe^{-x}$

$$W = \begin{vmatrix} e^{-x} & xe^{-x} \\ -e^{-x} & (1-x)e^{-x} \end{vmatrix} = e^{-2x}, \quad W_1 = \begin{vmatrix} 0 & xe^{-x} \\ e^{-x}\cos x & (1-x)e^{-x} \end{vmatrix} = -xe^{-2x}\cos x$$

$$W_2 = \begin{vmatrix} e^{-x} & 0 \\ -e^{-x} & e^{-x}\cos x \end{vmatrix} = e^{-2x}\cos x$$

$$y_p = e^{-x}\int(-x\cos x)dx + xe^{-x}\int \cos x\,dx$$

$$= -e^{-x}(\cos x + x\sin x) + xe^{-x}(\sin x) = -e^{-x}\cos x$$

$$\therefore y = c_1e^{-x} + c_2xe^{-x} - e^{-x}\cos x$$

(3) $x^2y'' - 4xy' + 6y = 21x^{-4}$ or $y'' - \dfrac{4}{x}y' + \dfrac{6}{x^2}y = 21x^{-6}$

$m(m-1) - 4m + 6 = (m-2)(m-3) = 0$, $m = 2{,}3$, $y_h = c_1x^2 + c_2x^3$

$$W = \begin{vmatrix} x^2 & x^3 \\ 2x & 3x^2 \end{vmatrix} = x^4, \quad W_1 = \begin{vmatrix} 0 & x^3 \\ 21x^{-6} & 3x^2 \end{vmatrix} = -21x^{-3}, \quad W_2 = \begin{vmatrix} x^2 & 0 \\ 2x & 21x^{-6} \end{vmatrix} = 21x^{-4}$$

$$y_p = x^2\int(-21x^{-7})dx + x^3\int(21x^{-8})dx$$

$$= x^2\left(\frac{21}{6}x^{-6}\right) + x^3\left(-\frac{21}{7}x^{-7}\right) = \frac{21}{6}x^{-4} - \frac{21}{7}x^{-4} = \frac{1}{2}x^{-4}$$

$$\therefore \; y = c_1x^2 + c_2x^3 + \frac{1}{2}x^{-4}$$

(4) $(D^2 + 2D + 2)y = 4e^{-x}\sec^3 x$

$m^2+2m+2=0$, $m=-1\pm i$

$y_h=e^{-x}[c_1\cos x+c_2\sin x]$, $y_1=e^{-x}\cos x$, $y_2=e^{-x}\sin x$

$$W=\begin{vmatrix} e^{-x}\cos x & e^{-x}\sin x \\ -e^{-x}(\cos x+\sin x) & e^{-x}(\cos x-\sin x)\end{vmatrix}=e^{-2x}$$

$$W_1=\begin{vmatrix} 0 & e^{-x}\sin x \\ 4e^{-x}\sec^3 x & e^{-x}(\cos x-\sin x)\end{vmatrix}=-4e^{-2x}\sin x\sec^3 x$$

$$W_2=\begin{vmatrix} e^{-x}\cos x & 0 \\ -e^{-x}(\cos x+\sin x) & 4e^{-x}\sec^3 x\end{vmatrix}=4e^{-2x}\sec^2 x$$

$$y_p=e^{-x}\cos x\int(-4\sin x\sec^3 x)dx+e^{-x}\sin x\int 4\sec^2 x dx$$

$$=e^{-x}\cos x\cdot\left(\frac{-2}{\cos^2 x}\right)+e^{-x}\sin x\cdot 4\tan x=2e^{-x}\left(\frac{2\sin^2 x-1}{\cos x}\right)=-2e^{-x}\cdot\frac{\cos 2x}{\cos x}$$

$$\therefore\ y=c_1e^{-x}\cos x+c_2e^{-x}\sin x-2e^{-x}\cdot\frac{\cos 2x}{\cos x}$$

[note] ⋆ $\int\sin x\sec^3 x dx=\int\frac{\sin x}{\cos^3 x}dx$; $\cos x=t$, $-\sin x dx=dt$

$$=-\int\frac{dt}{t^3}=\frac{1}{2t^2}+c=\frac{1}{2\cos^2 x}+c$$

or

$\int\sin x\sec^3 x dx=\int\sec^2 x\tan x dx$; $\tan x=t$, $\sec^2 x dx=dt$

$$=\int t dt=\frac{1}{2}t^2+c_1=\frac{1}{2}\tan^2 x+c_1=\frac{\sin^2 x}{2\cos^2 x}+c_1=\frac{1-\cos^2 x}{2\cos^2 x}+c_1$$

$$=\frac{1}{2\cos^2 x}-\frac{1}{2}+c_1=\frac{1}{2\cos^2 x}+c \ ;\ c=-\frac{1}{2}+c_1$$

2. (1) $u'y_1+v'y_2=f(x)$ -- (⋆)이면

$$y_p'=uy_1'+vy_2'+f$$

$$y_p''=u'y_1'+uy_1''+v'y_2'+vy_2''+f'$$

에서

$$y_p''+py_p'+qy_p=(u'y_1'+uy_1''+v'y_2'+vy_2''+f')+p(uy_1'+vy_2'+f)+q(uy_1+vy_2)$$
$$=u(y_1''+py_1'+qy_1)+v(y_2''+py_2'+qy_2)+u'y_1'+v'y_2'+f'+pf=r.$$

$y_1''+py_1'+qy_1=0$, $y_2''+py_2'+qy_2=0$이므로

$$u'y_1'+v'y_2'=r-f'-pf. \quad \text{---}\ (\star\star)$$

식(⋆)와 식(⋆⋆)는

$$\begin{bmatrix} y_1 & y_2 \\ y_1' & y_2'\end{bmatrix}\begin{bmatrix}u'\\v'\end{bmatrix}=\begin{bmatrix}f\\ r-f'-pf\end{bmatrix}$$

를 이루므로

$$u'=\frac{W_1}{W},\ v'=\frac{W_2}{W}$$

이고, 여기서

$$W=\begin{vmatrix} y_1 & y_2 \\ y_1' & y_2' \end{vmatrix},\quad W_1=\begin{vmatrix} f & y_2 \\ r-f'-pf & y_2' \end{vmatrix},\quad W_2=\begin{vmatrix} y_1 & f \\ y_1' & r-f'-pf \end{vmatrix}$$

(2) $f(x)=x$, $f'(x)=1$ 이고 예제 1에서 $p(x)=0$, $r(x)=x-1$ 이므로 $r-f'-pf=x-2$.

$$W=\begin{vmatrix} y_1 & y_2 \\ y_1' & y_2' \end{vmatrix}=\begin{vmatrix} e^x & e^{-x} \\ e^x & -e^{-x} \end{vmatrix}=-2$$

$$W_1=\begin{vmatrix} f & y_2 \\ r-f'-pf & y_2' \end{vmatrix}=\begin{vmatrix} x & e^{-x} \\ x-2 & -e^{-x} \end{vmatrix}=-2(x-1)e^{-x}$$

$$W_2=\begin{vmatrix} y_1 & f \\ y_1' & r-f'-pf \end{vmatrix}=\begin{vmatrix} e^x & x \\ e^x & x-2 \end{vmatrix}=-2e^x.$$

따라서 특수해는

$$y_p=y_1\int\frac{W_1}{W}dx+y_2\int\frac{W_2}{W}dx=e^{-x}\int(x-1)e^{-x}dx+e^{-x}\int e^x dx=-x+1.$$

2.7 고계 미분방정식

1. (1) $y^{(4)}-16y=0$: $m^4-16=(m+2)(m-2)(m^2+4)=0$, $m=\pm 2$, $\pm 2i$

$$\therefore y=c_1e^{2x}+c_2e^{-2x}+c_3\cos 2x+c_4\sin 2x$$

(2) $y'''+9y''+27y'+27y=0$: $m^3+9m^2+27m+27=(m+3)^3=0$, $m=-3$ (3중근)

$$\therefore y=c_1e^{-3x}+c_2xe^{-3x}+c_3x^2e^{-3x}$$

(3) $(D^3-D^2-D+1)y=0$: $m^3-m^2-m+1=(m+1)(m-1)^2=0$, $m=-1, 1$ (중근)

$$\therefore\ y=c_1e^{-x}+c_2e^x+c_3xe^x$$

(4) $y^{(4)}=0$, $y(0)=1$, $y'(0)=16$, $y''(0)=-4$, $y'''(0)=24$: $m^4=0$, $m=0$ (4중근)

$$\therefore y=c_1+c_2x+c_3x^2+c_4x^3$$

$$y'=c_2+2c_3x+3c_4x^2,\ y''=2c_3+6c_4x,\ y'''=6c_4$$

$$y(0)=1=c_1,\ y'(0)=16=c_2,\ y''(0)=-4=2c_3,\ y'''(0)=24=6c_4$$

$$\rightarrow c_1=1,\ c_2=16,\ c_3=-2,\ c_4=4\quad \therefore y=1+16x-2x^2+4x^3$$

(5) $(D^4+10D^2+9)y=0$, $y(0)=0$, $y'(0)=0$, $y''(0)=32$, $y'''(0)=0$

$$m^4+10m^2+9=(m^2+1)(m^2+9)=0,\ m=\pm i, \pm 3i$$

$$y=c_1\cos x+c_2\sin x+c_3\cos 3x+c_4\sin 3x$$

$$y'=-c_1\sin x+c_2\cos x-3c_3\sin 3x+3c_4\cos 3x$$

$$y''=-c_1\cos x-c_2\sin x-9c_3\cos 3x-9c_4\sin 3x$$

$$y'''=c_1\sin x-c_2\cos x+27c_3\sin 3x-27c_4\cos 3x$$

$$y(0)=0=c_1+c_3,\ y'(0)=0=c_2+3c_4,\ y''(0)=32=-c_1-9c_3,\ y'''(0)=-c_2-27c_4$$

$$\rightarrow\ c_1=4,\ c_2=0,\ c_3=-4,\ c_4=0\quad \therefore y=4\cos x-4\cos 3x$$

2. (1) $y'''+3y''+3y'+y=8e^x+x+3$

$m^3+3m^2+3m+1=(m+1)^3=0$, $m=-1$ (삼중근) $y_h=c_1e^{-x}+c_2xe^{-x}+c_3x^2e^{-x}$

$y_p=Ae^x+Bx+C$로 놓으면

$$y_p'''+3y_p''+3y_p'+y_p=8Ae^x+Bx+(3B+C)=8e^x+x+3$$

$$A=1,\ B=1,\ C=0,\ y_p=e^x+x \quad \therefore\ y=c_1e^{-x}+c_2xe^{-x}+c_3x^2e^{-x}+e^x+x$$

(2) $y^{(4)}+10y''+9y=40\sinh x$, $y(0)=0$, $y'(0)=6$, $y''(0)=0$, $y'''(0)=-26$

$$m^4+10m^2+9=(m^2+1)(m^2+9)=0,\ m=\pm i, \pm 3i$$

$$y_h=c_1\cos x+c_2\sin x+c_3\cos 3x+c_4\sin 3x$$

특수해를 $y_p=A\sinh x$ (3계 및 1계 미분항이 없으므로)로 놓으면

$$y_p^{(4)}+10y_p''+9y_p=20A\sinh x=40\sinh x,\ A=2,\ y_p=2\sinh x$$

$$\therefore\ y=y_h+y_p=c_1\cos x+c_2\sin x+c_3\cos 3x+c_4\sin 3x+2\sinh x$$

$y(0)=c_1+c_3=0$, $y'(0)=c_2+3c_4+2=6$,

$y''(0)=-c_1+9c_3=0$, $y'''(0)=-c_2-27c_4+2=-26$

$\rightarrow c_1=0$, $c_2=1$, $c_3=0$, $c_4=1$ $\therefore\ y=\sin x+\sin 3x+2\sinh x$

3. (1) 문제 2(1)에서 $y_h=c_1e^{-x}+c_2xe^{-x}+c_3x^2e^{-x}$

$$W=\begin{vmatrix} e^{-x} & xe^{-x} & x^2e^{-x} \\ -e^{-x} & (1-x)e^{-x} & (2x-x^2)e^{-x} \\ e^{-x} & (-2+x)e^{-x} & (2-4x+x^2)e^{-x} \end{vmatrix}=2e^{-3x}$$

$$W_1=\begin{vmatrix} 0 & xe^{-x} & x^2e^{-x} \\ 0 & (1-x)e^{-x} & (2x-x^2)e^{-x} \\ 8e^x+x+3 & (-2+x)e^{-x} & (2-4x+x^2)e^{-x} \end{vmatrix}=(8e^x+x+3)x^2e^{-2x}$$

$$W_2=\begin{vmatrix} e^{-x} & 0 & x^2e^{-x} \\ -e^{-x} & 0 & (2x-x^2)e^{-x} \\ e^{-x} & 8e^x+x+3 & (2-4x+x^2)e^{-x} \end{vmatrix}=-(8e^x+x+3)2xe^{-2x}$$

$$W_3=\begin{vmatrix} e^{-x} & xe^{-x} & 0 \\ -e^{-x} & (1-x)e^{-x} & 0 \\ e^{-x} & (-2+x)e^{-x} & 8e^x+x+3 \end{vmatrix}=(8e^x+x+3)e^{-2x}$$

$$y_p=y_1\int\frac{W_1}{W}dx+y_2\int\frac{W_2}{W}dx+y_3\int\frac{W_3}{W}dx$$

$$=e^{-x}\int\frac{1}{2}x^2e^x(8e^x+x+3)dx+xe^{-x}\int -xe^x(8e^x+x+3)dx+x^2e^{-x}\int\frac{1}{2}e^x(8e^x+x+3)dx$$

$$=\frac{1}{2}e^{-x}\left(8\int x^2e^{2x}dx+\int x^3e^xdx+3\int x^2e^xdx\right)-xe^{-x}\left(8\int xe^{2x}dx+\int x^2e^xdx+3\int xe^xdx\right)$$

$$+\frac{1}{2}x^2e^{-x}\left(8\int e^{2x}dx+\int xe^xdx+3\int e^xdx\right)$$

여기서 $\displaystyle\int xe^{ax}dx=x\cdot\frac{1}{a}e^{ax}-\frac{1}{a}\int e^{ax}dx=\frac{1}{a}xe^{ax}-\frac{1}{a^2}e^{ax}=\frac{1}{a^2}(ax-1)e^{ax}$

$$\int x^2e^{ax}dx=x^2\cdot\frac{1}{a}e^{ax}-\frac{2}{a}\int xe^{ax}dx=\frac{x^2}{a}e^{ax}-\frac{2}{a}\frac{1}{a^2}(ax-1)e^{ax}=\frac{1}{a^3}(a^2x^2-2ax+2)e^{ax}$$

$$\int x^3e^{ax}dx=x^3\cdot\frac{1}{a}e^{ax}-\frac{3}{a}\int x^2e^{ax}dx=\frac{x^3}{a}e^{ax}-\frac{3}{a}\frac{1}{a^3}(a^2x^2-2ax+2)e^{ax}$$

$$= \frac{1}{a^4}(a^3x^3 - 3a^2x^2 + 6ax - 6)e^{ax}$$

이므로

$$y_p = \frac{1}{2}\left[8 \cdot \frac{1}{8}(4x^2 - 4x + 2)e^{2x} + (x^3 - 3x^2 + 6x - 6)e^x + 3(x^2 - 2x + 2)e^x\right]$$

$$- xe^{-x}\left[8 \cdot \frac{1}{4}(2x - 1)e^{2x} + (x^2 - 2x + 2)e^x + 3(x - 1)e^x\right]$$

$$+ \frac{1}{2}x^2e^{-x}\left[8 \cdot \frac{1}{2}e^{2x} + (x - 1)e^x + 3e^x\right] = e^x + x$$

(2) $x^3y''' + x^2y'' - 2xy' + 2y = x^{-2}$, $y''' + \frac{1}{x}y'' - \frac{2}{x^2}y' + \frac{2}{x^3}y = x^{-5}$

$m(m-1)(m-2) + m(m-1) - 2m + 2 = (m-1)(m+1)(m-2) = 0$, $m = \pm 1,\ 2$

$$y_h = c_1x + c_2x^{-1} + c_3x^2$$

$$W = \begin{vmatrix} x & x^{-1} & x^2 \\ 1 & -x^{-2} & 2x \\ 0 & 2x^{-3} & 2 \end{vmatrix} = -6x^{-1}, \qquad W_1 = \begin{vmatrix} 0 & x^{-1} & x^2 \\ 0 & -x^{-2} & 2x \\ x^{-5} & 2x^{-3} & 2 \end{vmatrix} = 3x^{-5}$$

$$W_2 = \begin{vmatrix} x & 0 & x^2 \\ 1 & 0 & 2x \\ 0 & x^{-5} & 2 \end{vmatrix} = -x^{-3}, \qquad W_3 = \begin{vmatrix} x & x^{-1} & 0 \\ 1 & -x^{-2} & 0 \\ 0 & 2x^{-3} & x^{-5} \end{vmatrix} = -2x^{-6}$$

$$y_p = y_1\int \frac{W_1}{W}dx + y_2\int \frac{W_2}{W}dx + y_3\int \frac{W_3}{W}dx$$

$$= x\int -\frac{1}{2}x^{-4}dx + x^{-1}\int \frac{1}{6}x^{-2}dx + x^2\int \frac{1}{3}x^{-5}dx$$

$$= x\left(\frac{1}{6}x^{-3}\right) + x^{-1}\left(-\frac{1}{6}x^{-1}\right) + x^2\left(-\frac{1}{12}x^{-4}\right) = -\frac{1}{12}x^{-2} \quad \therefore\ y = c_1x + \frac{c_2}{x} + c_3x^2 - \frac{1}{12x^2}$$

(3) $x^3y''' - 3x^2y'' + 6xy' - 6y = 24x^5$, $y(1) = 1$, $y'(1) = 3$, $y''(1) = 14$

$$y''' - \frac{3}{x}y'' + \frac{6}{x^2}y' - \frac{6}{x^3}y = 24x^2$$

$m(m-1)(m-2) - 3m(m-1) + 6m - 6 = (m-1)(m-2)(m-3) = 0$, $m = 1,\ 2,\ 3$

$$y_h = c_1x + c_2x^2 + c_3x^3$$

$$W = \begin{vmatrix} x & x^2 & x^3 \\ 1 & 2x & 3x^2 \\ 0 & 2 & 6x \end{vmatrix} = 2x^3, \qquad W_1 = \begin{vmatrix} 0 & x^2 & x^3 \\ 0 & 2x & 3x^2 \\ 24x^2 & 2 & 6x \end{vmatrix} = 24x^6$$

$$W_2 = \begin{vmatrix} x & 0 & x^3 \\ 1 & 0 & 3x^2 \\ 0 & 24x^2 & 6x \end{vmatrix} = -48x^5, \qquad W_3 = \begin{vmatrix} x & x^2 & 0 \\ 1 & 2x & 0 \\ 0 & 2 & 24x^2 \end{vmatrix} = 24x^4$$

$$y_p = y_1\int \frac{W_1}{W}dx + y_2\int \frac{W_2}{W}dx + y_3\int \frac{W_3}{W}dx$$

$$= x\int 12x^3dx + x^2\int -24x^2dx + x^3\int 12xdx = 3x^5 - 8x^5 + 6x^5 = x^5 \qquad \therefore$$

$y = c_1x + c_2x^2 + c_3x^3 + x^5$

$y(1) = c_1 + c_2 + c_3 + 1 = 1$, $y'(1) = c_1 + 2c_2 + 3c_3 + 5 = 3$, $y''(1) = 2c_2 + 6c_3 + 20 = 14$ 에서

$$c_1 = 1,\ c_2 = 0,\ c_3 = -1 \quad \therefore\ y = x - x^3 + x^5$$

4. $(D-1)(D-4)y=8e^x$ 의 양변에 $(D-1)$을 수행하면 $(D-1)^2(D-4)y=0$ 이므로 $y=c_1e^x+c_2xe^x+c_3e^{4x}$. 여기서 $c_1e^x+c_3e^{4x}$는 제차해이므로 특수해의 형태는 $y_p=Axe^x$ 이다.

2.8 선형 연립미분방정식

1. (1) $(D-1)x-y=0$ --- ① $-x+(D+1)y=0$ --- ②

①+$(D-1)$② : $(D^2-2)y=0 \rightarrow y(t)=c_1\cosh\sqrt{2}t+c_2\sinh\sqrt{2}t$

② : $x(t)=(D+1)y=\left(c_1+\sqrt{2}c_2\right)\cosh\sqrt{2}t+\left(\sqrt{2}c_1+c_2\right)\sinh\sqrt{2}t$

(2) $D^2x-4y=e^t$ --- ① $x-D^2y=e^t$ --- ②

①$-D^2$② :$(D^4-4)y=(D^2-2)(D^2+2)y=0\rightarrow y(t)=c_1e^{\sqrt{2}t}+c_2e^{-\sqrt{2}t}+c_3\cos\sqrt{2}t+c_4\sin\sqrt{2}t$

② : $x(t)=D^2y+e^t=2c_1e^{\sqrt{2}t}+2c_2e^{-\sqrt{2}t}-2c_3\cos\sqrt{2}t-2c_4\sin\sqrt{2}t+e^t$,

(3) $Dx-6y=0$ --- ① $x-Dy+z=0$ --- ② $x+y-Dz=0$ --- ③

D②+③ : $(D+1)x-(D^2-1)y=0$ --- ④

(D^2-1)①-6 · ④ : $(D+1)(D+2)(D-3)x=0 \rightarrow x(t)=c_1e^{-t}+c_2e^{-2t}+c_3e^{3t}$

①에서 $y(t)=\frac{1}{6}Dx=-\frac{1}{6}c_1e^{-t}-\frac{1}{3}c_2e^{-2t}+\frac{1}{2}c_3e^{3t}$

②에서 $z(t)=-x+Dy=-\frac{5}{6}c_1e^{-t}-\frac{1}{3}c_2e^{-2t}+\frac{1}{2}c_3e^{3t}$

(4) $D^2x-2D(D+1)y=\sin t$ --- ① $x+Dy=0$ --- ②

②에서 $x=-Dy$이므로 이를 ①에 대입하면

$$D(D^2+2D+2)y=-\sin t \rightarrow y(t)=y_h+y_p=c_1+e^{-t}(c_2\cos t+c_3\sin t)+\frac{1}{5}\cos t+\frac{2}{5}\sin t$$

따라서

$$x(t)=-Dy=e^{-t}\left[(c_2-c_3)\cos t+(c_2+c_3)\sin t\right]+\frac{1}{5}\sin t-\frac{2}{5}\cos t$$

초기조건 $x(0)=0,\ x'(0)=1/5,\ y(0)=0$ 로부터 $c_1=-\frac{3}{5},\ c_2=\frac{2}{5},\ c_3=0.$

$$\therefore\ x(t)=\frac{2}{5}e^{-t}(\cos t+\sin t)+\frac{1}{5}\sin t-\frac{2}{5}\cos t,\ y(t)=-\frac{3}{5}+\frac{2}{5}e^{-t}\cos t+\frac{1}{5}\cos t+\frac{2}{5}\sin t$$

(5) $Dx=y,\ Dy=z,\ Dz=x;\ x(0)=3,\ y(0)=\sqrt{3},\ z(0)=-\sqrt{3}$

$x=Dz=D^2y=D^3x$ 이므로 $(D^3-1)x=(D-1)(D^2+D+1)x=0$

$$\therefore\ x(t)=c_1e^t+e^{-t/2}\left(c_2\cos\frac{\sqrt{3}}{2}t+c_3\sin\frac{\sqrt{3}}{2}t\right)$$

$$y(t)=Dx=c_1e^t+e^{-t/2}\left[\left(\frac{\sqrt{3}}{2}c_2-\frac{1}{2}c_3\right)\cos\frac{\sqrt{3}}{2}t+\left(-\frac{1}{2}c_2-\frac{\sqrt{3}}{2}c_3\right)\sin\frac{\sqrt{3}}{2}t\right]$$

$$z(t)=Dy=c_1e^t+e^{-t/2}\left[\left(-\frac{\sqrt{3}}{2}c_2-\frac{1}{2}c_3\right)\cos\frac{\sqrt{3}}{2}t+\left(-\frac{1}{2}c_2+\frac{\sqrt{3}}{2}c_3\right)\sin\frac{\sqrt{3}}{2}t\right]$$

초기조건 $x(0)=3$, $y(0)=\sqrt{3}$, $z(0)=-\sqrt{3}$ 에서 $c_1=1$, $c_2=2$, $c_3=2$, 따라서

$$x(t)=e^t+2e^{-t/2}\left(\cos\frac{\sqrt{3}}{2}t+\sin\frac{\sqrt{3}}{2}t\right),$$

$$y(t)=e^t+e^{-t/2}\left[(\sqrt{3}-1)\cos\frac{\sqrt{3}}{2}t-(\sqrt{3}+1)\sin\frac{\sqrt{3}}{2}t\right],$$

$$z(t)=e^t+e^{-t/2}\left[-(\sqrt{3}+1)\cos\frac{\sqrt{3}}{2}t+(\sqrt{3}-1)\sin\frac{\sqrt{3}}{2}t\right]$$

2. 식(2.8.12)에 $y_2=100-y_1$을 대입하면

$$\left(D+\frac{1}{20}\right)y_1-\frac{1}{20}(100-y_1)=0$$

또는 1계 선형미분방정식

$$y_1'+\frac{1}{10}y_1=5$$

이 된다. 양변에 적분인자 $e^{\int 1/10dt}=e^{t/10}$를 곱하면

$$\frac{d}{dt}\left(e^{t/10}y_1\right)=5e^{t/10}$$

따라서

$$e^{t/10}y_1=5\int e^{t/10}dt=50e^{t/10}+c \rightarrow \quad y_1=50+ce^{-t/10}.$$

$y_1(0)=50+c=100$에서 $c=50$. 그러므로 $y_1=50(1+e^{-t/10})$, $y_2=100-y_1=50(1-e^{-t/10})$

3. (1) 수조 1에서 소금의 유입율은 $(3\text{ m}^3/\text{min})(0\text{kg/m}^3)+(1\text{ m}^3/\text{min})\left(\frac{y_2}{50}\text{kg/m}^3\right)=\frac{1}{50}y_2\text{ kg/min}$이고 유출율은 $(4\text{ m}^3/\text{min})\left(\frac{y_1}{50}\text{kg/m}^3\right)=\frac{4}{50}y_1\text{ kg/min}$이다. 수조 2에도 마찬가지 방법을 적용하여

$$\frac{dy_1}{dt}=\frac{1}{50}y_2-\frac{4}{50}y_1,\quad \frac{dy_2}{dt}=\frac{4}{50}y_1-\frac{4}{50}y_2$$

을 구한다. 따라서 연립미분방정식은

$$\left(D+\frac{4}{50}\right)y_1-\frac{1}{50}y_2=0,\quad -\frac{4}{50}y_1+\left(D+\frac{4}{50}\right)y_2=0$$

이다. 적절히 y_2를 소거하면 $\left[\left(D+\frac{4}{50}\right)^2-\left(\frac{4}{50}\right)\left(\frac{1}{50}\right)\right]y_1=0$, 즉 $(50D+2)(50D+6)y_1=0$이 되어 해 $y_1(t)=c_1e^{-t/25}+c_2e^{-3t/25}$를 구하고 $y_2=50\left(D+\frac{4}{50}\right)y_1$ 으로부터 $y_2(t)=2c_1e^{-t/25}-2c_2e^{-3t/25}$를 얻는다. 여기에 초기조건 $y_1(0)=50$, $y_2(0)=0$을 적용하면 $c_1=c_2=25$이므로

$$y_1(t)=25(e^{-t/25}+e^{-3t/25}),\quad y_2(t)=50(e^{-t/25}-e^{-3t/25}).$$

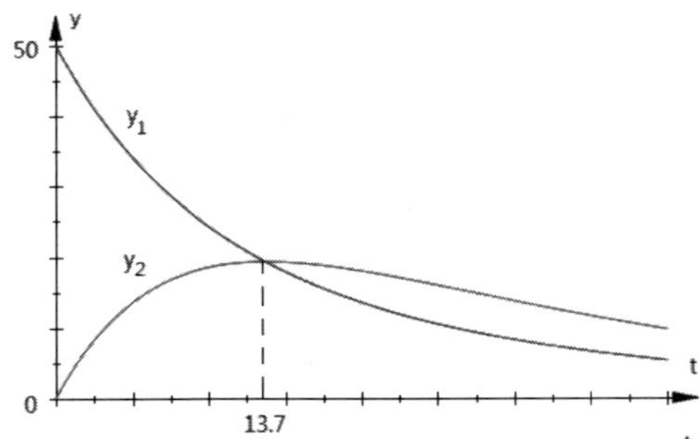

(2) $y_1 = y_2$에서 $e^{2t/25} = 3$이므로 $t = \dfrac{25}{2}\ln 3 \simeq 13.7$ 분. $\dfrac{dy_2}{dt} = 0$ 에서도 마찬가지. 수조1의 소금은 시간이 지나며 감소하고 수조2의 소금은 증가하다가 수조2의 소금 농도가 수조1의 소금 농도와 같아지는 순간부터 감소한다.

(3) 이후로는 수조2의 소금물 유입률이 수조1의 소금물 유입률 보다 크므로 수조2의 소금량이 수조1의 소금량 보다 큰 상태를 유지하며 감소한다.

(4) $y_1(\infty) = y_2(\infty) = 0$이므로 시간이 충분히 지나면 두 수조 안의 소금이 모두 사라지는데 이는 외부에서 순수한 물이 계속 유입되고 소금물은 계속 유출되기 때문이다.

4. $L\dfrac{di_1}{dt} + Ri_2 = E(t)$, $RC\dfrac{di_2}{dt} + i_2 - i_1 = 0$에 $E = 60$, $L = 1$, $R = 50$, $C = 10^{-4}$를 대입하면

$$\frac{di_1}{dt} + 50i_2 = 60\,,\ \ \frac{di_2}{dt} + 200(i_2 - i_1) = 0\,,\ \ i_1(0) = i_2(0) = 0.$$

즉

$$Di_1 + 50\,i_2 = 60\,,\ 200i_1 - (D+200)i_2 = 0$$

이다. 첫 식의 양변에 $(D+200)$을 취하고 둘째 식의 양변에 50을 곱하여 더하면 비제차 미방

$$[D(D+200) + 10000]i_1 = (D+100)^2 i_1 = 12000$$

이다.$(200 \cdot 60 = 12000)$ 제차해는 $i_{1h} = c_1e^{-100t} + c_2te^{-100t}$이고 특수해를 $i_{1p} = A$로 가정하면 $10000A = 12000$에서 $A = 6/5$, 따라서 $i_1 = i_{1h} + i_{1p} = c_1e^{-100t} + c_2te^{-100t} + \dfrac{6}{5}$. $i_2 = \dfrac{1}{50}(60 - Di_1)$을 계산하면 $i_2(t) = \dfrac{6}{5} + \left(2c_1 - \dfrac{1}{50}c_2\right)\dfrac{6}{5}e^{-100t} + 2c_2te^{-100t}$. 초기조건 $i_1(0) = i_2(0) = 0$에서 $c_1 = -\dfrac{6}{5}$, $c_2 = -60$ 이므로

$$i_1(t) = \frac{6}{5} - \frac{6}{5}e^{-100t} - 60te^{-100t},\ i_2(t) = \frac{6}{5} - \frac{6}{5}e^{-100t} - 120te^{-100t}.$$

5. (1) 식(1.5.3)에 의해 (a)의 해는

$$N_1(t) = N_{10}e^{-\lambda_1 t}$$

이므로 (b)는 $\dfrac{dN_2}{dt} + \lambda_2 N_2 = \lambda_1 N_{10}e^{-\lambda_1 t}$ -- (c)가 된다. (c)의 양변에 적분인자 $e^{\int \lambda_2 dt} = e^{\lambda_2 t}$를 곱

하여 계산하면 $N_2(t)=-\dfrac{\lambda_1}{\lambda_1-\lambda_2}N_{10}e^{-\lambda_1 t}+ce^{-\lambda_2 t}$이고 $N_2(0)=0$에서 $c=\dfrac{\lambda_1}{\lambda_1-\lambda_2}N_{10}$. 따라서

$$N_2(t)=\frac{\lambda_1}{\lambda_2-\lambda_1}N_{10}\left(e^{-\lambda_1 t}-e^{-\lambda_2 t}\right).$$

$N_3(t)$는 N_{10}에서 다른 원소로 변환된 양 N_1-N_2를 빼면 되므로

$$N_3(t)=N_{10}-N_1(t)-N_2(t).$$

(2) $(D+\lambda_1)N_1=0$, $-\lambda_1 N_1+(D+\lambda_2)N_2=0$에서 N_1을 소거하면

$$(D+\lambda_1)(D+\lambda_2)N_2=0,$$

따라서 $N_2(t)=c_1e^{-\lambda_1 t}+c_2e^{-\lambda_2 t}$. $N_1=\dfrac{1}{\lambda_1}\left(\dfrac{dN_2}{dt}+\lambda_2 N_2\right)$임을 이용하면 $N_2(t)=\dfrac{\lambda_2-\lambda_1}{\lambda_1}c_1e^{-\lambda_1 t}$.

$N_1(0)=\dfrac{\lambda_2-\lambda_1}{\lambda_1}c_1=N_{10}$, $N_2(0)=c_1+c_2=0$에서 $c_1=\dfrac{\lambda_1}{\lambda_2-\lambda_1}N_{10}$, $c_2=-\dfrac{\lambda_1}{\lambda_2-\lambda_1}N_{10}$이므로

$$N_1(t)=N_{10}e^{-\lambda_1 t},\quad N_2(t)=\frac{\lambda_1}{\lambda_2-\lambda_1}N_{10}\left(e^{-\lambda_1 t}-e^{-\lambda_2 t}\right),\quad N_3(t)=N_{10}-N_1(t)-N_2(t).$$

(3)

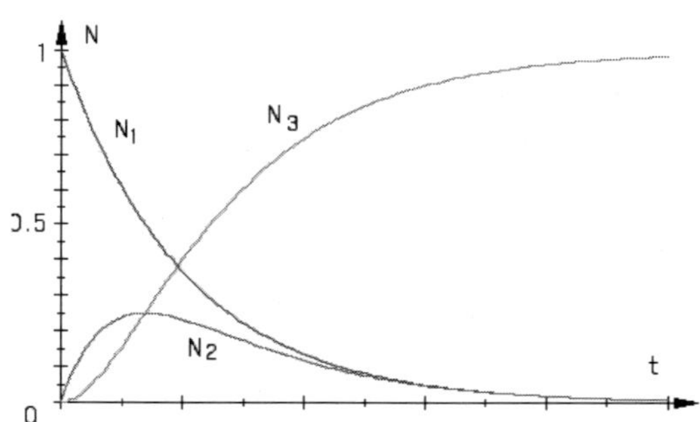

6. $y_1''=y_2-2y_1$, $y_2''=y_1-2y_2$; $y_1(0)=1$, $y_1'(0)=\sqrt{3}$, $y_2(0)=1$, $y_2'(0)=-\sqrt{3}$,

$$(D^2+2)y_1-y_2=0,\quad -y_1+(D^2+2)y_2=0$$

이다. 적절히 y_2를 소거하면 $\left[(D^2+2)^2-1\right]y_1=(D^2+3)(D^2+1)y_1=0$ 이므로

$$y_1(t)=c_1\cos\sqrt{3}t+c_2\sin\sqrt{3}t+c_3\cos t+c_4\sin t$$

이다. 또한 $y_2=(D^2+2)y_1$ 으로부터

$$y_2(t)=-c_1\cos\sqrt{3}t-c_2\sin\sqrt{3}t+c_3\cos t+c_4\sin t$$

이다. $y_1(0)=1$, $y_1'(0)=\sqrt{3}$, $y_2(0)=1$, $y_2'(0)=-\sqrt{3}$ 에서 $c_1=c_4=0$, $c_2=c_3=1$ 이므로

$$y_1(t)=\sin\sqrt{3}t+\cos t,\quad y_2(t)=-\sin\sqrt{3}t+\cos t.$$

2.9 질량-용수철계

1. $k = \frac{F}{s} = \frac{60}{1/2} = 120$ [N/m]

$\frac{d^2y}{dt^2} + \omega^2 y = 0 \rightarrow y = c_1 \cos\omega t + c_2 \sin\omega t$, 주기$= 1$ sec$= \frac{2\pi}{\omega}$ $\therefore \omega = 2\pi$ /sec

$\omega = \sqrt{\frac{k}{m}}$, $m = \frac{k}{\omega^2} = \frac{120}{(2\pi)^2} = 3.04$ kg 이므로 무게는 3.04 kg중 또는 3.04kg× 9.8m/s^2=29.8 N

2. $my'' + ky = 0$ 의 양변에 y'을 곱하여 적분하면

$$m\int y'' y' dt + k\int yy' dt = E_0 \quad (\text{적분상수 } E_0)$$

$$I_1 = \int y'' y' dt = (y')^2 - \int y' y'' dt = (y')^2 - I_1 \rightarrow I_1 = \frac{1}{2}(y')^2 = \frac{1}{2}v^2$$

$$I_2 = \int yy' dt = y^2 - \int yy' dt = y^2 - I_2 \rightarrow I_2 = \frac{1}{2}y^2$$

$$\therefore \frac{1}{2}mv^2 + \frac{1}{2}ky^2 = E_0$$

3. $k = 16$, $m = 1$, $\beta = 10$: $\frac{d^2y}{dt^2} + 10\frac{dy}{dt} + 16y = 0$

$m^2 + 10m + 16 = (m+2)(m+8) = 0$, $m = -2, \ -8 \Rightarrow y(t) = c_1 e^{-2t} + c_2 e^{-8t}$

(1) $y(0) = 1$, $\left.\frac{dy}{dt}\right|_{t=0} = 0$

$y(0) = 1 = c_1 + c_2$, $y'(0) = 0 = -2c_1 - 8c_2 \rightarrow c_1 = \frac{4}{3}$, $c_2 = -\frac{1}{3}$

$$\therefore y(t) = \frac{4}{3}e^{-2t} - \frac{1}{3}e^{-8t}$$

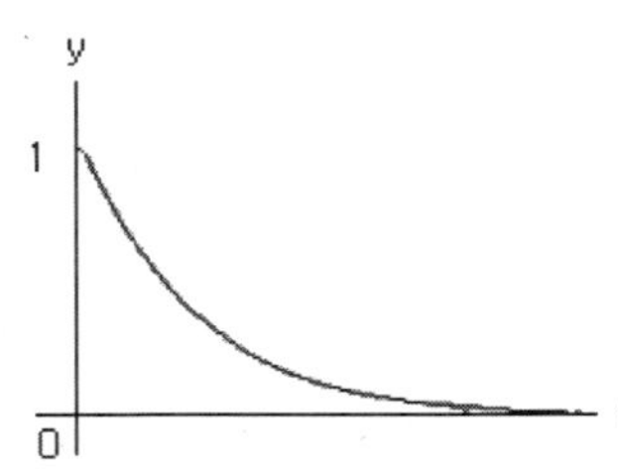

질량은 평형점을 지나지 않는다.

(2) $y(0) = 1$, $\left.\frac{dy}{dt}\right|_{t=0} = -12$

(1)과 유사한 방법으로 $y(t) = -\frac{2}{3}e^{-2t} + \frac{5}{3}e^{-8t}$ 이고

$y'(t) = \frac{4}{3}e^{-2t} - \frac{40}{3}e^{-8t} = 0$ 에서 $t = \frac{1}{6}\ln(10) \simeq 0.384$ 이다.

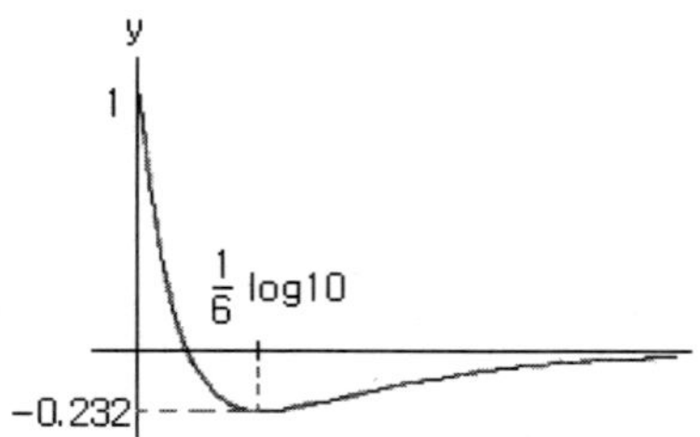

extreme displacement : $y\left(\frac{1}{6}\ln 10\right) = -0.232$

4. $m = \frac{W}{g} = \frac{0.98}{9.8} = 0.1$ [kg], $k = \frac{F}{s} = \frac{2}{1} = 2$ [N/m], $\beta = 0.4$

$$0.1\frac{d^2y}{dt^2} + 0.4\frac{dy}{dt} + 2y = 0 \text{ or } \frac{d^2y}{dt^2} + 4\frac{dy}{dt} + 20y = 0,\ y(0) = 1,\ y'(0) = 0$$

$m^2 + 4m + 20 = 0$, $m = -2 \pm 4i$, $y(t) = e^{-2t}[c_1\cos 4t + c_2\sin 4t]$

초기조건 $y(0) = c_1 = 1$, $y'(0) = -2c_1 + 4c_2 = 0$ 에서 $c_2 = \frac{1}{2}$.

$$\therefore\ y(t) = e^{-2t}\left(\frac{1}{2}\sin 4t + \cos 4t\right) = \frac{\sqrt{5}}{2}e^{-2t}\sin(4t + 1.107),\ (\because\ \tan^{-1}2 = 1.107)$$

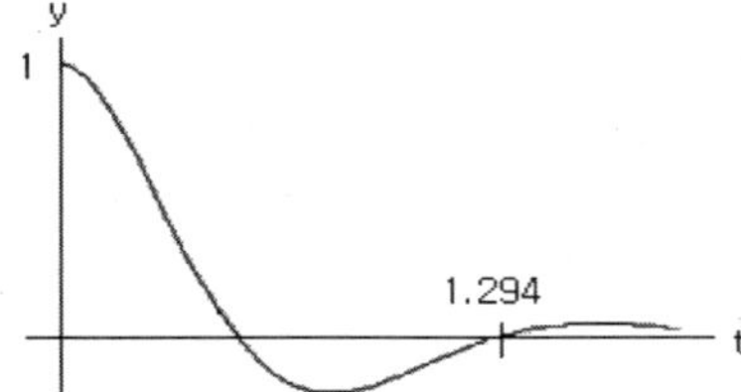

The weight passes through the equilibrium position when $4t + 1.107 = \pi,\ 2\pi, \cdots$ and the time passing through equilibrium position heading downward is

$$4t + 1.107 = 2\pi \text{ or } t = \frac{1}{4}(2\pi - 1.107) \simeq 1.294.$$

5. $\frac{d^2y}{dt^2} + 2\frac{dy}{dt} + 6y = \sin 2t + 2\cos 2t$, $y(0) = 1$, $y'(0) = 0$

$m^2 + 2m + 6 = 0$, $m = -1 \pm \sqrt{5}i \rightarrow y_h = e^{-t}(c_1\cos\sqrt{5}t + c_2\sin\sqrt{5}t)$

$y_p = A\sin 2t + B\cos 2t$ 로 놓으면

$$y_p'' + 2y_p' + 6y_p = (-2A - 4B)\sin 2t + (4A + 2B)\cos 2t = \sin 2t + 2\cos 2t$$

$$\rightarrow A = \frac{1}{2},\ B = 0\ \therefore\ y_p = \frac{1}{2}\sin 2t$$

따라서, $y = e^{-t}(c_1\cos\sqrt{5}t + c_2\sin\sqrt{5}t) + \frac{1}{2}\sin 2t$.

$$y(0) = c_1 = 1,\ y'(0) = (-c_1 + \sqrt{5}c_2)\cos\sqrt{5}t + (-\sqrt{5}c_1 - c_2)\sin\sqrt{5}t + \cos 2t\Big|_{t=0}$$

$$= -c_1 + \sqrt{5}c_2 + 1 = 0 \rightarrow c_2 = 0\ \therefore\ y(t) = e^{-t}\cos\sqrt{5}t + \frac{1}{2}\sin 2t$$

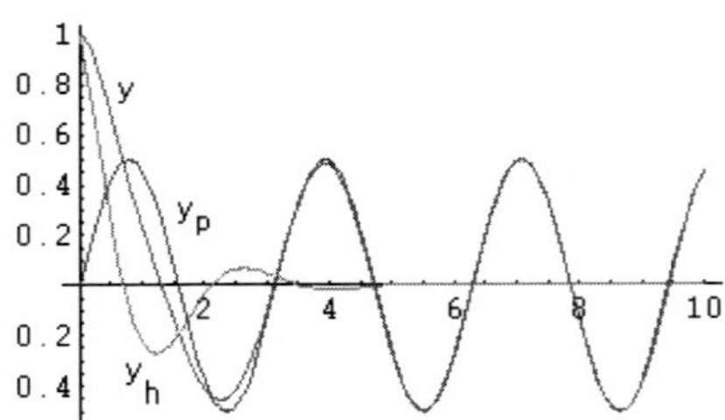

6. $0.125\dfrac{d^2y}{dt^2}+1.125y=\cos t-4\sin t$ or $\dfrac{d^2y}{dt^2}+9y=8\cos t-32\sin t$, $y(0)=y'(0)=0$

$m^2+9=0, m=\pm 3i$, $y_h=c_1\cos 3t+c_2\sin 3t$

$y_p=A\cos t+B\sin t$ 로 놓으면

$y_p''+9y_p=8A\cos t+8B\sin t=8\cos t-32\sin t$ $\therefore$ $y_p=\cos t-4\sin t$

따라서, $y=c_1\cos 3t+c_2\sin 3t+\cos t-4\sin t$ 이고 초기조건 $y(0)=c_1+1=0$, $y'(0)=3c_2-4=0$ 에서 $c_1=-1$, $c_2=\dfrac{4}{3}$. $\therefore$ $y(t)=-\cos 3t+\dfrac{4}{3}\sin 3t+\cos t-4\sin t$

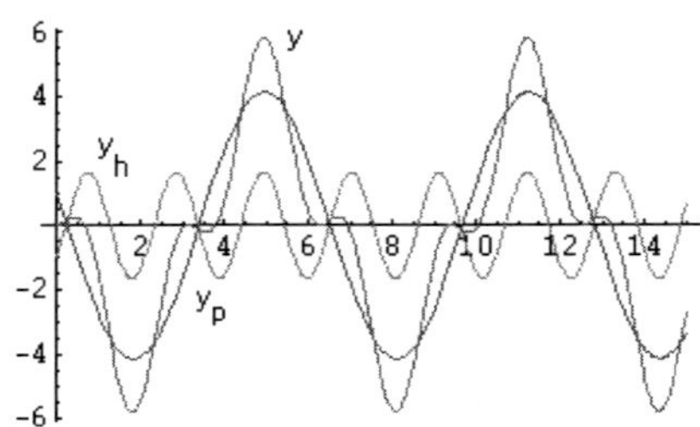

7. $0.125\dfrac{d^2y}{dt^2}+1.125y=\cos 3t$, $y(0)=y'(0)=0$

$\dfrac{d^2y}{dt^2}+9y=8\cos 3t$, $y_h=c_1\cos 3t+c_2\sin 3t$ from Pb.6.

$y_p=At\sin 3t$ 로 놓으면

$y_p''+9y_p=A(6\cos 3t-9t\sin 3t)+9At\sin 3t=6A\cos 3t=8\cos 3t$, $A=\dfrac{4}{3}$ $\therefore$ $y_p=\dfrac{4}{3}t\sin 3t$

따라서, $y=c_1\cos 3t+c_2\sin 3t+\dfrac{4}{3}t\sin t$ 이고

$y(0)=c_1=0$, $y'(0)=3c_2=0$에서

$\therefore$ $y=\dfrac{4}{3}t\sin 3t$: pure resonance

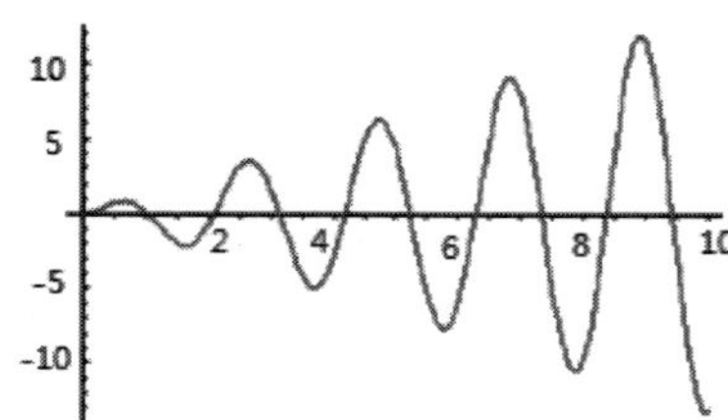

8. 제차해는 본문과 같이 $y_h(t)=c_1\cos\omega t+c_2\sin\omega t$ 이고 특수해를 $y_p(t)=At\cos\omega t$ 로 가정하면

$$y_p{}'=A(\cos\omega t-\omega t\sin\omega t),\ y_p{}''=A(-2\omega\sin\omega t-\omega^2 t\sin\omega t)$$

이므로

$$y_p{}''+\omega^2 y_p=\cdots=-2\omega A\sin\omega t=F\sin\omega t\ \rightarrow\ A=-\frac{F}{2\omega}.$$

따라서 $y_p(t)=-\frac{F}{2\omega}t\cos\omega t$ 이고 일반해는

$$y(t)=c_1\cos\omega t+c_2\sin\omega t-\frac{F}{2\omega}t\cos\omega t$$

이다. 초기조건에 의해 $c_1=0$, $c_2=\frac{F}{2\omega^2}$ 이므로 구하는 해는

$$y(t)=\frac{F}{2\omega}\left(\frac{1}{\omega}\sin\omega t-t\cos\omega t\right)=\frac{F}{2\omega}\sqrt{\frac{1}{\omega^2}+t^2}\,\sin(\omega t+\theta)$$

이다. 여기서, 진폭 $\frac{F}{2\omega}\sqrt{\frac{1}{\omega^2}+t^2}$ 이 t의 함수로 t가 증가함에 따라 진폭도 증가하므로 순수공진이 발생한다.

2.10 전기회로

1. In RLC-circuit, the steady-state current is $i_p(t)=\frac{E_0}{Z}\sin(\omega t-\phi)$, where $Z=\sqrt{R^2+X^2}$ and $X=\omega L-\frac{1}{\omega C}$. For the amplitude E_0/Z to be maximum, $X=\omega L-\frac{1}{\omega C}=0\ \therefore\ C=\frac{1}{\omega^2 L}$

2. (1) $E=10$: $2\frac{d^2q}{dt^2}+8\frac{dq}{dt}+10q=130$ or $\frac{d^2q}{dt^2}+4\frac{dq}{dt}+5q=65$

$$m^2+4m+5,\ m=-2\pm i\ \ \therefore q_h(t)=e^{-2t}[c_1\cos t+c_2\sin t]$$

Let $q_p(t)=A$ then $q_p{}''+4q_p{}'+5q_p=5A=65\ \rightarrow\ A=13\ \ \therefore q_p(t)=13$

Hence, $q(t)=q_h+q_p=e^{-2t}[c_1\cos t+c_2\sin t]+13$ and

$$i(t)=\frac{dq}{dt}=e^{-2t}[(-2c_1+c_2)\cos t-(c_1-2c_2)\sin t].$$

From $q(0)=c_1+13=0$, $i(0)=-2c_1+c_2=0\ \rightarrow\ c_1=-13$, $c_2=-26\ \ \therefore\ i(t)=65e^{-2t}\sin t$

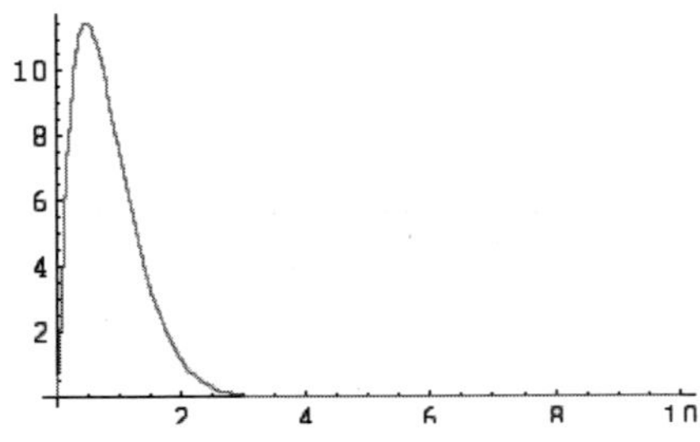

(2) $E(t) = 130\cos 2t$: $2\dfrac{d^2q}{dt^2} + 8\dfrac{dq}{dt} + 10q = 130\cos 2t$ or $\dfrac{d^2q}{dt^2} + 4\dfrac{dq}{dt} + 5q = 65\cos 2t$

$$\therefore q_h(t) = e^{-2t}[c_1\cos t + c_2\sin t] \text{ as in (1)}$$

Let $q_p(t) = A\cos 2t + B\sin 2t$ then

$$q_p'' + 4q_p' + 5q_p = (A+8B)\cos 2t + (-8A+B)\sin 2t = 65\cos 2t$$

$$A + 8B = 65,\ -8A + B = 0 \ \rightarrow\ A = 1,\ B = 8 \quad \therefore q_p(t) = \cos 2t + 8\sin 2t$$

Hence, $q(t) = q_h(t) + q_p(t) = e^{-2t}[c_1\cos t + c_2\sin t] + \cos 2t + 8\sin 2t$

and $i(t) = \dfrac{dq}{dt} = e^{-2t}[(-2c_1 + c_2)\cos t + (-c_1 - 2c_2)\sin t] - 2\sin 2t + 16\cos 2t$

$q(0) = c_1 + 1 = 0$, $i(0) = -2c_1 + c_2 + 16 = 0$, $c_1 = -1$, $c_2 = -18$

$$\therefore i(t) = e^{-2t}[-16\cos t + 38\sin t] - 2\sin 2t + 16\cos 2t$$

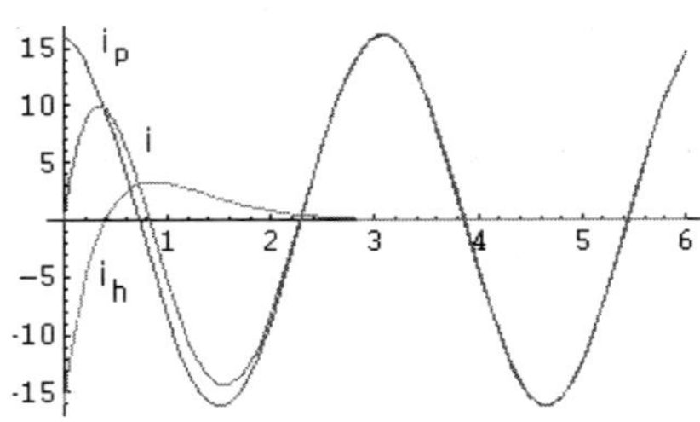

3. (i) $0 < t < 0.01$:

$$0.1\frac{d^2q_1}{dt^2} + 20\frac{dq_1}{dt^2} + \frac{1}{1.5625\times 10^{-3}}q_1 = 160t \quad \text{or} \quad \frac{d^2q_1}{dt^2} + 200\frac{dq_1}{dt'} + 6400q_1 = 1600t$$

$m^2 + 200m + 6400 = (m+40)(m+160) = 0$, $m = -40$, -160 $\therefore q_{1h}(t) = c_1e^{-40t} + c_2e^{-160t}$

Let $q_{1p}(t) = At + B$

$q_{1p}'' + 200q_{1p}' + 6400q_1p = 0 + 200A + 6400(At+B) = 6400At + (200A + 6400B) = 1600t$

$$\rightarrow A = \frac{1}{4},\ B = -\frac{1}{128} \quad \therefore q_{1p}(t) = \frac{1}{4}t - \frac{1}{128}$$

$q_1(t) = q_{1h}(t) + q_{1p}(t) = c_1e^{-40t} + c_2^{-160t} + \dfrac{1}{4}t - \dfrac{1}{128}$, $i_1(t) = \dfrac{dq_1}{dt} = -40c_1e^{-40t} - 160c_2e^{-160t} + \dfrac{1}{4}$

$q_1(0) = c_1 + c_2 - \dfrac{1}{128} = 0$, $i_1(0) = -40c_1 - 160c_2 + \dfrac{1}{4} = 0$ $\rightarrow$ $c_1 = -\dfrac{1}{640}$, $c_2 = \dfrac{6}{640}$

$$q_1(t) = -\frac{1}{640}e^{-40t} + \frac{6}{640}e^{-160t} + \frac{1}{4} - \frac{1}{128},\ i_1(t) = \frac{1}{16}e^{-40t} - \frac{3}{2}e^{-160t} + \frac{1}{4}$$

(ii) $t > 0.01$: $0.1\dfrac{d^2q_2}{dt^2} + 20\dfrac{dq_2}{dt} + \dfrac{1}{1.5625\times 10^{-3}}q_2 = 1.6$ or $\dfrac{d^2q_2}{dt^2} + 200\dfrac{dq_2}{dt} + 6400q_2 = 16$

Let $y_p(t) = A$ then, $q_{2p}'' + 200q_{2p}' + 6400q_{2p} = 6400A = 16$, $A = \dfrac{1}{400}$ $\therefore q_p(t) = \dfrac{1}{400}$

Using the homog. sol in (i)

$$q_2(t) = c_1e^{-40t} + c_2e^{-160t} + \frac{1}{400} \text{ and } i_2(t) = -40c_1e^{-40t} - 160c_2e^{-160t}$$

$$q_2(0.01) = c_1e^{-40(0.01)} + c_2e^{-160(0.01)} + \frac{1}{400} = 0.6703c_1 + 0.2019c_2 + 0.0025 = q_1(0.01)$$

$$i_2(0.01) = -40c_1e^{-40(0.01)} - 160c_2e^{-160(0.01)} = -26.812c_1 - 32.304c_2 = i_1(0.0)$$

Using q_1 , i_1 in (i)

$$q_1(0.01) = -\frac{1}{640}e^{-40(0.01)} + \frac{6}{640}e^{-160(0.01)} + \frac{1}{4}(0.01) - \frac{1}{128} = -0.00496$$

$$i_1(0.01) = \frac{1}{16}e^{-40(0.01)} - \frac{3}{2}e^{-160(0.01)} + \frac{1}{4} = -0.01095$$

$$0.6703c_1 + 0.2019c_2 = -0.007267 , 26.812c_1 + 32.304c_2 = 0.01095$$

$$\rightarrow c_1 = -0.01459 , \ c_2 = 0.01245$$

$$\therefore q_2(t) = -0.01459e^{-40t} + 0.01245e^{-160t} + 0.0025 , \ i_2(t) = 0.5836e^{-40t} - 1.992e^{-160t}$$

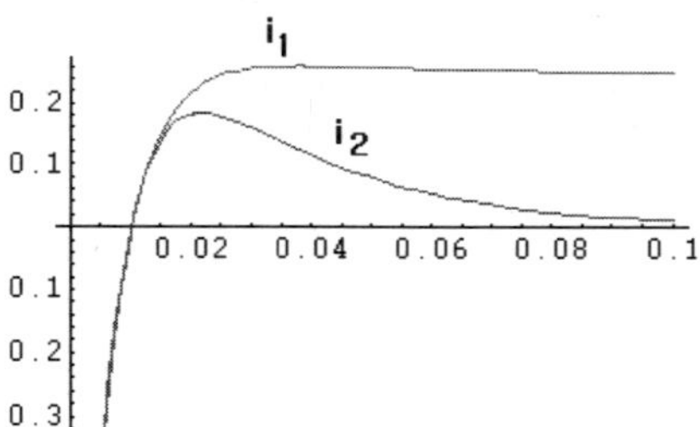

4. (1) $E(t) = 220\sin 4t$: $2\dfrac{d^2q}{dt^2} + \dfrac{1}{0.005}q = 220\sin 4t$ or $\dfrac{d^2q}{dt^2} + 100q = 110\sin 4t$

$m^2 + 100 = 0$, $m = \pm 10i$ $\therefore q_h = c_1\cos 10t + c_2\sin 10t$

Let $q_p = A\sin 4t$ then $q_p'' + 100q_p = -16A\sin 4t + 100A\sin 4t = 84A\sin 4t = 110\sin 4t$

$$\rightarrow A = \frac{110}{84} \quad \therefore \ q_p = \frac{110}{84}\sin 4t$$

$$q = q_h + q_p = c_1\cos 10t + c_2\sin 10t + \frac{110}{84}\sin 4t , \ i = \frac{dq}{dt} = -10c_1\sin 10t + 10c_2\cos 10t + \frac{110}{21}\cos 4t$$

$$q(0) = c_1 = 0 , \ i(0) = 10c_2 + \frac{110}{21} = 0 \ \rightarrow c_1 = 0, \ c_2 = -\frac{110}{210}$$

$$\therefore i(t) = -\frac{110}{21}\cos 10t + \frac{110}{21}\cos 4t = \frac{110}{21}(\cos 4t - \cos 10t)$$

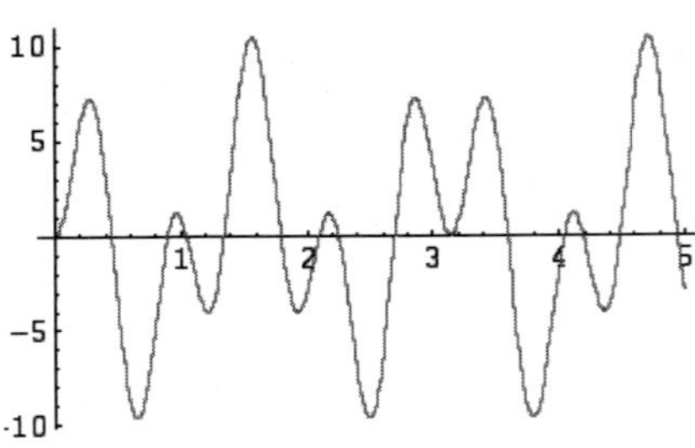

(2) $E(t)=220\sin 10t$: $\dfrac{d^2q}{dt^2}+100q=110\sin 10t$

Let $y_p = At\cos 10t$ then

$q_p''+100q_p = A(-20\sin 10t-100t\cos 10)+100At\cos 10t=-20A\sin 10t=110\sin 10t$

$$\to A=-\frac{11}{2} \quad \therefore \quad q_p=-\frac{11}{2}t\cos 10t$$

Using q_h in (1) $q(t)=q_h+q_p=c_1\cos 10t+c_2\sin 10t-\dfrac{11}{2}t\cos 10t$,

$$i(t)=-10c_1\sin 10t+10c_2\cos 10t-\frac{11}{2}\cos 10t+55t\sin 10t.$$

$q(0)=c_1=0$, $i(0)=10c_2-\dfrac{11}{2}=0 \ \to \ c_1=0$, $c_2=\dfrac{11}{20}$

$\therefore i(t)=\dfrac{11}{2}\cos 10t-\dfrac{11}{2}\cos 10t+55t\sin 10t=55t\sin 10t$: pure resonance

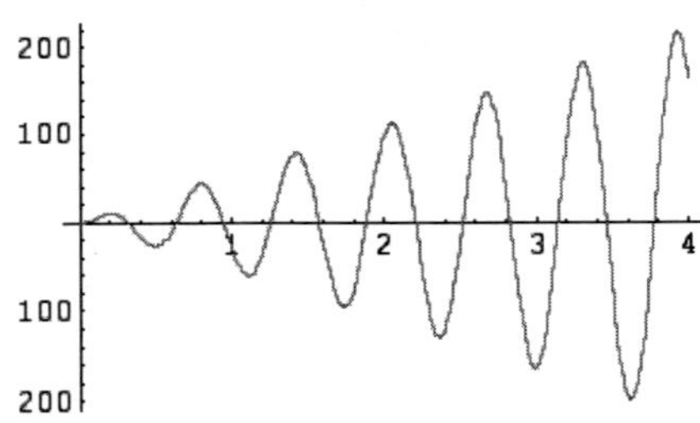

제3장 Laplace 변환을 이용한 미적분방정식의 해

3.1 Laplace 변환

1. (1) $\mathcal{L}[2t+3] = 2\mathcal{L}[t] + 6\mathcal{L}[1] = \dfrac{2}{s^2} + \dfrac{3}{s}$

(2) $\mathcal{L}[e^{a-bt}] = e^a \mathcal{L}[e^{-bt}] = \dfrac{e^a}{s+b}$

(3) $\mathcal{L}[\cos^2 \omega t] = \mathcal{L}\left[\dfrac{1+\cos 2\omega t}{2}\right] = \dfrac{1}{2s} + \dfrac{1}{2}\dfrac{s}{s^2+4\omega^2} = \dfrac{1}{2}\left(\dfrac{1}{s} + \dfrac{s}{s^2+4\omega^2}\right)$

(4) $\mathcal{L}[t^{-1/2}] = \dfrac{\Gamma(1/2)}{s^{1/2}} = \sqrt{\dfrac{\pi}{s}}$

(5) $\mathcal{L}[(t-1)^3] = \mathcal{L}[t^3 - 3t^2 + 3t - 1] = \mathcal{L}[t^3] - 3\mathcal{L}[t^2] + 3\mathcal{L}[t] - \mathcal{L}[1] = \dfrac{6}{s^4} - \dfrac{6}{s^3} + \dfrac{3}{s^2} - \dfrac{1}{s}$

(6) $\mathcal{L}[\sin t \cos t] = \mathcal{L}\left[\dfrac{1}{2}\sin 2t\right] = \dfrac{1}{2}\mathcal{L}[\sin 2t] = \dfrac{1}{s^2+4}$

(7) $\mathcal{L}[e^t \sinh t] = \mathcal{L}\left[e^t \cdot \dfrac{e^t - e^{-t}}{2}\right] = \dfrac{1}{2}\mathcal{L}[e^{2t}] - \mathcal{L}[1/2] = \dfrac{1}{2}\left(\dfrac{1}{s-2} - \dfrac{1}{s}\right)$

(8) $\mathcal{L}\left[\sum_{m=1}^{\infty} e^{mt}\right] = \sum_{m=1}^{\infty} \mathcal{L}[e^{mt}] = \sum_{m=1}^{\infty} \dfrac{1}{s-m}$

(9) $f(t) = \begin{cases} b, & 0 \leqq t < a \\ 0, & t \geqq a \end{cases}$

$$\mathcal{L}[f(t)] = \int_0^{\infty} e^{-st} f(t)dt = \int_0^a be^{-st}dt = -\frac{b}{s}e^{-st}\Big|_0^a = \frac{b}{s}(1 - e^{-as})$$

(10) $f(t) = \begin{cases} \sin t, & 0 \leqq t \leqq \pi \\ 0, & t > \pi \end{cases}$

$$\mathcal{L}[f(t)] = \int_0^{\infty} e^{-st} f(t)dt = \int_0^{\pi} e^{-st}\sin t dt = -\frac{1}{s}e^{-st}\sin t\Big|_0^{\pi} - \int_0^{\pi}\left(-\frac{1}{s}e^{-st}\right)\cos t dt$$

$$= \frac{1}{s}\int_0^{\pi} e^{-st}\cos t dt = \frac{1}{s}\left[-\frac{1}{s}e^{-st}\cos t\Big|_0^{\pi} - \int_0^{\pi}\left(-\frac{1}{s}e^{-st}\right)(-\sin t)dt\right]$$

$$= \frac{1}{s}\left[\frac{1}{s}(1+e^{-\pi s}) - \frac{1}{s}\int_0^{\pi} e^{-st}\sin t dt\right] = \frac{1}{s^2}(1+e^{-\pi s}) - \frac{1}{s^2}\mathcal{L}[f(t)]$$

$$\therefore \ \mathcal{L}[f(t)] = \frac{\dfrac{1}{s^2}(1+e^{-\pi s})}{1+\dfrac{1}{s^2}} = \frac{1+e^{-\pi s}}{s^2+1}$$

2. (1) $\mathcal{L}^{-1}\left[\dfrac{1}{s^5}\right] = \mathcal{L}^{-1}\left[\dfrac{1}{4!}\dfrac{4!}{s^5}\right] = \dfrac{1}{24}t^4$

(2) $\mathcal{L}^{-1}\left[\dfrac{1}{s^2-64}\right] = \mathcal{L}^{-1}\left[\dfrac{1}{8}\dfrac{8}{s^2-8^2}\right] = \dfrac{1}{8}\sinh 8t$

(3) $\mathcal{L}^{-1}\left[\dfrac{1}{s^2} - \dfrac{1}{s} + \dfrac{1}{s-1}\right] = \mathcal{L}^{-1}\left[\dfrac{1}{s^2}\right] - \mathcal{L}^{-1}\left[\dfrac{1}{s}\right] + \mathcal{L}^{-1}\left[\dfrac{1}{s-1}\right] = t - 1 + e^t$

(4) $\mathcal{L}^{-1}\left[\dfrac{(s+1)^3}{s^4}\right]=\mathcal{L}^{-1}\left[\dfrac{s^3+3s^2+3s+1}{s^4}\right]=\mathcal{L}^{-1}\left[\dfrac{1}{s}+\dfrac{3}{s^2}+\dfrac{3}{s^3}+\dfrac{1}{s^4}\right]=1+3t+\dfrac{3}{2}t^2+\dfrac{1}{6}t^3$

(5) $\mathcal{L}\left[\dfrac{2}{s^2+2s}\right]=\mathcal{L}\left[\dfrac{2}{s(s+2)}\right]=\mathcal{L}\left[\dfrac{1}{s}-\dfrac{1}{s+2}\right]=1-e^{-2t}$

(6) $\mathcal{L}^{-1}\left[\dfrac{3s+5}{s^2+7}\right]=\mathcal{L}^{-1}\left[\dfrac{3s}{s^2+7}+\dfrac{5}{s^2+7}\right]=\mathcal{L}^{-1}\left[3\dfrac{s}{s^2+7}+\dfrac{5}{\sqrt{7}}\dfrac{\sqrt{7}}{s^2+7}\right]$

$=3\cos\sqrt{7}t+\dfrac{5}{\sqrt{7}}\sin\sqrt{7}t$

(7) $\mathcal{L}^{-1}\left[\dfrac{s}{(s^2+4)(s+2)}\right]=\dfrac{1}{4}\mathcal{L}^{-1}\left[\dfrac{s}{s^2+4}+\dfrac{2}{s^2+4}-\dfrac{1}{s+2}\right]=\dfrac{1}{4}(\cos 2t+\sin 2t-e^{-2t})$

(8) $\mathcal{L}^{-1}\left[\dfrac{1}{(s-1)(s+2)(s+4)}\right]=\mathcal{L}^{-1}\left[\dfrac{1}{15}\dfrac{1}{s-1}-\dfrac{1}{6}\dfrac{1}{s+2}+\dfrac{1}{10}\dfrac{1}{s+4}\right]$

$=\dfrac{1}{15}e^{t}-\dfrac{1}{6}e^{-2t}+\dfrac{1}{10}e^{-4t}$

(9) $\mathcal{L}^{-1}\left[\dfrac{s}{L^2s^2+n^2\pi^2}\right]=\mathcal{L}^{-1}\left[\dfrac{1}{L^2}\cdot\dfrac{s}{s^2+\left(\dfrac{n\pi}{L}\right)^2}\right]=\dfrac{1}{L^2}\cos\dfrac{n\pi}{L}t$

(10) $\mathcal{L}^{-1}\left[\sum_{m=1}^{n}\dfrac{a_m}{s+m^2}\right]=\sum_{m=1}^{n}a_m\mathcal{L}^{-1}\left[\dfrac{1}{s+m^2}\right]=\sum_{m=1}^{n}a_m e^{-m^2t}$

3. $\mathcal{L}[f(t)]=\int_0^\infty e^{-st}f(t)dt=\int_0^\infty e^{-st}tdt=-\dfrac{1}{s}e^{-st}t\Big|_0^\infty-\int_0^\pi\left(-\dfrac{1}{s}e^{-st}\right)dt$

$=\dfrac{1}{s}\int_0^\infty e^{-st}dt=\dfrac{1}{s}\left[-\dfrac{1}{s}e^{-st}\Big|_0^\infty\right]=\dfrac{1}{s^2}$

4. $\mathcal{L}[e^{iat}]=\dfrac{1}{s-ia}=\dfrac{s+ia}{(s-ia)(s+ia)}=\dfrac{s}{s^2+a^2}+i\dfrac{a}{s^2+a^2}$

이고, Euler 공식에 의해 $\mathcal{L}[e^{iat}]=\mathcal{L}[\cos at+i\sin at]=\mathcal{L}[\cos at]+i\mathcal{L}[\sin at]$ 이므로

$$\mathcal{L}[\cos at]=\frac{s}{s^2+a^2},\qquad \mathcal{L}[\sin at]=\frac{a}{s^2+a^2}$$

5. $\mathcal{L}[\sinh at]=\mathcal{L}\left[\dfrac{e^{at}-e^{-at}}{2}\right]=\dfrac{1}{2}(\mathcal{L}[e^{at}]-\mathcal{L}[e^{-at}])=\dfrac{1}{2}\left(\dfrac{1}{s-a}-\dfrac{1}{s+a}\right)=\dfrac{a}{s^2-a^2}$

$\mathcal{L}[\cosh at]=\mathcal{L}\left[\dfrac{e^{at}+e^{-at}}{2}\right]=\dfrac{1}{2}(\mathcal{L}[e^{at}]+\mathcal{L}[e^{-at}])=\dfrac{1}{2}\left(\dfrac{1}{s-a}+\dfrac{1}{s+a}\right)=\dfrac{s}{s^2-a^2}$

3.2 Laplace 변환의 성질 (1)

1. (1) $\mathcal{L}[e^{3t}t^3]=\mathcal{L}[t^3]_{s\to s-3}=\dfrac{3!}{s^4}\Big|_{s\to s-3}=\dfrac{6}{(s-3)^4}$

(2) $\mathcal{L}[(t+1)^2e^t] = \mathcal{L}[(t^2+2t+1)e^t] = \left.\frac{2}{s^3}+\frac{2}{s^2}+\frac{1}{s}\right|_{s\to s-1} = \frac{2}{(s-1)^3}+\frac{2}{(s-1)^2}+\frac{1}{s-1}$

(3) $\mathcal{L}[t(e^t+e^{2t})] = \mathcal{L}[te^t]+\mathcal{L}[te^{2t}] = \mathcal{L}[t]_{s\to s-1}+\mathcal{L}[t]_{s\to s-2} = \frac{1}{(s-1)^2}+\frac{1}{(s-2)^2}$

(4) $\mathcal{L}\left[e^{3t}\left(9-4t+10\sin\frac{t}{2}\right)\right] = 9\mathcal{L}[e^{3t}]-4\mathcal{L}[e^{3t}t]+10\mathcal{L}[e^{3t}\sin t/2]$

$= \frac{9}{(s-3)}-\frac{4}{(s-2)^2}+\frac{5}{(s-3)^2+1/4}$

2. (1) $\mathcal{L}^{-1}\left[\frac{1}{(s-1)^3}\right] = \mathcal{L}^{-1}\left[\frac{1}{2!}\frac{2!}{s^3}\right] = \frac{1}{2}e^t t^2$

(2) $\mathcal{L}^{-1}\left[\frac{3}{s^2+6s+18}\right] = \mathcal{L}^{-1}\left[\frac{3}{(s+3)^2+3^2}\right] = \sin 3t\, e^{-3t}$

(3) $\mathcal{L}^{-1}\left[\frac{s}{(s+1)^2}\right] = \mathcal{L}^{-1}\left[\frac{1}{s+1}-\frac{1}{(s+1)^2}\right] = e^{-t}-te^{-t}$

(4) $\mathcal{L}^{-1}\left[\frac{s}{(s+1/2)^2+1}\right] = \mathcal{L}^{-1}\left[\frac{s+1/2}{(s+1/2)^2+1}-\frac{1}{2}\cdot\frac{1}{(s+1/2)^2+1}\right]$

$= \cos t\, e^{-t/2}-\frac{1}{2}\sin t\, e^{-t/2} = e^{-t/2}\left(\cos t-\frac{1}{2}\sin t\right)$

3. (1) $\mathcal{L}^{-1}\left[\frac{1}{s^2+2s-8}\right] = \mathcal{L}^{-1}\left[\frac{1}{(s+1)^2-9}\right] = \mathcal{L}^{-1}\left[\frac{1}{3}\frac{3}{(s+1)^2-9}\right] = \frac{1}{3}e^{-t}\sinh 3t$

(2) $\mathcal{L}^{-1}\left[\frac{1}{s^2+2s-8}\right] = \mathcal{L}^{-1}\left[\frac{1}{(s-2)(s+4)}\right] = \mathcal{L}^{-1}\left[\frac{1}{6}\left(\frac{1}{s-2}-\frac{1}{s+4}\right)\right] = \frac{1}{6}(e^{2t}-e^{-4t})$

(3) $\frac{1}{3}e^{-t}\sinh 3t = \frac{1}{3}e^{-t}\left(\frac{e^{3t}-e^{-3t}}{2}\right) = \frac{1}{6}(e^{2t}-e^{-4t})$

4. $f(t) = g(t)[U(t-a)-U(t-b)]$

5. $E(t) = 20t[1-U(t-5)]$

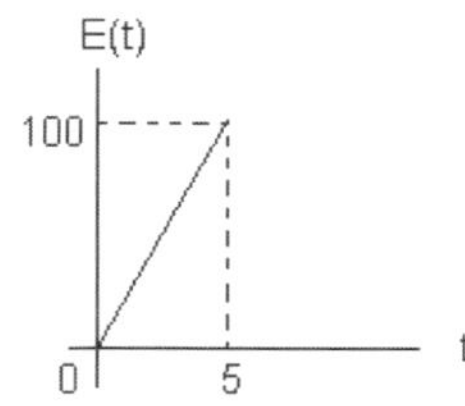

6. (1) $\mathcal{L}[1-2U(t-3)] = \frac{1}{s}-\frac{2e^{-3s}}{s}$

(2) $\mathcal{L}[U(t-a)-U(t-b)] = \frac{e^{-as}}{s}-\frac{e^{-bs}}{s}$

(3) $\mathcal{L}[(t-1)U(t-1)] = e^{-s}\mathcal{L}[t] = \frac{e^{-s}}{s^2}$

(4) $\mathcal{L}\,[(t-1)^3e^{t-1}U(t-1)] = e^{-s}\mathcal{L}\,[t^3e^t] = \dfrac{6e^{-s}}{(s-1)^4}$

(5) $\mathcal{L}\,[e^tU(t-2)] = e^2\mathcal{L}\,[e^{t-2}U(t-2)] = e^2\dfrac{e^{-2s}}{s-1} = \dfrac{e^{-2(s-1)}}{s-1}$

(6) $\mathcal{L}\,[t^2U(t-1)] = \mathcal{L}\,[\{(t-1)^2+2(t-1)+1\}U(t-1)] = e^{-s}\mathcal{L}\,[t^2+2t+1] = e^{-s}\left(\dfrac{2}{s^3}+\dfrac{2}{s^2}+\dfrac{1}{s}\right)$

(7) $f(t) = 4U(t-\pi)\cos t = -4\cos(t-\pi)U(t-\pi)$

$$\mathcal{L}\,[f(t)] = e^{-\pi s}\mathcal{L}\,[-4\cos t] = e^{-\pi s}\left(\frac{-4s}{s^2+1}\right) = -\frac{4se^{-\pi s}}{s^2+1}$$

(8) $f(t) = e^t\,[U(t)-U(t-1)] = e^t\,U(t) - e\cdot e^{t-1}U(t-1)$

$$\mathcal{L}\,[f(t)] = \frac{e^{0s}}{s-1} - e\cdot\frac{e^{-s}}{s-1} = \frac{1-e^{1-s}}{s-1}$$

7. (1) $\mathcal{L}^{-1}\left[\dfrac{1}{s^3}\right] = \dfrac{1}{2}t^2$ 이므로 $\mathcal{L}^{-1}\left[\dfrac{e^{-3s}}{s^3}\right] = \dfrac{1}{2}(t-3)^2U(t-3)$

(2) $\mathcal{L}^{-1}\left[\dfrac{s}{s^2+\pi^2}\right] = \cos\pi t$ 이므로 $\mathcal{L}^{-1}\left[\dfrac{s}{s^2+\pi^2}e^{-2s}\right] = \cos\pi(t-2)U(t-2) = \cos\pi t\,U(t-2)$

(3) $\mathcal{L}^{-1}\left[\dfrac{e^{-s}}{s(s+1)}\right] = \mathcal{L}^{-1}\left[\dfrac{e^{-s}}{s} - \dfrac{e^{-s}}{(s+1)}\right] = U(t-1) - e^{-(t-1)}U(t-1)$

3.3 Laplace 변환의 성질 (2)

1. (1) $\mathcal{L}\,[te^t] = -\dfrac{d}{ds}\mathcal{L}\,[e^t] = -\dfrac{d}{ds}\left(\dfrac{1}{s-1}\right) = \dfrac{1}{(s-1)^2}$

(2) $\mathcal{L}\,[t^2\cosh\pi t] = \dfrac{d^2}{ds^2}\mathcal{L}\,[\cosh\pi t] = \dfrac{d^2}{ds^2}\left(\dfrac{s}{s^2-\pi}\right) = \dfrac{2s(s^2+3\pi^2)}{(s^2-\pi^2)^3}$

(3) $\mathcal{L}\,[te^{-t}\sin t] = -\dfrac{d}{ds}\mathcal{L}\,[e^{-t}\sin t] = -\dfrac{d}{ds}\dfrac{1}{(s+1)^2+1} = \dfrac{2(s+1)}{[(s+1)^2+1]^2}$

(4) $\dfrac{1}{(s-1)^2} = -\dfrac{d}{ds}\left(\dfrac{1}{s-1}\right)$ 이므로 $\mathcal{L}^{-1}\left[\dfrac{1}{(s-1)^2}\right] = t\,\mathcal{L}^{-1}\left[\dfrac{1}{s-1}\right] = te^t$

(5) $\dfrac{1}{(s-1)^3} = \dfrac{1}{2}\dfrac{d^2}{ds^2}\left(\dfrac{1}{s-1}\right)$ 이므로 $\mathcal{L}^{-1}\left[\dfrac{1}{(s-1)^3}\right] = \dfrac{1}{2}t^2\mathcal{L}^{-1}\left[\dfrac{1}{s-1}\right] = \dfrac{1}{2}t^2e^t$

2. $\mathcal{L}\,[2(1-\cosh at)] = 2\left(\dfrac{1}{s} - \dfrac{a^2}{s^2-a^2}\right) = \left(\dfrac{2}{s} - \dfrac{1}{s-a} - \dfrac{1}{s+a}\right)$ 이므로

$$\mathcal{L}\left[\frac{2(1-\cosh at)}{t}\right] = \int_s^\infty \mathcal{L}\,[2(1-\cosh at)]\,ds = \int_s^\infty \left(\frac{2}{s} - \frac{1}{s-a} - \frac{1}{s+a}\right)ds$$

$$= \lim_{c\to\infty}\int_s^c \left(\frac{2}{s} - \frac{1}{s-a} - \frac{1}{s+a}\right)ds = \lim_{c\to\infty}\,[2\ln s - \ln(s-a) - \ln(s-b)]_s^c$$

$$= \lim_{c\to\infty}\left[\ln\frac{s^2}{s^2-a^2}\right]_s^c = \lim_{c\to\infty}\left[\ln\frac{c^2}{c^2-a^2}-\ln\frac{s^2}{s^2-a^2}\right] = -\ln\frac{s^2}{s^2-a^2} = \ln\frac{s^2-a^2}{s^2}$$

3. (1) $\dfrac{d}{ds}\left[\ln\dfrac{s^2+1}{(s-1)^2}\right] = \dfrac{(s-1)^2}{s^2+1}\cdot\dfrac{2s(s-1)^2-(s^2+1)2(s-1)}{(s-1)^4}$

$= \dfrac{-2s-2}{(s-1)(s^2+1)} = -\dfrac{2}{s-1}+\dfrac{2s}{s^2+1}$ 이므로 $\ln\dfrac{s^2+1}{(s-1)^2} = \displaystyle\int_s^\infty\left(\frac{2}{s-1}-\frac{2s}{s^2+1}\right)ds$.

$\therefore\ \mathcal{L}^{-1}\left[\ln\dfrac{s^2+1}{(s-1)^2}\right] = \mathcal{L}^{-1}\left[\displaystyle\int_s^\infty\left(\frac{2}{s-1}-\frac{2s}{s^2+1}\right)ds\right] = \dfrac{1}{t}\mathcal{L}\left[\dfrac{2}{s-1}-\dfrac{2s}{s^2+1}\right] = \dfrac{2}{t}(e^t-\cos t)$

(2) $(\cot^{-1}x)' = -\dfrac{1}{1+x^2}$ 에서 $\dfrac{d}{ds}\cot^{-1}\dfrac{s}{\pi} = -\dfrac{1/\pi}{1+(s/\pi)^2} = -\dfrac{\pi}{s^2+\pi^2}$ 이므로

$\cot^{-1}\dfrac{s}{\pi} = \displaystyle\int_s^\infty\frac{\pi}{s^2+\pi^2}ds \quad (\because \lim_{s\to\infty}\cot^{-1}\frac{s}{\pi}=0)$

$\therefore\ \mathcal{L}^{-1}\left[\cot^{-1}\dfrac{s}{\pi}\right] = \mathcal{L}^{-1}\left[\displaystyle\int_s^\infty\frac{\pi}{s^2+\pi^2}ds\right] = \dfrac{1}{t}\mathcal{L}^{-1}\left[\dfrac{\pi}{s^2+\pi^2}\right] = \dfrac{1}{t}\sin\pi t$

4. $\mathcal{L}[f(t)] = \dfrac{1}{1-e^{-2s}}\displaystyle\int_0^2 e^{-st}f(t)dt = \frac{1}{1-e^{-2s}}\left[\int_0^1 e^{-st}\cdot 1dt+\int_1^2 e^{-st}\cdot 0dt\right]$

$= \dfrac{1}{1-e^{-2s}}\displaystyle\int_0^1 e^{-st}dt = \frac{1}{1-e^{-2s}}\cdot\frac{1-e^{s}}{s} = \frac{1}{s(1+e^{-s})}$

3.4 Laplace 변환을 이용한 초기값 문제의 풀이

1. (1) $y'+3y=10\sin t,\ y(0)=0$;

$sY(s)-y(0)+3Y(s) = \dfrac{10}{s^2+1},\quad (s+3)Y(s) = \dfrac{10}{s^2+1}$

$Y(s) = \dfrac{10}{(s+3)(s^2+1)} = \dfrac{1}{s+3}-\dfrac{s}{s^2+1}+\dfrac{3}{s^2+1}$

$\therefore\ y(t) = e^{-3t}-\cos t+3\sin t$

(2) $y''+y=2\cos t,\ y(0)=3,\ y'(0)=0$;

$s^2Y(s)-sy(0)-y'(0)+Y(s) = \dfrac{2s}{s^2+1}$

$(s^2+1)Y(s) = \dfrac{2s}{s^2+1}+3s,\quad Y(s) = \dfrac{2s}{(s^2+1)^2}+\dfrac{3s}{s^2+1}$

여기서 $\dfrac{d}{ds}\left(\dfrac{1}{s^2+1}\right) = -\dfrac{2s}{(s^2+1)^2}$ 이므로 $y(t) = t\sin t+3\cos t$.

(3) $y^{(4)}-y=0,\ y(0)=1,\ y'(0)=0,\ y''(0)=-1,\ y'''(0)=0$;

$s^4Y(s)-s^3y(0)-s^2y'(0)-sy''(0)-y'''(0)-Y(s)=0,\quad Y(s) = \dfrac{s^3-s}{s^4-1} = \dfrac{s}{s^2+1}$

$$\therefore\ y(t)=\mathcal{L}^{-1}[Y(s)]=\cos t$$

(4) $y''+9y=f(t)$, $y(0)=0$, $y'(0)=4$;

$$f(t)=8\sin t\,[1-U(t-\pi)]=8\sin t+8\sin(t-\pi)\,U(t-\pi)$$

$$s^2Y(s)-sy(0)-y'(0)+9Y(s)=\frac{8}{s^2+1}+\frac{8}{s^2+1}e^{-\pi s}$$

$$(s^2+9)Y(s)=\frac{8}{s^2+1}(1+e^{-\pi s})+4$$

$$Y(s)=\frac{8}{(s^2+1)(s^2+9)}(1+e^{-\pi s})+\frac{4}{(s^2+9)}$$

$$=\left(\frac{1}{s^2+1}-\frac{1}{s^2+9}\right)(1+e^{-\pi s})+\frac{4}{s^2+9}$$

$$\therefore\ y(t)=\sin t-\frac{1}{3}\sin 3t+\left[\sin(t-\pi)-\frac{1}{3}\sin 3(t-\pi)\right]U(t-\pi)+\frac{4}{3}\sin 3t$$

$$=\begin{cases}\sin t+\sin 3t, & 0\leqq t<\pi\\ \dfrac{4}{3}\sin 3t, & t\geqq \pi\end{cases}$$

(5) $y''+y=\delta(t-\pi)-\delta(t-2\pi)$, $y(0)=0$, $y'(0)=1$;

$$s^2Y(s)-1+Y(s)=e^{-\pi s}-e^{-2\pi s},\quad Y(s)=\frac{1}{s^2+1}(e^{-\pi s}-e^{-2\pi s}+1)$$

$$\therefore\ y(t)=\sin(t-\pi)\,U(t-\pi)-\sin(t-2\pi)\,U(t-2\pi)+\sin t$$

$$=-\sin t\,U(t-\pi)-\sin t\,U(t-2\pi)+\sin t$$

$$=\begin{cases}\sin t, & 0\leqq t<\pi\\ 0, & \pi\leqq t<2\pi\\ -\sin t, & t\geqq 2\pi\end{cases}$$

2. $R\left[sI(s)-\dfrac{V_0}{R}\right]+\dfrac{1}{C}I(s)=0\ \rightarrow\ I(s)=\dfrac{V_0}{Rs+1/C}=\dfrac{V_0}{R}\dfrac{1}{s+1/RC}\quad \therefore\ i(t)=\dfrac{V_0}{R}e^{-t/RC}$

$$i(1)=\frac{10}{10}e^{-1/(10)(0.1)}=e^{-1}$$

3. $E(t)=t\,[1-U(t-4\pi)]=t-[(t-4\pi)+4\pi]\ U(t-4\pi)$ 이므로

$$L\frac{di}{dt}+Ri=t-[(t-4\pi)+4\pi]\,U(t-4\pi)$$

또는

$$\frac{di}{dt}+\frac{R}{L}i=\frac{1}{L}\{t-[(t-4\pi)+4\pi]\,U(t-4\pi)\}.$$

Laplace 변환하면

$$sI(s)+\frac{R}{L}I(s)=\frac{1}{L}\left[\frac{1}{s^2}-\left(\frac{1}{s^2}+\frac{4\pi}{s}\right)e^{-4\pi s}\right]$$

$$I(s)=\frac{1}{L}\left\{\frac{1}{s^2(s+R/L)}-\left[\frac{1}{s^2(s+R/L)}+\frac{4\pi}{s(s+R/L)}\right]e^{-4\pi s}\right\}.$$

여기서

$$\mathcal{L}^{-1}\left[\frac{1}{s^2(s+R/L)}\right]=\frac{L^2}{R^2}\mathcal{L}^{-1}\left[-\frac{1}{s}+\frac{R}{L}\frac{1}{s^2}+\frac{1}{s+R/L}\right]=\frac{L^2}{R^2}\left(-1+\frac{R}{L}t+e^{-(R/L)t}\right)$$

$$\mathcal{L}^{-1}\left[\frac{1}{s(s+R/L)}\right]=\frac{L}{R}\mathcal{L}^{-1}\left[\frac{1}{s}-\frac{1}{s+R/L}\right]=\frac{L}{R}(1-e^{-(R/L)t})$$

임을 이용하면

$$\begin{aligned}i(t)=\mathcal{L}^{-1}[I(s)]&=\frac{L}{R^2}\left(-1+\frac{R}{L}t+e^{-(R/L)t}\right)\\&\quad-\frac{L}{R^2}\left[-1+\frac{R}{L}(t-4\pi)+e^{-(R/L)(t-4\pi)}\right]U(t-4\pi)\\&\quad-\frac{4\pi}{R}\left[1-e^{-(R/L)(t-4\pi)}\right]U(t-4\pi)\\&=\begin{cases}\dfrac{L}{R^2}\left(-1+\dfrac{R}{L}t+e^{-(R/L)t}\right), & 0\leqq t<4\pi\\ \dfrac{L}{R^2}e^{-(R/L)t}+\left(\dfrac{4\pi}{R}-\dfrac{L}{R^2}\right)e^{-(R/L)(t-4\pi)}, & t\geqq 4\pi\end{cases}\end{aligned}$$

3.5 Laplace 변환을 이용한 선형 연립미분방정식의 풀이

1. (1) $y_1'=2y_1-4y_2+U(t-1)e^t$, $y_2'=y_1-3y_2+U(t-1)e^t$; $y_1(0)=3$, $y_2(0)=0$

$$sY_1-3=2Y_1-4Y_2+\frac{e^{1-s}}{s-1},\quad sY_2=Y_1-3Y_2+\frac{e^{1-s}}{s-1}$$

또는

$$(s-2)Y_1+4Y_2=\frac{e^{1-s}}{s-1}+3,\quad Y_1-(s+3)Y_2=-\frac{e^{1-s}}{s-1}$$

$$Y_1=\frac{\begin{vmatrix}\dfrac{e^{1-s}}{s-1}+3 & 4\\ -\dfrac{e^{1-s}}{s-1} & -(s+3)\end{vmatrix}}{\begin{vmatrix}s-2 & 4\\ 1 & -(s+3)\end{vmatrix}}=\frac{-(s+3)\left(\dfrac{e^{1-s}}{s-1}+3\right)+4\left(\dfrac{e^{1-s}}{s-1}\right)}{-(s-2)(s+3)-4}=\frac{(s+3)[e^{1-s}+3(s-1)]-4e^{1-s}}{(s-1)^2(s+2)}$$

$$=\frac{3(s+3)(s-1)+(s-1)e^{1-s}}{(s-1)^2(s+2)}=\frac{3(s+3)+e^{1-s}}{(s-1)(s+2)}=\left(\frac{4}{s-1}-\frac{1}{s+2}\right)+\frac{e}{3}\left(\frac{1}{s-1}-\frac{1}{s+2}\right)e^{-s}$$

$$\therefore\ y_1(t)=4e^t-e^{-2t}+\frac{e}{3}[e^{t-1}-e^{-2(t-1)}]U(t-1)=4e^t-e^{-2t}+\frac{1}{3}(e^t-e^{-2t+3})U(t-1)$$

$$Y_2=\frac{\begin{vmatrix}s-2 & \dfrac{e^{1-s}}{s-1}+3\\ 1 & -\dfrac{e^{1-s}}{s-1}\end{vmatrix}}{\begin{vmatrix}s-2 & 4\\ 1 & -(s+3)\end{vmatrix}}=\frac{-(s-2)\left(\dfrac{e^{1-s}}{s-1}\right)-\dfrac{e^{1-s}}{s-1}-3}{-(s-2)(s+3)-4}=\frac{3(s-1)+(s-1)e^{1-s}}{(s-1)^2(s+2)}$$

$$=\frac{3+e^{1-s}}{(s-1)(s+2)}=\left(\frac{1}{s-1}-\frac{1}{s+2}\right)+\frac{e}{3}\left(\frac{1}{s-1}-\frac{1}{s+2}\right)e^{-s}$$

$$\therefore\ y_2(t)=e^t-e^{-2t}+\frac{e}{3}[e^{t-1}-e^{-2(t-1)}]U(t-1)=e^t-e^{-2t}+\frac{1}{3}(e^t-e^{-2t+3})U(t-1)$$

(2) $y_1'+y_2'=2\sinh t=e^t-e^{-t}$, $y_2'+y_3'=e^t$, $y_3'+y_1'=2e^t+e^{-t}$;

$y_1(0) = y_2(0) = 1$, $y_3(0) = 0$

$sY_1 + sY_2 = \frac{1}{s-1} - \frac{1}{s+1} + 2$, $sY_2 + sY_3 = \frac{1}{s-1} + 1$, $sY_3 + sY_1 = \frac{2}{s-1} + \frac{1}{s+1} + 1$

또는

$$Y_1 + Y_2 = \frac{1}{s(s-1)} - \frac{1}{s(s+1)} + \frac{2}{s} = \frac{1}{s-1} - \frac{1}{s+1} \tag{1}$$

$$Y_2 + Y_3 = \frac{1}{s(s-1)} + \frac{1}{s} = \frac{1}{s-1} - \frac{1}{s} + \frac{1}{s} = \frac{1}{s-1} \tag{2}$$

$$Y_3 + Y_1 = \frac{2}{s(s-1)} + \frac{1}{s(s+1)} + \frac{1}{s} = \frac{2}{s-1} - \frac{1}{s+1} \tag{3}$$

[(1)+(2)+(3)]/2 :

$$Y_1 + Y_2 + Y_3 = \frac{2}{s-1} \tag{4}$$

(4)−(1) : $Y_3 = \frac{1}{s-1} - \frac{1}{s+1} \rightarrow y_3(t) = e^t - e^{-t}$

(4)−(2) : $Y_1 = \frac{1}{s-1} \rightarrow y_1(t) = e^t$

(4)−(3) : $Y_2 = \frac{1}{s+1} \rightarrow y_2(t) = e^{-t}$

(3) $x'' + y'' = t^2$, $x'' - y'' = 4t$; $x(0) = 8$, $x'(0) = 0$, $y(0) = 0$, $y'(0) = 0$

두 미방을 더하면 $x'' = \frac{1}{2}t^2 + 2t$ 이므로

$$s^2X - 8s = \frac{1}{s^3} + \frac{2}{s^2}, \quad X = \frac{8}{s} + \frac{1}{s^5} + \frac{2}{s^4} \rightarrow x(t) = 8 + \frac{1}{24}t^4 + \frac{1}{3}t^3$$

두 미방을 빼면 $y'' = \frac{1}{2}t^2 - 2t$ 이므로

$$s^2Y = \frac{1}{s^3} - \frac{2}{s^2}, \quad Y = \frac{81}{s^5} - \frac{2}{s^4} \rightarrow y(t) = \frac{1}{24}t^4 - \frac{1}{3}t^3$$

2. $L\frac{di_1}{dt} + Ri_2 = E(t)$, $RC\frac{di_2}{dt} + i_2 - i_1 = 0$에 $E = 60$, $L = 1$, $R = 50$, $C = 10^{-4}$를 대입하면

$$\frac{di_1}{dt} + 50i_2 = 60, \quad \frac{di_2}{dt} + 200(i_2 - i_1) = 0, \quad i_1(0) = i_2(0) = 0$$

Laplace 변환하여 정리하면

$$sI_1(s) + 50I_2(s) = \frac{60}{s}$$

$$-200I_1(s) + (s+200)I_2(s) = 0$$

$$I_1(s) = \frac{60s + 12000}{s(s+100)^2} = \frac{6}{5}\frac{1}{s} - \frac{6}{5}\frac{1}{s+100} - \frac{60}{(s+100)^2}$$

$$I_2(s) = \frac{12000}{s(s+100)^2} = \frac{6}{5}\frac{1}{s} - \frac{6}{5}\frac{1}{s+100} - \frac{120}{(s+100)^2}$$

$$\therefore \ i_1(t) = \frac{6}{5} - \frac{6}{5}e^{-100t} - 60te^{-100t}, \quad i_2(t) = \frac{6}{5} - \frac{6}{5}e^{-100t} - 120te^{-100t}$$

3. $\dfrac{dN_1}{dt} = -\lambda_1 N_1$ --- (a), $\dfrac{dN_2}{dt} = \lambda_1 N_1 - \lambda_2 N_2$ --- (b)

초기조건 $N_1(0) = N_{10}$, $N_2(0) = 0$ 을 이용하여 (a), (b) 를 Laplace 변환하면

$$sN_1(s) - N_{10} = -\lambda_1 N_1(s) \text{ --- (c)}, \quad sN_2(s) = \lambda_1 N_1(s) - \lambda_2 N_2(s) \text{ --- (d)}$$

(c)에서 $N_1(s) = \dfrac{N_{10}}{s+\lambda_1}$ 이므로 역변환 하면 $N_1(t) = N_{10} e^{-\lambda_1 t}$.

(d)에서 $N_2(s) = \dfrac{\lambda_1}{s+\lambda_2} N_1(s) = \lambda_1 N_{10} \dfrac{1}{(s+\lambda_1)(s+\lambda_2)} = \dfrac{\lambda_1}{\lambda_2 - \lambda_1} N_{10} \left(\dfrac{1}{s+\lambda_1} - \dfrac{1}{s+\lambda_2} \right)$

이므로 역변환하면 $N_2(t) = \dfrac{\lambda_1}{\lambda_2 - \lambda_1} N_{10} \left(e^{-\lambda_1 t} - e^{-\lambda_2 t} \right)$. $N_3(t) = N_{10} - N_1(t) - N_2(t)$

3.6 합성곱의 Laplace 변환과 미적분방정식

1. (1) $\mathcal{L}[1 * t^3] = \mathcal{L}[1]\,\mathcal{L}[t^3] = \dfrac{1}{s} \cdot \dfrac{3!}{s^4} = \dfrac{6}{s^5}$

(2) $\mathcal{L}\left[\displaystyle\int_0^t \tau e^{t-\tau} d\tau \right] = \mathcal{L}[t]\,\mathcal{L}[e^t] = \dfrac{1}{s^2} \cdot \dfrac{1}{s-1}$

(3) $\mathcal{L}[\displaystyle\int_0^t e^{-\alpha} \cos\alpha d\alpha] = \dfrac{1}{s} \mathcal{L}[e^{-t}\cos t] = \dfrac{1}{s} \cdot \dfrac{s+1}{(s+1)^2+1}$

(4) $\mathcal{L}\left[t \displaystyle\int_0^t \sin\tau d\tau \right] = -\dfrac{d}{ds} \mathcal{L}\left[\displaystyle\int_0^t \sin\tau d\tau \right] = -\dfrac{d}{ds} \left\{ \dfrac{1}{s} \mathcal{L}[\sin t] \right\}$

$$= -\frac{d}{ds}\left[\frac{1}{s} \cdot \frac{1}{s^2+1} \right] = \frac{3s^2+1}{s^2(s^2+1)^2}$$

2. (1) $\mathcal{L}^{-1}\left[\dfrac{1}{(s+1)^2} \right] = \mathcal{L}^{-1}\left[\dfrac{1}{s+1} \cdot \dfrac{1}{s+1} \right] = \displaystyle\int_0^t e^{-\tau} e^{-(t-\tau)} d\tau = e^{-t} \int_0^t d\tau = te^{-t}$

(2) $\mathcal{L}^{-1}\left[\dfrac{1}{s^2+a^2} \right] = \dfrac{1}{a} \sin at$ 이므로

$$\mathcal{L}^{-1}\left[\frac{1}{(s^2+a^2)^2} \right] = \frac{1}{a}\sin at * \frac{1}{a}\sin at = \int_0^t \frac{1}{a}\sin a\tau \cdot \frac{1}{a}\sin a(t-\tau) d\tau$$

$$= \frac{1}{a^2}\int_0^t \sin a\tau \sin a(t-\tau) d\tau = -\frac{1}{2a^2}\int_0^t [\cos at - \cos a(2\tau - t)] d\tau$$

$$= -\frac{1}{2a^2}\left[\tau \cdot \cos at - \frac{1}{2a}\sin a(2\tau - t) \right]_0^t = -\frac{1}{2a^2}\left[t\cos at - \frac{1}{2a}\sin at - \frac{1}{2a}\sin at \right]$$

$$= \frac{1}{2a^2}\left[\frac{1}{a}\sin at - t\cos at \right]$$

(3) $\mathcal{L}^{-1}\left[\dfrac{1}{s^2+4s} \right] = \mathcal{L}^{-1}\left[\dfrac{1}{s} \cdot \dfrac{1}{s+4} \right] = \displaystyle\int_0^t e^{-4\tau} d\tau = \dfrac{1}{4}(1 - e^{-4t})$

(4) $\mathcal{L}^{-1}\left[\dfrac{9}{s(s^2+9)} \right] = 3\displaystyle\int_0^t \sin 3\tau d\tau = 1 - \cos 3t$

$$\mathcal{L}^{-1}\left[\frac{9}{s^2(s^2+9)}\right]=\mathcal{L}^{-1}\left[\frac{9}{s\cdot s(s^2+9)}\right]=\int_0^t(1-\cos 3\tau)d\tau=t-\frac{1}{3}\sin 3t$$

임을 이용하면

$$\mathcal{L}^{-1}\left[\frac{9}{s^2}\cdot\frac{s+1}{s^2+9}\right]=\mathcal{L}^{-1}\left[\frac{9}{s(s^2+9)}+\frac{9}{s^2(s^2+9)}\right]=1-\cos 3t+t-\frac{1}{3}\sin 3t$$

3. $f(t)=3t^2-e^{-t}-\int_0^t f(\tau)e^{(t-\tau)}d\tau$

$$F(s)=\frac{6}{s^3}-\frac{1}{s+1}-F(s)\cdot\frac{1}{s-1}\ \rightarrow\ F(s)=\frac{6}{s^3}-\frac{6}{s^4}+\frac{1}{s}-\frac{2}{s+1}$$

$$\therefore\ f(t)=3t^2-t^3+1-2e^{-t}$$

4. (1) 주어진 값을 이용하면

$$0.1\frac{di}{dt}+2i+10\int_0^t i(\tau)d\tau=t-t\,U(t-1)$$

또는

$$\frac{di}{dt}+20i+100\int_0^t i(\tau)d\tau=10\,[t-(t-1)\,U(t-1)-U(t-1)]$$

이다. $\mathcal{L}\,[i(t)]=I(s)$로 놓고 Laplace 변환하면

$$sI+20I+100\frac{I}{s}=10\left(\frac{1}{s^2}-\frac{e^{-s}}{s^2}-\frac{e^{-s}}{s}\right)$$

이다. 양변에 s를 곱하면 $(s^2+20s+100)I(s)=10\left(\frac{1}{s}-\frac{e^{-s}}{s}-e^{-s}\right)$이므로

$$\begin{aligned}I(s)&=10\left[\frac{1}{s(s+10)^2}-\frac{e^{-s}}{s(s+10)^2}-\frac{e^{-s}}{(s+10)^2}\right]\\&=10\left[\frac{1}{100}\frac{1}{s}-\frac{1}{100}\frac{1}{s+10}-\frac{1}{10}\frac{1}{(s+10)^2}-\frac{1}{100}\frac{e^{-s}}{s}\right.\\&\qquad\left.+\frac{1}{100}\frac{e^{-s}}{(s+10)}-\frac{9}{10}\frac{e^{-s}}{(s+10)^2}\right]\end{aligned}$$

이다. 역변환하면

$$\begin{aligned}i(t)&=\frac{1}{10}-\frac{1}{10}e^{-10t}-te^{-10t}-\frac{1}{10}U(t-1)+\frac{1}{10}e^{-10(t-1)}U(t-1)\\&\qquad-9(t-1)e^{-10(t-1)}U(t-1)\\&=\begin{cases}\frac{1}{10}[1-(1+10t)e^{-10t}], & 0\leqq t<1\\-\frac{1}{10}(1+10t)e^{-10t}+\frac{1}{10}(91-90t)e^{-10(t-1)}, & t\geqq 1\end{cases}\end{aligned}$$

(2) 식(3.6.12)에서 $H(s)=\frac{10s}{(s+10)^2}$이고

$E(t)=t-t\,U(t-1)=t-(t-1)\,U(t-1)-U(t-1)$이므로

$$E(s)=\frac{1}{s^2}-\frac{e^{-s}}{s^2}-\frac{e^{-s}}{s}.$$

$$I(s)=E(s)H(s)=\left(\frac{1}{s^2}-\frac{e^{-s}}{s^2}-\frac{e^{-s}}{s}\right)\frac{10s}{(s+10)^2}=10\left[\frac{1}{s(s+10)^2}-\frac{e^{-s}}{s(s+10)^2}-\frac{e^{-s}}{(s+10)^2}\right]$$

이하는 (1)과 동일.

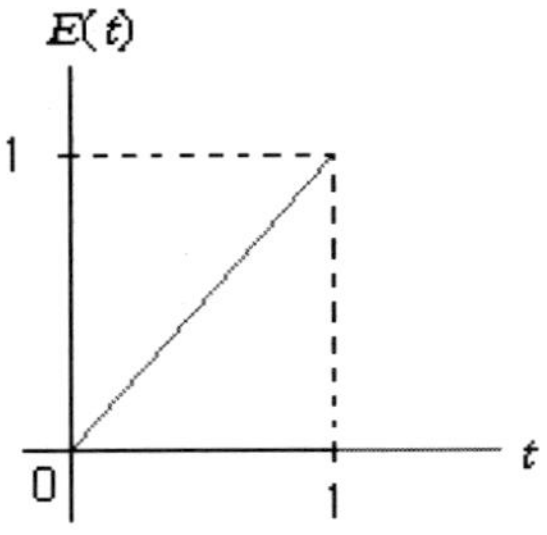

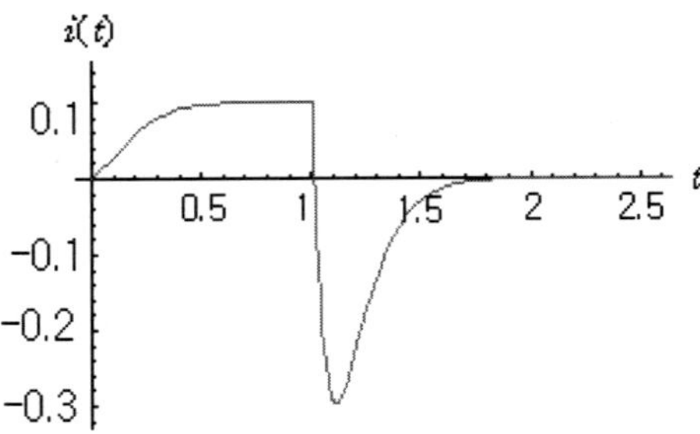

제4장 미분방정식과 무한급수

4.1 무한급수와 Taylor 급수(복습)

4.2 미분방정식의 급수해법

4.3 급수해법의 이론

4.4 Legendre 방정식

4.5 Frobenius 해법

4.6 Bessel 방정식

4.1 무한급수와 Taylor 급수(복습)

1. A : $\frac{1}{2}+\frac{1}{8}+\frac{1}{32}+\cdots=\frac{1/2}{1-1/4}=\frac{2}{3}$, $900\times\frac{2}{3}=600$원

B : $\frac{1}{4}+\frac{1}{16}+\frac{1}{64}+\cdots=\frac{1/4}{1-1/4}=\frac{1}{3}$, $900\times\frac{1}{3}=300$원

2. $f(x)=\sin x$ 에서 $f'(x)=\cos x$, $f''(x)=-\sin x$, $f'''(x)=-\cos x$, $f^{(4)}(x)=\sin x$, $f^{(5)}(x)=\cos x$ 이므로 $f(0)=0$, $f'(0)=1$, $f''(0)=0$, $f'''(0)=-1$, $f^{(4)}(0)=0$, $f^{(5)}(0)=1$.
따라서 McLaurin 급수식에서

$$\sin x=\sum_{m=0}^{\infty}\frac{f^{(m)}(0)}{m!}x^m=x-\frac{x^3}{3!}+\frac{x^5}{5!}-\cdots$$

이다. $x=0.1$ 일 때, $\sin 0.1=0.1-\frac{0.1^3}{3!}+\cdots=0.100\cdots$.

3. (1) $f(x)=\cosh x$ 에서

$$f(x)=f''(x)=\cdots=f^{(2n)}(x)=\cdots=\cosh x$$
$$f'(x)=f'''(x)=\cdots=f^{(2n+1)}(x)=\cdots=\sinh x,$$

이므로

$$f(0)=f''(0)=\cdots=f^{(2n)}(0)=\cdots=\cosh 0=1.$$
$$f'(0)=f'''(0)=\cdots=f^{(2n+1)}(0)=\cdots=\sinh 0=0,$$

따라서 McLaurin 급수식에서

$$f(x)=\cosh x=\sum_{m=0}^{\infty}\frac{f^{(m)}(0)}{m!}x^m=\sum_{n=0}^{\infty}\frac{f^{(2n)}(0)}{(2n)!}x^{2n}+\sum_{n=0}^{\infty}\frac{f^{(2n+1)}(0)}{(2n+1)!}x^{2n+1}$$
$$=\sum_{n=0}^{\infty}\frac{1}{(2n)!}x^{2n}+\sum_{n=0}^{\infty}\frac{0}{(2n+1)!}x^{2n+1}$$

즉,

$$\cosh x=\sum_{m=0}^{\infty}\frac{x^{2m}}{(2m)!}=1+\frac{x^2}{2!}+\frac{x^4}{4!}+\cdots .$$

(2) $f(x)=\ln(1+x)$, $(|x|<1)$에서

$$f'(x)=\frac{1}{1+x},\ f''(x)=-\frac{1}{(1+x)^2},\ f'''(x)=\frac{2!}{(1+x)^3},\ \cdots$$

즉, $m\geqq 1$ 일 때 $f^{(m)}(x)=(-1)^{m-1}\frac{(m-1)!}{(1+x)^m}$ 이므로

$$f(0)=0\ \ f'(0)=1,\ f''(0)=-1,\ f'''(0)=2!,\ \cdots,\ f^{(m)}(0)=(-1)^{m-1}(m-1)!.$$

이다. 따라서 McLaurin 급수에서

$$\ln(1+x)=\sum_{m=0}^{\infty}\frac{f^{(m)}(0)}{m!}x^m=f(0)+\sum_{m=1}^{\infty}\frac{(-1)^{m-1}(m-1)!}{m!}x^m=0+\sum_{m=1}^{\infty}(-1)^{m-1}\frac{x^m}{m}$$
$$=\sum_{m=1}^{\infty}(-1)^{m-1}\frac{x^m}{m}=x-\frac{x^2}{2}+\frac{x^3}{3}-\cdots,\ (|x|<1).$$

(3) $f(x) = \dfrac{1}{1-x}$ 에서

$$f'(x) = \frac{1}{(1-x)^2},\ f''(x) = \frac{2}{(1-x)^3},\ \cdots,\ f^{(m)}(x) = \frac{m!}{(1-x)^{m+1}}$$

이므로

$$f(0) = 1 = 0!\ \ f'(0) = 1 = 1!,\ f''(0) = 2 = 2!,\ \cdots,\ f^{(m)}(0) = m!.$$

따라서,

$$\frac{1}{1-x} = \sum_{m=0}^{\infty} \frac{m!}{m!} x^m = \sum_{m=0}^{\infty} x^m = 1 + x + x^2 + \cdots,\ (|x| < 1)$$

4. $f(x) = x^2$ 이므로 $f'(x) = 2x$, $f''(x) = 2$, $f'''(x) = f^{(4)}(x) = \cdots = 0$ 에서

$$f(0) = 0,\ f'(0) = 0,\ f''(0) = 2,\ f'''(0) = f^{(4)}(0) = \cdots = 0$$

따라서,

$$f(x) = \sum_{m=0}^{\infty} \frac{f^{(m)}(0)}{m!} x^m = f(0) + f'(0)x + \frac{f''(0)}{2!}x^2 + \frac{f'''(0)}{3!}x^3 + \cdots = x^2.$$

함수 $f(x)$가 이미 유한한 거듭제곱식이므로 이의 McLaurin 급수도 $f(x)$와 같다.

5.

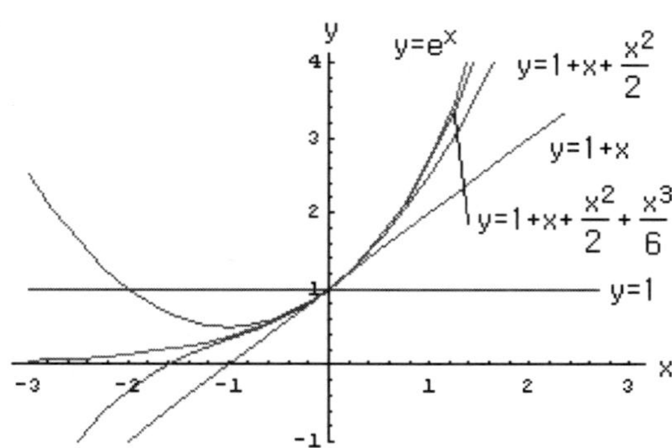

6. (1) $z_1 = r_1(\cos\theta_1 + i\sin\theta_1)$, $z_2 = r_2(\cos\theta_2 + i\sin\theta_2)$;

$$\begin{aligned} z_1 z_2 &= r_1(\cos\theta_1 + i\sin\theta_1)\cdot r_2(\cos\theta_2 + i\sin\theta_2) \\ &= r_1 r_2[\cos\theta_1\cos\theta_2 - \sin\theta_1\sin\theta_2 + i(\sin\theta_1\cos\theta_2 + \cos\theta_1\sin\theta_2)] \\ &= r_1 r_2[\cos(\theta_1+\theta_2) + i\sin(\theta_1+\theta_2)] \end{aligned}$$

$$\begin{aligned} z_1/z_2 &= \frac{r_1(\cos\theta_1 + i\sin\theta_1)}{r_2(\cos\theta_2 + i\sin\theta_2)} = \frac{r_1}{r_2}\frac{(\cos\theta_1 + i\sin\theta_1)(\cos\theta_2 - i\sin\theta_2)}{(\cos\theta_2 + i\sin\theta_2)(\cos\theta_2 - i\sin\theta_2)} \\ &= \frac{r_1}{r_2}\frac{\cos\theta_1\cos\theta_2 + \sin\theta_1\sin\theta_2 + i(\sin\theta_1\cos\theta_2 - \cos\theta_1\sin\theta_2)}{\cos^2\theta_2 + \sin^2\theta_2} \\ &= r_1/r_2[\cos(\theta_1-\theta_2) + i\sin(\theta_1-\theta_2)] \end{aligned}$$

(2) $z_1 = r_1 e^{i\theta_1}$, $z_2 = r_2 e^{i\theta_2}$;

$$z_1 z_2 = r_1 e^{i\theta_1} \cdot r_2 e^{i\theta_2} = r_1 r_2 e^{i(\theta_1 + \theta 2)}, \quad z_1/z_2 = \frac{r_1 e^{i\theta_1}}{r_2 e^{i\theta_2}} = \frac{r_1}{r_2} e^{i(\theta_1 - \theta_2)}$$

로 (1)과 동일함.

4.2 미분방정식의 급수해법

1. $y = \sum_{m=0}^{\infty} a_m x^m$ 라 하면 $y' = \sum_{m=1}^{\infty} m a_m x^{m-1} = a_1 + 2a_2 x + 3a_3 x^2 + \cdots = 0$ 에서 $a_1 = a_2 = a_3 = \cdots = 0$ 이다. 따라서

$$y = \sum_{m=0}^{\infty} a_m x^m = a_0 + a_1 x + a_2 x^2 + a_3 x^3 + \cdots = a_0 .$$

2. $y' = 3y$;

(1) $\frac{dy}{y} = 3dx$ 의 양변을 적분하여 $\ln|y| = 3x + c$ 또는 $y = ce^{3x}$.

(2) $y = \sum_{m=0}^{\infty} a_m x^m$ 이면

$$y' - 3y = \sum_{m=1}^{\infty} m a_m x^{m-1} - 3\sum_{m=0}^{\infty} a_m x^m = \sum_{s=0}^{\infty} [(s+1)a_{s+1} 3a_s] x^s = 0$$

$$a_{s+1} = \frac{3a_s}{s+1}, \quad s = 0, 1, \cdots$$

$$s = 0 : \ a_1 = \frac{3a_0}{0+1} = 3a_0$$

$$s = 1 : \ a_2 = \frac{3a_1}{1+1} = \frac{3}{2} a_1 = \frac{3^2}{2!} a_0$$

$$s = 2 : \ a_3 = \frac{3a_2}{2+1} = \frac{3}{3} a_2 = \frac{3}{3}\frac{3^2}{2!} a_0 = \frac{3^3}{3!} a_0$$

$$\therefore \ y = a_0 \left[1 + 3x + \frac{(3x)^2}{2!} + \frac{(3x)^2}{3!} + \ldots \right] = a_0 e^{3x}$$

3. $y'' = 4y$;

(1) $y'' - 4y = 0$ 의 특성방정식 $m^2 - 4 = (m-2)(m+2) = 0$ 에서 $m = \pm 2$ 이므로

$$y = c_1 e^{2x} + c_2 e^{-2x} \text{ 또는 } y = c_1 \cosh 2x + c_2 \sinh 2x .$$

(2) $y'' - 4y = \sum_{m=2}^{\infty} m(m-1) a_m x^{m-2} - 4\sum_{m=0}^{\infty} a_m x^m$

$$= \sum_{s=0}^{\infty} (s+2)(s+1) a_{s+2} x^s - 4\sum_{s=0}^{\infty} a_s x^s$$

$$= \sum_{s=0}^{\infty} [(s+2)(s+1) a_{s+2} - 4a_s] x^s = 0$$

$$\therefore\ a_{s+2}=\frac{2^2}{(s+2)(s+1)}a_s,\ \ s=0,1,\ldots$$

$$s=0:\ a_2=\frac{2^2}{2\cdot1}a_0=\frac{2^2}{2!}a_0$$

$$s=1:\ a_3=\frac{2^2}{3\cdot2}a_1=\frac{2^2}{3!}a_1$$

$$s=2:\ a_4=\frac{2^2}{4\cdot3}a_2=\frac{2^2}{4\cdot3}\frac{2^2}{2!}a_0=\frac{2^4}{4!}a_0$$

$$\therefore\ y=\sum_{m=0}^{\infty}a_mx^m=a_0\left(1+\frac{2^2}{2!}x^2+\frac{2^4}{4!}x^4+\ldots\right)+a_1\left(x+\frac{2^2}{3!}x^3+\frac{2^4}{5!}x^5+\ldots\right)$$

$$=a_0\cosh 2x+\frac{a_1}{2}\sinh 2x$$

4. (1) $(1-x)y'=y$;

$$(1-x)y'-y=(1-x)\sum_{m=1}^{\infty}ma_mx^{m-1}-\sum_{m=0}^{\infty}a_mx^m$$

$$=\sum_{m=1}^{\infty}ma_mx^{m-1}-\sum_{m=1}^{\infty}ma_mx^m-\sum_{m=0}^{\infty}a_mx^m$$

$$=\sum_{s=0}^{\infty}(s+1)a_{s+1}x^s-\sum_{s=1}^{\infty}sa_sx^s-\sum_{s=0}^{\infty}a_sx^s$$

$$=(a_1-a_0)+\sum_{s=1}^{\infty}[(s+1)a_{s+1}-(s+1)a_s]x^s=0$$

$$a_1=a_0,\ \ a_{s+1}=a_s\ \rightarrow\ a_0=a_1=a_2=\ldots$$

$$\therefore\ y=\sum_{m=0}^{\infty}a_mx^m=a_0\sum_{m=0}^{\infty}x^m=\frac{a_0}{1-x},\ \ |x|<1$$

(2) $(1+x)y'=y$;

$$(1+x)y'-y=(1+x)\sum_{m=1}^{\infty}ma_mx^{m-1}-\sum_{m=0}^{\infty}a_mx^m$$

$$=\sum_{m=1}^{\infty}ma_mx^{m-1}+\sum_{m=1}^{\infty}ma_mx^m-\sum_{m=0}^{\infty}a_mx^m$$

$$=\sum_{s=0}^{\infty}(s+1)a_{s+1}x^s+\sum_{s=1}^{\infty}sa_sx^s-\sum_{s=0}^{\infty}a_sx^s$$

$$=(a_1-a_0)+\sum_{s=1}^{\infty}[(s+1)a_{s+1}+(s-1)a_s]x^s$$

$$a_1=a_0,\ \ a_{s+1}=-\frac{s-1}{s+1}a_s,\ \ s=1,2,\ldots$$

$$s=1:\ a_2=-\frac{1-1}{1+1}a_1=0$$

$$s=2:\ a_3=-\frac{2-1}{2+1}a_2=-\frac{2}{3}\cdot0=0$$

$$\therefore\ y=\sum_{m=0}^{\infty}a_mx^m=a_0+a_0x=a_0(1+x)$$

(3) $y' = 3x^2y$;

$$y' - 3x^2y = \sum_{m=1}^{\infty} ma_m x^{m-1} - 3x^2 \sum_{m=0}^{\infty} a_m x^m = \sum_{m=1}^{\infty} ma_m x^{m-1} - 3\sum_{m=0}^{\infty} a_m x^{m+2}$$

$$= \sum_{s=0}^{\infty}(s+1)a_{s+1}x^s - 3\sum_{s=2}^{\infty} a_{s-2}x^s = a_1 + 2a_2 x + \sum_{s=2}^{\infty}[(s+1)a_{s+1} - 3a_{s-2}]x^s = 0$$

$$\therefore\ a_1 = 0,\ a_2 = 0,\ a_{s+1} = \frac{3}{s+1}a_{s+2},\ s = 2,3,\ldots$$

$$s = 2:\ a_3 = \frac{3}{2+1}a_0 = a_0$$

$$s = 3:\ a_4 = \frac{3}{3+1}a_1 = 0$$

$$s = 4:\ a_5 = \frac{3}{4+1}a_2 = 0$$

$$s = 5:\ a_6 = \frac{3}{5+1}a_3 = \frac{a_0}{2!}$$

마찬가지로 $a_7 = a_8 = 0$, $a_9 = \dfrac{3}{8+1}a_6 = \dfrac{1}{3}\cdot\dfrac{a_0}{2!} = \dfrac{a_0}{3!}$

$$\therefore\ y = \sum_{m=1}^{\infty} a_m x^m = a_0\left(1 + x^3 + \frac{x^6}{2!} + \frac{x^9}{3!} + \ldots\right) = a_0 e^{x^3}$$

(4) $y'' + 4y = 0$:

$$y'' + 4y = \sum_{m=2}^{\infty} m(m-1)a_m x^{m-2} + 4\sum_{m=0}^{\infty} a_m x^m = \sum_{s=0}^{\infty}[(s+2)(s+1)a_{s+2} + 4a_s]x^s = 0$$

$$a_{s+2} = -\frac{2^2}{(s+2)(s+1)}a_s,\ s = 0,1,\ldots$$

$$s = 0:\ a_2 = -\frac{2^2}{2\cdot 1}a_0 = -\frac{2^2}{2!}a_0$$

$$s = 1:\ a_3 = -\frac{2^2}{3\cdot 2}a_1 = -\frac{2^2}{3!}a_1$$

$$s = 2:\ a_4 = -\frac{2^2}{4\cdot 3}a_2 = -\frac{2^2}{4\cdot 3}\left(-\frac{2^2}{2!}a_0\right) = \frac{2^4}{4!}a_0$$

$$s = 3:\ a_5 = -\frac{2^2}{5\cdot 4}a_3 = -\frac{2^2}{5\cdot 4}\left(-\frac{2^2}{3!}a_1\right) = \frac{2^4}{5!}a_1$$

$$\therefore\ y = \sum_{m=0}^{\infty} a_m x^m = a_0\left(1 - \frac{2^2}{2!}x^2 + \frac{2^4}{4!}x^4 - \ldots\right) + a_1\left(x - \frac{2^2}{3!}x^3 + \frac{2^4}{5!}x^5 - \ldots\right)$$

$$= a_0\left[1 - \frac{(2x)^2}{2!} + \frac{(2x)^4}{4!} - \ldots\right] + \frac{a_1}{2}\left[(2x) - \frac{(2x)^3}{3!} + \frac{(2x)^5}{5!} - \ldots\right]$$

$$= a_0\cos 2x + \frac{a_1}{2}\sin 2x$$

5. $y'' - 4xy' - 4y = e^x$:

$y = \sum_{m=0}^{\infty} a_m x^m$ 로 놓고 $e^x = \sum_{m=0}^{\infty}\dfrac{x^m}{m!} = 1 + x + \dfrac{x^2}{2!} + \cdots$ 를 사용하면

$$y''-4xy'-4y=\sum_{m=2}^{\infty}m(m-1)a_m x^{m-2}-4\sum_{m=1}^{\infty}ma_m x^{m-1}-4\sum_{m=0}^{\infty}a_m x^m$$

$$=2a_2-4a_0+\sum_{s=1}^{\infty}[(s+2)(s+1)a_{s+2}-4(s+1)a_s]x^s$$

$$=e^x=1+\sum_{s=1}^{\infty}\frac{x^s}{s!}$$

에서 $2a_2-4a_0=1$, $(s+2)(s+1)a_{s+2}-4(s+1)a_s=\dfrac{1}{s!}$ 이므로

$$a_2=\frac{1}{2}+2a_0,\ a_{s+2}=\frac{1}{(s+2)!}+\frac{4}{s+2}a_s,\ s=1,2,\cdots$$

$$s=1\ :\ a_3=\frac{1}{3!}+\frac{4}{3}a_1=\frac{1}{6}+\frac{4}{3}a_1$$

$$s=2\ :\ a_4=\frac{1}{4!}+\frac{4}{4}a_2=\frac{1}{4!}+\frac{1}{2}+2a_0=\frac{13}{24}+2a_0$$

이므로

$$y=\sum_{m=0}^{\infty}a_m x^m=a_0+a_1x+a_2x^2+a_3x^3+a_4x^4+\cdots$$

$$=a_0+a_1x+\left(\frac{1}{2}+2a_0\right)x^2+\left(\frac{1}{6}+\frac{4}{3}a_1\right)x^3+\left(\frac{13}{24}+2a_0\right)x^4+\cdots$$

$$=a_0(1+2x^2+2x^4+\cdots)+a_1\left(x+\frac{4}{3}x^3+\cdots\right)+\frac{1}{2}x^2+\frac{1}{6}x^3+\frac{13}{24}x^4+\cdots$$

6. $xy'-y=x$

(1) 실제로 $y=\sum_{m=0}^{\infty}a_m x^m$ 이면, $y'=\sum_{m=1}^{\infty}ma_m x^{m-1}$ 이고

$$xy'-y=x\sum_{m=1}^{\infty}ma_m x^{m-1}-\sum_{m=0}^{\infty}a_m x^m=\sum_{m=1}^{\infty}ma_m x^m-\sum_{m=0}^{\infty}a_m x^m$$

$$=-a_0+\sum_{m=1}^{\infty}(m-1)a_m x^m=-a_0+a_2x^2+2a_3x^3+\cdots\neq x.$$

(2) $y=\sum_{m=0}^{\infty}a_m(x-1)^m$ 에서 $x-1=t$ 로 놓으면 $y=\sum_{m=0}^{\infty}a_m t^m$ 이고 $\dfrac{dy}{dx}=\dfrac{dy}{dt}\dfrac{dt}{dx}=\dfrac{dy}{dt}$ 이므로

$$x\frac{dy}{dx}-y(x)-x=(t+1)\frac{dy}{dt}-y(t)-t-1$$

$$=(t+1)\sum_{m=1}^{\infty}ma_m t^{m-1}-\sum_{m=0}^{\infty}a_m t^m-t-1$$

$$=\sum_{m=1}^{\infty}ma_m t^m+\sum_{m=1}^{\infty}ma_m t^{m-1}-\sum_{m=0}^{\infty}a_m t^m-t-1$$

$$=\sum_{s=1}^{\infty}sa_s t^s+\sum_{s=0}^{\infty}(s+1)a_{s+1}t^s-\sum_{s=0}^{\infty}a_s t^s-t-1$$

$$=(a_1-a_0-1)+(a_1+2a_2-a_1-1)t+\sum_{s=2}^{\infty}[sa_s+(s+1)a_{s+1}-a_s]t^s=0$$

$a_1=a_0+1$, $a_2=\dfrac{1}{2}$, $a_{s+1}=-\dfrac{s-1}{s+1}a_s$, $s=2,3,\ldots$ 에서

$a_{s+1} = \left(-\frac{s-1}{s+1}\right)\left(-\frac{s-2}{s}\right)\left(-\frac{s-3}{s-1}\right)\cdots\left(-\frac{3}{5}\right)\left(-\frac{2}{4}\right)\left(-\frac{1}{3}\right)a_2$ 이고, $a_2 = \frac{1}{2}$ 이므로

$a_{s+1} = (-1)^{s+1}\frac{1}{(s+1)s}$ 이다. (분모, 분자 약분에 주의)

따라서, $a_s = (-1)^{s-2}\frac{1}{s(s-1)} = (-1)^s\left(\frac{1}{s-1} - \frac{1}{s}\right)$.

또는 $a_{s+1} = -\frac{s-1}{s+1}a_s$, $s = 2, 3, \ldots$

$s = 2$; $a_3 = -\frac{1}{3}a_2 = -\frac{1}{3}\cdot\frac{1}{2}$

$s = 3$; $a_4 = -\frac{2}{4}a_3 = \frac{2}{4}\cdot\frac{1}{3}\cdot\frac{1}{2}$

$s = 4$; $a_5 = -\frac{3}{5}a_4 = -\frac{3}{5}\cdot\frac{2}{4}\cdot\frac{1}{3}\cdot\frac{1}{2}$

$\cdots$

$$a_s = (-1)^s\frac{(s-2)!}{s!} = (-1)^s\frac{1}{s(s-1)} = (-1)^s\left(\frac{1}{s-1} - \frac{1}{s}\right)$$

$$\therefore\ y(t) = \sum_{m=0}^{\infty} a_m t^m = a_0 + (a_0+1)t + \sum_{s=2}^{\infty}(-1)^{s-2}\left[\frac{1}{s-1} - \frac{1}{s}\right]t^s$$

$$= a_0(1+t) + t + \sum_{s=2}^{\infty}(-1)^{s-2}\frac{t^s}{s-1} - \sum_{s=2}^{\infty}(-1)^{s-2}\frac{t^s}{s}$$

$$= a_0(1+t) + t\sum_{s=2}^{\infty}(-1)^{s-2}\frac{t^{s-1}}{s-1} - \sum_{s=1}^{\infty}(-1)^{s-2}\frac{t^s}{s}$$

$$= a_0(1+t) + t\sum_{m=1}^{\infty}(-1)^{m-1}\frac{t^m}{m} + \sum_{m=1}^{\infty}(-1)^{m-1}\frac{t^m}{m}$$

한편, $\sum_{m=1}^{\infty}(-1)^{m-1}\frac{t^m}{m} = t - \frac{t^2}{2} + \frac{t^3}{3} - \cdots = \ln(1+t)$ 이므로

$$y(t) = a_0(1+t) + t\ln(1+t) + \ln(1+t) = a_0(1+t) + (1+t)\ln(1+t)$$

이고 $1+t = x$ 로 놓으면

$$y(x) = a_0 x + x\ln x\,.$$

4.3 급수해법의 이론

1. (1) $\sum_{m=0}^{\infty} m(m+1)x^m$; $\frac{1}{R} = \lim_{m\to\infty}\left|\frac{a_{m+1}}{a_m}\right| = \lim_{m\to\infty}\left|\frac{(m+1)(m+2)}{m(m+1)}\right| = \lim_{m\to\infty}\frac{m+2}{m} = 1$

$\therefore\ R = 1$ 이고 수렴구간은 $|x| < 1$.

(2) $\sum_{m=0}^{\infty}\frac{(x-3)^m}{3^m}$; $\frac{1}{R} = \lim_{m\to 0}\left|\frac{a_{m+1}}{a_m}\right| = \lim_{m\to 0}\left|\frac{\frac{1}{3^{m+1}}}{\frac{1}{3^m}}\right| = \frac{1}{3}$

$\therefore$ $R=3$ 이고 수렴구간은 $|x-3|<3$.

(3) $\sum_{m=0}^{\infty}\frac{x^{2m}}{m!}$; 주어진 급수를 $a_m=\frac{1}{m!}$ 인 $t=x^2$ 의 급수로 보면

$$\frac{1}{R}=\lim_{m\to\infty}\left|\frac{a_{m+1}}{a_m}\right|=\lim_{m\to\infty}\left|\frac{\frac{1}{(m+1)!}}{\frac{1}{m!}}\right|=\lim_{m\to\infty}\frac{1}{m+1}=0$$

$\therefore$ $R=\infty$ 이고 수렴구간은 $x^2<\infty$, 즉 $|x|<\infty$.

(4) $\sum_{m=0}^{\infty}\frac{(x-1)^{2m}}{2^m}$; 주어진 급수를 $t=(x-1)^2$ 의 급수로 보면

$$\frac{1}{R}=\lim_{m\to\infty}\left|\frac{a_{m+1}}{a_m}\right|=\lim_{m\to\infty}\left|\frac{\frac{1}{2^{m+1}}}{\frac{1}{2^m}}\right|=\frac{1}{2}$$

$\therefore$ $R=2$ 이고 수렴구간은 $(x-1)^2<2$, 즉 $|x-1|<\sqrt{2}$.

(참고) $\sqrt[m]{|a_m|}=\sqrt[m]{\frac{1}{2^m}}=\frac{1}{2}$ 로 구해도 좋다.

2. $\sinh x=\sum_{m=0}^{\infty}\frac{x^{2m+1}}{(2m+1)!}=x+\frac{x^3}{3!}+\frac{x^5}{5!}-\cdots$ 를 항별 미분하면

$$(\sinh x)'=\cosh x=\sum_{m=0}^{\infty}\frac{x^{2m}}{(2m)!}=1+\frac{x^2}{2!}+\frac{x^4}{4!}-\cdots$$

이고 항별 적분하면

$$\int_0^x \sinh t\,dt=\cosh x-1=\sum_{m=0}^{\infty}\frac{x^{2m+2}}{(2m+2)!}=\frac{x^2}{2!}+\frac{x^4}{4!}+\cdots$$

즉 $\cosh x=1+\frac{x^2}{2!}+\frac{x^4}{4!}-\cdots$ 이다.

3. (1) 무한급수

$$\frac{1}{1+x^2}=1-x^2+x^4-x^6+\cdots=\sum_{m=0}^{\infty}(-1)^m x^{2m},\ |x|<1$$

을 항별로 적분하면

$$\int_0^x\frac{1}{1+t^2}dt=\tan^{-1}x=x-\frac{x^3}{3}+\frac{x^5}{5}-\frac{x^7}{7}+\cdots=\sum_{m=0}^{\infty}\frac{(-1)^m}{2m+1}x^{2m+1}.$$

$x=1$ 일 때 $1-\frac{1}{3}+\frac{1}{5}-\frac{1}{7}+\cdots$, $x=-1$ 일 때 $-1+\frac{1}{3}-\frac{1}{5}+\frac{1}{7}+\cdots$ 도 교대급수의 수렴성에 의해 수렴하므로 위 급수는 $|x|=1$ 일 때도 성립하므로 수렴구간은 $|x|\leqq 1$ 이다.

(2) $\tan^{-1}x=x-\frac{x^3}{3}+\frac{x^5}{5}-\frac{x^7}{7}+\cdots$ 에 $x=1$ 을 대입하면

$$\tan^{-1}1=\frac{\pi}{4}=1-\frac{1}{3}+\frac{1}{5}-\frac{1}{7}+\cdots$$

이므로

$$\pi=4\left(1-\frac{1}{3}+\frac{1}{5}-\frac{1}{7}+\cdots\right).$$

4. $(1-x^2)y'=2xy$;

(1) $(1-x^2)y'-2xy=0$ 의 양변을 $1-x^2$ 으로 나누면 $y'-\dfrac{2x}{1-x^2}y=0$ 이다. 여기서

$$\frac{2x}{1-x^2}=2x(1+x^2+x^4+\cdots)$$

가 $|x^2|<1$, 즉 $|x|<1$ 에서 수렴하는 급수이므로 미분방정식도 같은 구간에서 중심이 0인 급수해를 갖는다. 따라서 $y=\sum_{m=0}^{\infty}a_m x^m$ 으로 놓으면

$$\begin{aligned}(1-x^2)y'-2xy&=(1-x^2)\sum_{m=1}^{\infty}ma_m x^{m-1}-2x\sum_{m=1}^{\infty}a_m x^m\\&=\sum_{m=1}^{\infty}ma_m x^{m-1}-\sum_{m=1}^{\infty}ma_m x^{m+1}-2\sum_{m=0}^{\infty}a_m x^{m+1}\\&=\sum_{s=0}^{\infty}(s+1)a_{s+1}x^s-\sum_{s=2}^{\infty}(s-1)a_{s-1}x^s-2\sum_{s=1}^{\infty}a_{s-1}x^s\\&=a_1+[2a_2-2a_0]x+\sum_{s=2}^{\infty}[(s+1)a_{s+1}-(s+1)a_{s-1}]x^s=0\end{aligned}$$

$\therefore\ a_1=0,\ a_2=a_0,\ a_{s+1}=a_{s-1},\ s=2,3,\ldots$

$s=2$: $a_3=a_1=0$

$s=3$: $a_4=a_2=a_0$

$s=4$: $a_5=a_3=0$

$s=5$: $a_6=a_4=a_0$

$a_1=a_3=a_5=\ldots=0,\ a_2=a_4=a_6=\ldots=a_0$

$$\therefore\ y=\sum_{m=0}^{\infty}a_m x^m=a_0(1+x^2+x^4+\ldots)$$

이고, 이는 $|x|<1$ 에서 $y=\dfrac{a_0}{1-x^2}$ 로 수렴.

(2) $(1-x^2)y'=2xy$ 를 변수분리하여 적분하면 $\displaystyle\int\frac{dy}{y}=\int\frac{2x}{1-x^2}dx$: $1-x^2=t$ 로 치환

따라서 $\ln|y|=-\ln|1-x^2|+\ln c$ 또는 $y=\dfrac{c}{1-x^2}$, $|x|<1$

5. $xy'-y=x$ 을 다시 쓰면 $y'-\dfrac{1}{x}y=1$. 여기서, $\dfrac{1}{x}$ 은 $x=0$ 에서 해석적이 아니므로(중심이 0인

거듭제곱급수로 나타나지 않으므로) $y=\sum_{m=0}^{\infty} a_m x^m$ 의 급수해를 갖지 않는다.

4.4 Legendre 방정식

1. (1) $(1-x^2)y''-2xy'=0$ 에서 $y'=z$ 로 치환하면 $(1-x^2)z'-2xz=0$ 또는 $\frac{dz}{z}=\frac{2x}{1-x^2}dx$. 양변을 적분하면 $\ln|z|=-\ln|1-x^2|+c$ 에서 $z=y'=\frac{c_2}{1-x^2}=\frac{c_2}{2}\left(\frac{1}{1-x}+\frac{1}{1+x}\right)$.

다시 양변을 적분하면

$$y=\frac{c_2}{2}[-\ln(1-x)+\ln(1+x)]+c_1=\frac{c_2}{2}\ln\left(\frac{1+x}{1-x}\right)+c_1$$

즉 $y=c_1y_1+c_2y_2$ 일 때, $y_1(x)=1$ 이고 $y_2(x)=\frac{1}{2}\ln\frac{1+x}{1-x}$ 이다.

(2) 식(4.4.3)에서 $n=0$ 이면 $y_1(x)=1$ 이고,

$$\ln(1+x)=\sum_{m=1}^{\infty}\frac{(-1)^{m-1}}{m}x^m=x-\frac{x^2}{2}+\frac{x^3}{3}-\frac{x^4}{4}+\ldots$$

$$\ln(1-x)=-\sum_{m=1}^{\infty}\frac{x^m}{m}=-x-\frac{x^2}{2}-\frac{x^3}{3}-\frac{x^4}{4}-\ldots$$

이므로

$$\begin{aligned}\frac{1}{2}\ln\frac{1+x}{1-x}&=\frac{1}{2}[\ln(1+x)-\ln(1-x)]\\&=\frac{1}{2}\left[\left(x-\frac{x^2}{2}+\frac{x^3}{3}-\frac{x^2}{4}+\cdots\right)+\left(x+\frac{x^2}{2}+\frac{x^3}{3}+\frac{x^4}{4}+\cdots\right)\right]\\&=x+\frac{x^3}{3}+\frac{x^5}{5}+\cdots\end{aligned}$$

이 되는데 이는 식(4.4.4)에서 $n=0$ 일 때

$$\begin{aligned}y_2(x)&=x-\frac{(n-1)(n+2)}{3!}x^3+\frac{(n-3)(n-1)(n+2)(n+4)}{5!}x^5-\cdots\\&=x-\frac{(0-1)(0+2)}{3!}x^3+\frac{(0-3)(0-1)(0+2)(0+4)}{5!}x^5-\cdots\\&=x+\frac{x^3}{3}+\frac{x^5}{5}+\cdots\ .\end{aligned}$$

와 같다.

2. (1) $P_n(x)=\sum_{m=0}^{[n/2]}(-1)^m\frac{(2n-2m)!}{2^n m!(n-m)!(n-2m)!}x^{n-2m}$ 에서

$$P_0(x)=\sum_{m=0}^{[0/2]}(-1)^m\frac{(2\cdot 0-2m)!}{2^0 m!(0-m)!(0-2m)!}x^{0-2m}=(-1)^0\frac{(2\cdot 0-2\cdot 0)!}{2^0 0!(0-0)!(0-2\cdot 0)!}x^{0-2\cdot 0}=1$$

$$P_1(x)=\sum_{m=0}^{[1/2]}(-1)^m\frac{(2\cdot 1-2m)!}{2^1 m!(1-m)!(1-2m)!}x^{1-2m}=(-1)^0\frac{(2\cdot 1-2\cdot 0)!}{2^1 0!(1-0)!(1-2\cdot 0)!}x^{1-2\cdot 0}=x$$

$$P_2(x)=\sum_{m=0}^{[2/2]}(-1)^m\frac{(2\cdot 2-2m)!}{2^2 m!(2-m)!(2-2m)!}x^{2-2m}$$

$$=(-1)^0\frac{(2\cdot 2-2\cdot 0)!}{2^2 0!(2-0)!(2-2\cdot 0)!}x^{2-2\cdot 0}+(-1)^1\frac{(2\cdot 2-2\cdot 1)!}{2^2 1!(2-1)!(2-2\cdot 1)!}x^{2-2\cdot 1}$$

$$=\frac{3}{2}x^2-\frac{1}{2}=\frac{1}{2}(3x^2-1)$$

(2) $(1-x^2)P_0''-2xP_0'=(1-x^2)(1)''-2x(1)'=0$

$$(1-x^2)P_1''-2xP_1'+2P_1=(1-x^2)(x)''-2x(x)'+2(x)=-2x+2x=0$$

$$(1-x^2)P_2''-2xP_2'+6P_2=(1-x^2)\left(\frac{3x^2-1}{2}\right)''-2x\left(\frac{3x^2-1}{2}\right)'+6\left(\frac{3x^2-1}{2}\right)$$

$$=(1-x^2)(3)-2x(3x)+6\left(\frac{3x^2-1}{2}\right)=0$$

3. $a_{s+2}=-\dfrac{(n-s)(n+s+1)}{(s+2)(s+1)}a_s$ 에서

$$\lim_{s\to\infty}\left|\frac{a_{s+2}}{a_s}\right|=\lim_{s\to\infty}\left|\frac{(n-s)(n+s+1)}{(s+2)(s+1)}\right|=1\ \therefore\ R=1\ \text{즉}\ |x|<1.$$

4. $\dfrac{d}{dx}\left[(1-x^2)\dfrac{dy}{dx}\right]+n(n+1)y=0$;

$$-2x\frac{dy}{dx}+(1-x^2)\frac{d^2y}{dx^2}+n(n+1)y=0\ \to(1-x^2)y''-2xy'+n(n+1)y=0.$$

5. (1) $z=\cos\phi$ 로 놓으면 $\dfrac{dz}{d\phi}=-\sin\phi$ 이므로

$$\frac{du}{d\phi}=\frac{du}{dz}\frac{dz}{d\phi}=-\sin\phi\frac{du}{dz}$$

$$\frac{d^2u}{d\phi^2}=\frac{d}{d\phi}\left(\frac{du}{d\phi}\right)=\frac{d}{d\phi}\left(-\sin\phi\frac{du}{dz}\right)=-\cos\phi\frac{du}{dz}-\sin\phi\frac{d}{d\phi}\left(\frac{du}{dz}\right)$$

$$=-\cos\phi\frac{du}{dz}-\sin\phi\frac{d}{dz}\left(\frac{du}{dz}\right)\frac{dz}{d\phi}=-\cos\phi\frac{du}{dz}+\sin^2\phi\frac{d^2u}{dz^2}$$

따라서, $\sin\phi\dfrac{d^2u}{d\phi^2}+\cos\phi\dfrac{du}{d\phi}+n(n+1)\sin\phi\, u=0$ 은

$$\sin\phi\left[-\cos\phi\frac{du}{dz}+\sin^2\phi\frac{d^2u}{dz^2}\right]+\cos\phi\left[-\sin\phi\frac{du}{dz}\right]+n(n+1)\sin\phi\, u$$

$$=\sin^2\phi\frac{d^2u}{dz^2}-2\cos\phi\frac{du}{dz}+n(n+1)u=(1-\cos^2\phi)\frac{d^2u}{dz^2}-2\cos\phi\frac{du}{dz}+n(n+1)u=0$$

$\therefore\ (1-z^2)\dfrac{d^2u}{dz^2}-2z\dfrac{du}{dz}+n(n+1)u=0$: n 계 Legendre 미분방정식

(2) $u=u(\phi)$ 이므로 $\nabla^2 u(\phi)=\frac{1}{\rho^2}\frac{d^2u}{d\phi^2}+\frac{\cot\phi}{\rho^2}\frac{du}{d\phi}=0$ 에서 $\frac{d^2u}{d\phi^2}+\cot\phi\frac{du}{d\phi}=0$ 또는

$$\sin\phi\frac{d^2u}{d\phi^2}+\cos\phi\frac{du}{d\phi}=0$$

이다. 이는 문제 (1)에서 $n=0$ 인 경우이므로 0계 Legendre 방정식이다.

4.5 Frobenius 해법

1. $(x+1)^2y''+(x+1)y'-y=0$: $x+1=t$ 로 치환하면 $y'(x)=y'(t)$, $y''(x)=y''(t)$ 이므로 $t^2y''+ty'-y=0$ 즉, Cauchy-Euler 미분방정식이다..

(1) $y=\sum_{m=0}^{\infty}a_m t^{m+r}$ 로 놓으면

$$\begin{aligned}
\text{미방} &= t^2\sum_{m=0}^{\infty}(m+r)(m+r-1)a_m t^{m+r-2}-t\sum_{m=0}^{\infty}(m+r)a_m t^{m+r-1}-\sum_{m=0}^{\infty}a_m t^{m+r}\\
&=\sum_{m=0}^{\infty}(m+r)(m+r-1)a_m t^{m+r}-\sum_{m=0}^{\infty}(m+r)a_m t^{m+r}-\sum_{m=0}^{\infty}a_m t^{m+r}\\
&=\sum_{m=0}^{\infty}[(m+r)(m+r-1)+(m+r)-1]a_m t^{m+r}\\
&=\sum_{m=0}^{\infty}(m+r+1)(m+r-1)a_m t^{m+r}\\
&=(r+1)(r-1)a_0t^r+\sum_{m=1}^{\infty}(m+r+1)(m+r-1)a_m t^{m+r}=0
\end{aligned}$$

결정방정식: $(r+1)(r-1)=0$, $r=\pm1$ (정수 차이), $a_m=0$ $(m=1,2,\cdots)$

(i) $r=1$: $y_1(t)=\sum_{m=0}^{\infty}a_m t^{m+1}=a_0t$, $a_0=1$ 로 놓으면 $y_1(t)=t$ 즉, $y_1(x)=x+1$

(ii) $r=-1$: $y_2(t)=\sum_{m=0}^{\infty}a_m t^{m-1}=\frac{a_0}{t}$, $a_0=1$ 로 놓으면 $y_2(t)=\frac{1}{t}$ 즉, $y_2(x)=\frac{1}{x+1}$

y_1, y_2 는 서로 1차 독립이므로 일반해는 $y=c_1(x+1)+\frac{c_2}{x+1}$

(2) $y=t^m$ 으로 놓으면 $m(m-1)+m-1=0$, $m=\pm1$ 이므로 $y=c_1t+\frac{c_2}{t}$ 또는

$$y=c_1(x+1)+\frac{c_2}{x+1}$$

이 되어 (1), (2)의 결과가 같다.

2. (1) $x(1-x)y''+2(1-2x)y'-2y=0$: $y=\sum_{m=0}^{\infty}a_m x^{m+r}$

$$\text{미방}=\sum_{m=0}^{\infty}(m+r)(m+r-1)a_m x^{m+r-1}-\sum_{m=0}^{\infty}(m+r)(m+r-1)a_m x^{m+r}$$

$$+2\sum_{m=0}^{\infty}(m+r)a_m x^{m+r-1} - 4\sum_{m=0}^{\infty}(m+r)a_m x^{m+r} - 2\sum_{m=0}^{\infty}a_m x^{m+r}$$

$$= \sum_{s=-1}^{\infty}(s+r+1)(s+r)a_{s+1}x^{s+r} - \sum_{s=0}^{\infty}(s+r)(s+r-1)a_s x^{s+r}$$

$$+2\sum_{s=-1}^{\infty}(s+r+1)a_{s+1}x^{s+r} - 4\sum_{s=0}^{\infty}(s+r)a_s x^{s+r} - 2\sum_{s=0}^{\infty}a_s x^{s+r}$$

$$= [r(r-1)+2r]a_0 x^{r-1} + \sum_{s=0}^{\infty}[(s+r+1)(s+r+2)a_{s+1}$$

$$-\{(s+r)(s+r-1)+4(s+r)+2\}a_s]x^{s+r} = 0$$

결정방정식: $r(r-1)+2r = r(r+1) = 0$, $r = 0, -1$ (정수 차이)

(i) $r=0$: $(s+1)(s+2)a_{s+1} = (s+1)(s+2)a_s$, $a_{s+1} = a_s$, $s = 0, 1, \cdots$

$a_0 = 1$로 놓으면 $y_1 = \sum_{m=0}^{\infty} a_m x^{m+0} = \sum_{m=0}^{\infty} x^m = \frac{1}{1-x}$ $(|x|<1)$

(ii) $r=-1$: $s(s+1)a_{s+1} = s(s+1)a_s$, $a_{s+1} = a_s$, $s = 1, 2, \cdots$

$a_0 = 1$, $a_1 = 1$로 놓으면 $y_2 = \sum_{m=0}^{\infty} a_m x^{m-1} = \sum_{m=0}^{\infty} x^{m-1} = \frac{1}{x} + \sum_{m=1}^{\infty} x^{m-1} = \frac{1}{x} + \frac{1}{1-x}$

여기서 $\frac{1}{1-x}$는 y_1과 1차 종속이므로 $y_2 = \frac{1}{x}$. 따라서 $y = \frac{c_1}{1-x} + \frac{c_2}{x}$.

(참고) 두 번째 해를 구하는 공식 $y_2 = y_1 \int \frac{e^{-\int p dx}}{y_1^2} dx$을 사용하는 경우는

$\int p dx = \int \frac{2(1-2x)}{x(1-x)} dx = \int \left(\frac{2}{x} - \frac{2}{1-x}\right) dx = 2\ln x + 2\ln(1-x)$, $e^{-\int p dx} = \frac{1}{x^2(1-x)^2}$ 이므로

$$y_2 = y_1 \int \frac{e^{-\int p dx}}{y_1^2} dx = \frac{1}{1-x}\int \frac{1}{x^2} dx = \frac{1}{1-x}\left(-\frac{1}{x}\right) = -\frac{1}{1-x} - \frac{1}{x} \quad \therefore\ y_2 = \frac{1}{x}$$

(2) $xy'' + 2y' + xy = 0$: $y = \sum_{m=0}^{\infty} a_m x^{m+r}$

$xy'' + 2y' + xy$

$$= x\sum_{m=0}^{\infty}(m+r)(m+r-1)a_m x^{m+r-2} + 2\sum_{m=0}^{\infty}(m+r)a_m x^{m+r-1} + x\sum_{m=0}^{\infty}a_m x^{m+r}$$

$$= \sum_{m=0}^{\infty}(m+r)(m+r-1)a_m x^{m+r-1} + 2\sum_{m=0}^{\infty}(m+r)a_m x^{m+r-1} + \sum_{m=0}^{\infty}a_m x^{m+r+1}$$

$$= \sum_{s=-1}^{\infty}(s+r+1)(s+r)a_{s+1}x^{s+r} + 2\sum_{s=-1}^{\infty}(s+r+1)a_{s+1}x^{s+r} + \sum_{s=1}^{\infty}a_{s-1}x^{s+r}$$

$$= [r(r-1)+2r]a_0 x^{r-1} + [(r+1)r + 2(r+1)]a_1 x^r$$

$$+ \sum_{s=1}^{\infty}[(s+r+1)(s+r)a_{s+1} + 2(s+r+1)a_{s+1} + a_{s-1}]x^{s+r}$$

$$= r(r+1)a_0 x^{r-1} + (r+1)(r+2)a_1 x^r$$

$$+ \sum_{s=1}^{\infty}[(s+r+1)(s+r+2)a_{s+1} + a_{s-1}]x^{s+r} = 0$$

$r(r+1)=0$ 에서 $r=0,\ -1$

(i) $r=0$ 일 때

x^r 의 계수식에서 $a_1=0$ 이고 x^{s+r} 의 계수식에서

$$a_{s+1}=-\frac{a_{s-1}}{(s+2)(s+1)}\quad(s=1,2,\cdots).$$

$$s=1:\ a_2=-\frac{a_0}{3\cdot 2}=-\frac{a_0}{3!}$$

$$s=2:\ a_3=-\frac{a_1}{4\cdot 3}=-\frac{0}{4\cdot 3}=0$$

$$s=3:\ a_4=-\frac{a_2}{5\cdot 4}=-\frac{1}{5\cdot 4}\left(-\frac{a_0}{3!}\right)=\frac{a_0}{5!}$$

$$\cdots$$

에서 $a_{2n+1}=0$, $a_{2n}=\dfrac{(-1)^n}{(2n+1)!}a_0$ $(n=0,1,\cdots)$ 이다. $a_0=1$ 로 택하면

$$y_1=\sum_{m=0}^{\infty}a_m x^{m+0}=\sum_{n=0}^{\infty}a_{2n}x^{2n}+\sum_{n=0}^{\infty}a_{2n+1}x^{2n+1}$$

$$=\sum_{n=0}^{\infty}\frac{(-1)^n}{(2n+1)!}x^{2n}+\sum_{n=0}^{\infty}0\cdot x^{2n+1}=\frac{1}{x}\sum_{n=0}^{\infty}\frac{(-1)^n}{(2n+1)!}x^{2n+1}=\frac{\sin x}{x}$$

(ii) $r=-1$ 일 때

x^r 의 계수식에서 $a_1=0$ 이고 x^{s+r} 의 계수식에서

$$a_{s+1}=-\frac{a_{s-1}}{(s+1)s}\quad(s=1,2,\cdots).$$

$$s=1:\ a_2=-\frac{a_0}{2\cdot 1}=-\frac{a_0}{2!}$$

$$s=2:\ a_3=-\frac{a_1}{3\cdot 2}=-\frac{0}{3\cdot 2}=0$$

$$s=3:\ a_4=-\frac{a_2}{4\cdot 3}=-\frac{1}{4\cdot 3}\left(-\frac{a_0}{2!}\right)=\frac{a_0}{4!}$$

$$\cdots$$

에서 $a_{2n+1}=0$, $a_{2n}=\dfrac{(-1)^n}{(2n)!}a_0$ $(n=0,1,\cdots)$ 이다. $a_0=1$ 로 택하면

$$y_2=\sum_{m=0}^{\infty}a_m x^{m-1}=\frac{1}{x}\left(\sum_{n=0}^{\infty}a_{2n}x^{2n}+\sum_{n=0}^{\infty}a_{2n+1}x^{2n+1}\right)$$

$$=\frac{1}{x}\left[\sum_{n=0}^{\infty}\frac{(-1)^n}{(2n)!}x^{2n}+\sum_{n=0}^{\infty}0\cdot x^{2n+1}\right]=\frac{1}{x}\sum_{n=0}^{\infty}\frac{(-1)^n}{(2n)!}x^{2n}=\frac{\cos x}{x}$$

따라서 $y=c_1\dfrac{\sin x}{x}+c_2\dfrac{\cos x}{x}$.

Note: $p=\dfrac{2}{x}$ 이므로 $e^{-\int p\,dx}=e^{-\int 2/x\,dx}=e^{-2\ln x}=\dfrac{1}{x^2}$

$$y_2=y_1\int\frac{e^{-\int p\,dx}}{y_1^2}dx=\frac{\sin x}{x}\int\frac{1}{x^2}\frac{x^2}{\sin^2 x}dx=\frac{\sin x}{x}\int\frac{dx}{\sin^2 x}$$

$$= \frac{\sin x}{x}(-\cot x) = -\frac{\cos x}{x} \quad \text{또는 } y_2 = \frac{\cos x}{x} \text{ 로 구해도 좋다.}$$

(3) $xy'' + (1-2x)y' + (x-1)y = 0$: $y = \sum_{m=0}^{\infty} a_m x^{m+r}$

$$\sum_{m=0}^{\infty}(m+r)(m+r-1)a_m x^{m+r-1} + \sum_{m=0}^{\infty}(m+r)a_m x^{m+r-1}$$

$$-2\sum_{m=0}^{\infty}(m+r)a_m x^{m+r} + \sum_{m=0}^{\infty}a_m x^{m+r+1} - \sum_{m=0}^{\infty}a_m x^{m+r} = 0$$

$$\sum_{s=-1}^{\infty}(s+r+1)(s+r)a_{s+1}x^{s+r} + \sum_{s=-1}^{\infty}(s+r+1)a_{s+1}x^{s+r}$$

$$-2\sum_{s=0}^{\infty}(s+r)a_s x^{s+r} + \sum_{s=1}^{\infty}a_{s-1}x^{s+r} - \sum_{s=0}^{\infty}a_s x^{s+r} = 0$$

$$[r(r-1)+r]a_0 x^{r-1} + [(r+1)ra_1 + (r+1)a_1 - 2ra_0 - a_0]x^r$$

$$+\sum_{s=1}^{\infty}[(s+r+1)(s+r)a_{s+1} + (s+r+1)a_{s+1} - 2(s+r)a_s + a_{s-1} - a_s]x^{s+r} = 0$$

결정방정식 : $r(r-1)+r = r^2 = 0 \rightarrow r = 0$ (중근)

(i) $r=0$ 일 때

x^r 의 계수에서 $a_1 = a_0$ 이고 x^{s+r} 의 계수는 $(s+1)s\,a_{s+1} + (s+1)a_{s+1} - 2s\,a_s + a_{s-1} - a_s = 0$ 이므로

$$(s+1)^2 a_{s+1} - (2s+1)a_s + a_{s-1} = 0 \qquad (s = 1,2,\cdots)$$

또는

$$(s+1)^2 a_{s+1} - (s+1)a_s = s\,a_s - a_{s-1}$$

이다. 이를

$$(s+1)[(s+1)a_{s+1} - a_s] = s\,a_s - a_{s-1}$$

로 나타내고 $b_s = s\,a_s - a_{s-1}$ 로 놓으면 위 식은

$$(s+1)b_{s+1} = b_s \quad \text{또는} \quad b_{s+1} = \frac{b_s}{s+1}$$

이다. $b_1 = a_1 - a_0 = 0$ 이므로 $b_s = 0$ 즉, $b_s = s\,a_s - a_{s-1} = 0$, $(s = 1,2,\cdots)$ 이다.

$$\therefore\ a_s = \frac{a_{s-1}}{s} \text{ 에서 } a_m = \frac{a_0}{m!} \ (m = 0,1,\cdots) \text{ 이다. } a_0 = 1 \text{ 로 놓으면}$$

$$y_1 = \sum_{m=0}^{\infty} a_m x^{m+0} = \sum_{m=0}^{\infty}\frac{x^m}{m!} = e^x$$

(ii) $p = \frac{1-2x}{x} = \frac{1}{x} - 2$, $\int p\,dx = \int\left(\frac{1}{x} - 2\right)dx = \ln x - 2x$, $e^{-\int p\,dx} = e^{-\ln x + 2x} = \frac{1}{x}e^{2x}$

$$\therefore\ y_2 = y_1\int\frac{e^{-\int p\,dx}}{y_1^2}dx = e^x\int\frac{\frac{1}{x}e^{2x}}{e^{2x}}dx = e^x\int\frac{dx}{x} = e^x\ln x$$

따라서 $y = c_1e^x + c_2e^x\ln x$.

3. (1) $2xy''+5y'+xy=0$; $y=\sum_{m=0}^{\infty}a_m x^{m+r}$

$2xy''+5y'+xy$

$$=2x\sum_{m=0}^{\infty}(m+r)(m+r-1)a_m x^{m+r-2}+5\sum_{m=0}^{\infty}(m+r)a_m x^{m+r-1}+x\sum_{m=0}^{\infty}a_m x^{m+r}$$

$$=2\sum_{s=-1}^{\infty}(s+r+1)(s+r)a_{s+1}x^{s+r}+5\sum_{s=-1}^{\infty}(s+r+1)a_{s+1}x^{s+r}+\sum_{s=1}^{\infty}a_{s-1}x^{s+r}$$

$$=[2r(r-1)+5r]a_0x^{r-1}+[2(r+1)r+5(r+1)]a_1x^r$$

$$+\sum_{s=1}^{\infty}\{[2(s+r+1)(s+r)+5(s+r+1)]a_{s+1}+a_{s-1}\}x^{s+r}$$

$$=r(2r+3)a_0x^{r-1}+(2r^2+7r+5)a_1x^r$$

$$+\sum_{s=1}^{\infty}[(s+r+1)(2s+2r+5)a_{s+1}+a_{s-1}]x^{s+r}=0$$

이다. $a_0\neq 0$ 이므로 $r(2r+3)=0$ 에서 $r=0,\ -3/2$ 이고 $(2r^2+7r+5)a_1=0$ 에서 $a_1=0$,

$$a_{s+1}=-\frac{a_{s-1}}{(s+r+1)(2s+2r+5)},\ (s=1,2,\cdots).$$

(i) $r=0$ 일 때

$$a_{s+1}=-\frac{a_{s-1}}{(s+1)(2s+5)},\ (s=1,2,\cdots)$$

$$s=1:\ a_2=-\frac{a_0}{2\cdot 7}$$

$$s=2:\ a_3=-\frac{a_1}{3\cdot 9}=\frac{0}{3\cdot 9}=0$$

$$s=3:\ a_4=-\frac{a_2}{4\cdot 11}=-\frac{1}{4\cdot 11}\left(-\frac{a_0}{2\cdot 7}\right)=\frac{a_0}{(2\cdot 4)(7\cdot 11)}$$

$$s=4:\ a_5=-\frac{a_3}{5\cdot 13}=-\frac{0}{5\cdot 13}=0$$

$$\cdots$$

$a_0=1$ 로 택하면

$$a_{2n}=\frac{(-1)^n}{(2\cdot 4\cdot\ \cdots\ \cdot 2n)[7\cdot 11\cdot\ \cdots\ \cdot(4n+3)]},\ (n=1,2,\cdots),$$

$$a_{2n+1}=0,\ (n=0,1,\cdots)$$

$$\therefore\ y_1(x)=\sum_{m=0}^{\infty}a_m x^{m+0}=a_0+\sum_{n=0}^{\infty}a_{2n+1}x^{2n+1}+\sum_{n=1}^{\infty}a_{2n}x^{2n}$$

$$=1+0+\sum_{n=1}^{\infty}\frac{(-1)^n}{(2\cdot 4\cdot\ \cdots\ \cdot 2n)[7\cdot 11\cdot\ \cdots\ \cdot(4n+3)]}x^{2n}=1-\frac{x^2}{14}+\frac{x^4}{616}-\cdots$$

(ii) $r=-3/2$ 일 때

$$a_{s+1}=-\frac{a_{s-1}}{(s-1/2)(2s+2)}=-\frac{a_{s-1}}{(s+1)(2s-1)},\ (s=1,2,\cdots)$$

$$s=1: \ a_2=-\frac{a_0}{2\cdot 1}$$

$$s=2: \ a_3=-\frac{a_1}{3\cdot 3}==-\frac{0}{3\cdot 3}=0$$

$$s=3: \ a_4=-\frac{a_2}{4\cdot 5}=-\frac{1}{4\cdot 5}\left(-\frac{a_0}{2\cdot 1}\right)=\frac{a_0}{(2\cdot 4)(1\cdot 5)}$$

$$s=4: \ a_5=-\frac{a_3}{5\cdot 7}=-\frac{0}{5\cdot 7}=0$$

$$\cdots$$

$a_0=1$로 택하면

$$a_{2n}=\frac{(-1)^n}{(2\cdot 4\cdot \cdots \cdot 2n)[1\cdot 5\cdot \cdots \cdot (4n-3)]}, \ (n=1,2,\cdots)$$

$$a_{2n+1}=0, \ (n=0,1,\cdots)$$

$$\therefore \ y_2(x)=\sum_{m=0}^{\infty}a_m x^{m-3/2}=x^{-3/2}\left(a_0+\sum_{n=0}^{\infty}a_{2n+1}x^{2n+1}+\sum_{n=1}^{\infty}a_{2n}x^{2n}\right)$$

$$=x^{-3/2}\left(1+0+\sum_{n=1}^{\infty}\frac{(-1)^n}{(2\cdot 4\cdot \cdots \cdot 2n)[1\cdot 5\cdot \cdots \cdot (4n-3)]}x^{2n}\right)$$

$$=x^{-3/2}\left(1-\frac{x^2}{2}+\frac{x^4}{40}-\cdots\right)$$

일반해는 $y=c_1y_1+c_2y_2$.

(2) $xy''+y=0$; $y=\sum_{m=0}^{\infty}a_m x^{m+r}$

$$xy''+y=x\sum_{m=0}^{\infty}(m+r)(m+r-1)a_m x^{m+r-2}+\sum_{m=0}^{\infty}a_m x^{m+r}$$

$$=\sum_{m=0}^{\infty}(m+r)(m+r-1)a_m x^{m+r-1}+\sum_{m=0}^{\infty}a_m x^{m+r}$$

$$=\sum_{s=-1}^{\infty}(s+r+1)(s+r)a_{s+1}x^{s+r}+\sum_{s=0}^{\infty}a_s x^{s+r}$$

$$=r(r-1)a_0x^{r-1}+\sum_{s=0}^{\infty}[(s+r+1)(s+r)a_{s+1}+a_s]x^{s+r}=0$$

이다. $a_0\neq 0$이므로 $r(r-1)=0$에서 $r=0, \ 1$이고

$$a_{s+1}=-\frac{a_s}{(s+r+1)(s+r)}, \ (s=0,1,\cdots).$$

$r=1$일 때

$$a_{s+1}=-\frac{a_s}{(s+2)(s+1)}$$

$$s=0: \ a_1=-\frac{a_0}{2\cdot 1}=-\frac{a_0}{2!\cdot 1!}$$

$$s=1: \ a_2=-\frac{a_1}{3\cdot 2}=-\frac{1}{3\cdot 2}\left(-\frac{a_0}{2!\cdot 1!}\right)=\frac{a_0}{3!\cdot 2!}$$

$$s=2: \ a_3=-\frac{a_2}{4\cdot 3}=-\frac{1}{4\cdot 3}\left(\frac{a_0}{3!\cdot 2!}\right)=-\frac{a_0}{4!\cdot 3!}$$

$$s=3: \ a_4=-\frac{a_3}{5\cdot 4}=-\frac{1}{5\cdot 4}\left(-\frac{a_0}{4!\cdot 3!}\right)=\frac{a_0}{5!\cdot 4!}$$

$$\cdots$$

$a_0=1$ 로 택하면 $a_m=\dfrac{(-1)^m}{(m+1)!m!}$, $(n=1,2,\cdots)$

$$\therefore \ y_1(x)=\sum_{m=0}^{\infty} a_m x^{m+1}=\sum_{m=0}^{\infty}\frac{(-1)^m}{(m+1)!m!}x^{m+1}$$

$$=x-\frac{1}{2}x^2+\frac{1}{12}x^3-\frac{1}{144}x^4+\frac{1}{2880}x^5-\cdots$$

두 번째 해는

$$y_2=y_1\int\frac{e^{-\int p dx}}{y_1^2}dx=y_1\int\frac{e^{-\int 0 dx}}{y_1^2}dx=y_1\int\frac{dx}{y_1^2}dx$$

$$=y_1\int\frac{dx}{\left(x-\frac{1}{2}x^2+\frac{1}{12}x^3-\frac{1}{144}x^4+\frac{1}{2880}x^5-\cdots\right)^2}$$

$$=y_1\int\frac{dx}{x^2-x^3+\frac{5}{12}x^4-\frac{7}{72}x^5+\cdots}=y_1\int\frac{dx}{x^2\left(1-x+\frac{5}{12}x^2-\frac{7}{72}x^3+\cdots\right)}$$

$$=y_1\int\frac{1}{x^2}\left(1+x+\frac{7}{12}x^2+\frac{19}{72}x^3+\cdots\right)dx=y_1\int\left(\frac{1}{x^2}+\frac{1}{x}+\frac{7}{12}+\frac{19}{72}x+\cdots\right)dx$$

$$=y_1\left(-\frac{1}{x}+\ln x+\frac{7}{12}x+\frac{19}{144}x^2+\cdots\right)$$

일반해는 $y=c_1y_1+c_2y_1\left(-\dfrac{1}{x}+\ln x+\dfrac{7}{12}x+\dfrac{19}{144}x^2+\cdots\right)$.

4.6 Bessel 방정식

1. (1) $x^2y''+xy'+\left(x^2-\dfrac{1}{9}\right)y=0$; $y=c_1J_{1/3}(x)+c_2J_{-1/3}(x)$ 또는 $y=c_1J_{1/3}(x)+c_2Y_{1/3}(x)$

(2) $x^2y''+xy'+(x^2-25)y=0$; $y=c_1J_5(x)+c_2Y_5(x)$

(3) $4x^2y''+4xy'+(100x^2-9)y=0$;

양변을 4로 나누면 매개변수형 Bessel 방정식 $x^2y''+xy'+\left(25x^2-\dfrac{9}{4}\right)y=0$

$$\therefore \ y=c_1J_{3/2}(5x)+c_2Y_{3/2}(5x).$$

(4) $\dfrac{d}{dx}\left(x\dfrac{dy}{dx}\right)+\left(x-\dfrac{4}{x}\right)y=0$;

좌변의 미분을 수행하면 $y'+xy''+\left(x-\dfrac{4}{x}\right)=0$ 이고 양변에 x를 곱하면 $\nu=2$인 Bessel 미방

$$x^2y''+xy'+(x^2-4)y=0 \ \therefore \ y=c_1J_2(x)+c_2Y_2(x)$$

(5) $xy''+y'+\dfrac{1}{4}y=0$ (치환 $z^2=x$ 사용) ; $z^2=x$ 에서 $2z\dfrac{dz}{dx}=1$ 이므로

$$\frac{dy}{dx}=\frac{dy}{dz}\frac{dz}{dx}=\frac{1}{2z}\frac{dy}{dz}$$

$$\frac{d^2y}{dx^2}=\frac{d}{dx}\left(\frac{dy}{dx}\right)=\frac{d}{dz}\left(\frac{1}{2z}\frac{dy}{dz}\right)\frac{dz}{dx}=\left(-\frac{1}{2z^2}\frac{dy}{dz}+\frac{1}{2z}\frac{d^2y}{dz^2}\right)\frac{1}{2z}$$

$$=-\frac{1}{4z^3}\frac{dy}{dz}+\frac{1}{4z^2}\frac{d^2y}{dz^2}$$

따라서, 주어진 미방은

$$z^2\left(-\frac{1}{4z^3}\frac{dy}{dz}+\frac{1}{4z^2}\frac{d^2y}{dz^2}\right)+\frac{1}{2z}\frac{dy}{dz}+\frac{1}{4}y=0 \quad \text{또는} \quad z^2\frac{d^2y}{dz^2}+z\frac{dy}{dz}+z^2y=0$$

$$\to\ y(z)=c_1 J_0(z)+c_2 Y_0(z) \qquad \therefore\ y(x)=c_1 J_0(\sqrt{x}\,)+c_2 Y_0(\sqrt{x}\,)$$

(6) $xy''+5y'+xy=0$ (치환 $y=u/x^2$ 사용) ;

$$y'=\frac{dy}{dx}=\frac{u'x^2-u\cdot 2x}{x^4}=\frac{xu'-2u}{x^3}$$

$$y''=\left(\frac{xu'-2u}{x^3}\right)'=\frac{(u'+xu''-2u')x^3-(xu'-2u)3x^2}{x^6}=\frac{x^2u''-4xu'+6u}{x^4}$$

이므로 주어진 미방은

$$x\cdot\left(\frac{x^2u''-4xu'+6u}{x^4}\right)+5\left(\frac{xu'-2u}{x^3}\right)+x\left(\frac{u}{x^2}\right)=0 \quad \text{또는} \quad x^2u''+xu'+(x^2-4)u=0$$

$$\to\ u=c_1 J_2(x)+c_2 Y_2(x)\ \therefore\ y=x^{-2}[c_1 J_2(x)+c_2 Y_2(x)]$$

2. Bessel 함수의 성질 (5)의 $\left[x^{-\nu}J_\nu(x)\right]'=-x^{-\nu}J_{\nu+1}(x)$ 에서 $\nu=0$ 이면

$$J_0'(x)=-J_1(x).$$

Bessel 함수의 성질 (6)의 $J_{\nu-1}(x)-J_{\nu+1}(x)=2J_\nu'(x)$ 에서 $\nu=2$ 이면

$$J_1(x)-J_3(x)=2J_2'(x) \quad \text{또는} \quad J_2'(x)=\frac{1}{2}[J_1(x)-J_3(x)].$$

3. $J_0(x)=\sum_{m=0}^{\infty}\frac{(-1)^m}{2^{2m}(m!)^2}x^{2m}$, $J_1(x)=\sum_{m=0}^{\infty}\frac{(-1)^m}{2^{2m+1}(m!)(m+1)!}x^{2m+1}$ 에서

$$J_0'(x)=\sum_{m=1}^{\infty}\frac{(-1)^m 2m}{2^{2m}(m!)^2}x^{2m-1}=\sum_{m=1}^{\infty}\frac{(-1)^m}{2^{2m-1}m!\,(m-1)!}x^{2m-1}$$

여기서 $m-1=s$ 로 놓으면

$$J_0'(x)=\sum_{s=0}^{\infty}\frac{(-1)^{s+1}}{2^{2s+1}s!(s+1)!}x^{2s+1}=-\sum_{s=0}^{\infty}\frac{(-1)^s}{2^{2s+1}s!(s+1)!}x^{2s+1}=-J_1(x)$$

4. $J_n(x)=x^n\sum_{m=0}^{\infty}\frac{(-1)^m}{2^{2m+n}m!(n+m)!}x^{2m}$ 에서

$$\left|\frac{a_{m+1}}{a_m}\right|=\frac{\dfrac{1}{2^{2(m+1)+n}(m+1)!\,(n+m+1)!}}{\dfrac{1}{2^{2m+n}m!\,(n+m)!}}=\frac{1}{4(m+1)(n+m+1)}$$

$$\frac{1}{R} = \lim_{m\to\infty}\left|\frac{a_{m+1}}{a_m}\right| = 0 \qquad \therefore R = \infty$$

5. Bessel 함수의 성질 (5)의 $[x^{\nu}J_{\nu}(x)]' = x^{\nu}J_{\nu-1}(x)$에 $\nu = 1$을 적용하면 $[xJ_1(x)]' = xJ_0(x)$이므로

$$\int_0^b xJ_0(x)\,dx = xJ_1(x)\Big|_0^b = bJ_1(b).$$

6. (1)

$$\Gamma\left(0+\frac{3}{2}\right) = \frac{1}{2}\Gamma\left(\frac{1}{2}\right) = \frac{1}{2}\sqrt{\pi} = \frac{1!}{2^1 0!}\sqrt{\pi}$$

$$\Gamma\left(1+\frac{3}{2}\right) = \frac{3}{2}\Gamma\left(\frac{3}{2}\right) = \frac{3}{2}\frac{1!}{2^1 0!}\sqrt{\pi} = \frac{3}{2}\frac{2}{2\cdot 1}\frac{1!}{2^1 0!}\sqrt{\pi} = \frac{3!}{2^3 1!}\sqrt{\pi}$$

$$\Gamma\left(2+\frac{3}{2}\right) = \frac{5}{2}\Gamma\left(\frac{5}{2}\right) = \frac{5}{2}\frac{3!}{2^3 1!}\sqrt{\pi} = \frac{5}{2}\frac{4}{2\cdot 2}\frac{3!}{2^3 1!}\sqrt{\pi} = \frac{5!}{2^5 2!}\sqrt{\pi}$$

$$\Gamma\left(3+\frac{3}{2}\right) = \frac{7}{2}\Gamma\left(\frac{7}{2}\right) = \frac{7}{2}\frac{5!}{2^5 2!}\sqrt{\pi} = \frac{7}{2}\frac{6}{2\cdot 3}\frac{5!}{2^5 2!}\sqrt{\pi} = \frac{7!}{2^7 3!}\sqrt{\pi}$$

일반적으로

$$\Gamma(m+3/2) = \frac{(2m+1)!}{2^{2m+1}m!}\sqrt{\pi}.$$

(2) $J_{1/2}(x) = \sum_{m=0}^{\infty}\frac{(-1)^m}{2^{2m+1/2}m!\Gamma(m+3/2)}x^{2m+1/2}$에 $\Gamma(m+3/2) = \frac{(2m+1)!}{2^{2m+1}m!}\sqrt{\pi}$를 대입하면

$$J_{1/2}(x) = \sum_{m=0}^{\infty}\frac{(-1)^m}{2^{2m+1/2}m!\Gamma(m+3/2)}x^{2m+1/2} = \sum_{m=0}^{\infty}\frac{(-1)^m}{2^{2m+1/2}m!\dfrac{(2m+1)!}{2^{2m+1}m!}\sqrt{\pi}}x^{2m+1/2}$$

$$= \sum_{m=0}^{\infty}\frac{(-1)^m}{2^{2m+1/2}m!\dfrac{(2m+1)!}{2^{2m+1}m!}\sqrt{\pi}}x^{2m+1/2} = \sqrt{\frac{2}{\pi x}}\sum_{m=0}^{\infty}\frac{(-1)^m}{(2m+1)!}x^{2m+1} = \sqrt{\frac{2}{\pi x}}\sin x$$

7. (1) 변형 Bessel 방정식 $x^2y'' + xy' - (x^2+\nu^2)y = 0$은 $x^2y'' + xy' + [(ix)^2 - \nu^2]y = 0$로 나타낼 수 있으며 이는 $\lambda = i$인 매개변수형 Bessel 방정식이므로 하나의 해는 $J_{\nu}(ix)$이다. $I_{\nu}(x) = i^{-\nu}J_{\nu}(ix)$, 즉 $J_{\nu}(ix)$의 상수배이므로 $I_{\nu}(x)$도 해이다.

(2) $I_{\nu}(x) = i^{-\nu}J_{\nu}(ix) = i^{-\nu}\sum_{m=0}^{\infty}\frac{(-1)^m}{2^{2m+\nu}m!\Gamma(m+\nu+1)}(ix)^{2m+\nu}$

$$= \sum_{m=0}^{\infty}\frac{(-1)^m}{2^{2m+\nu}m!\Gamma(m+\nu+1)}x^{2m+\nu}i^{2m}$$

여기서, $i^{2m} = (-1)^m$ 이고, $(-1)^m(-1)^m = (-1)^{2m} = 1$ 이므로

$$I_{\nu}(x) = \sum_{m=0}^{\infty}\frac{x^{2m+\nu}}{2^{2m+\nu}m!\Gamma(m+\nu+1)}.$$

제5장
초기값 문제의 수치해법

5.1 수치해석의 기초

1. Convergent. If k is large enough, $1/k$ is evaluated as zero by a computer due to the finite digit arithmetic. So, $\sum_{k=1}^{\infty}\frac{1}{k}$ becomes the sum of finite terms, and it appears to be convergent. Since $\lim_{k\to N}\frac{1}{k}=0$ for some finite N in a computer,

$$\sum_{k=1}^{\infty}\frac{1}{k}=\frac{1}{1}+\frac{1}{2}+\cdots+\frac{1}{N}+0+0+\cdots=\sum_{k=1}^{N}\frac{1}{k}.$$

2. (Sample Fortran Program)

```
      integer n, nsum
      read(*,*) n
      nsum=0
      i=0
   10 i=i+1
      nsum=nsum+i
      if(i.ge.n) goto 20
      goto 10
   20 write(*,*) ' nsum=', nsum
      stop
      end
```

N=100일 때 NSUM=5050

3. $p=0.7391$, 반복계산 14회

4.

$$x_1^{(\ell)}=\frac{1}{10}(9+x_2^{(\ell-1)})$$

$$x_2^{(\ell)}=\frac{1}{10}(7+x_1^{(\ell)}+2x_3^{(\ell-1)})$$

$$x_3^{(\ell)}=\frac{1}{10}(8+2x_2^{(\ell)})$$

$\ell=1$: $x_1^{(1)}=\frac{1}{10}(9+0)=0.9$

$$x_2^{(1)}=\frac{1}{10}(7+0.9+2\cdot 0)=0.79$$

$$x_3^{(1)}=\frac{1}{10}(8+2\cdot 0.79)=0.958$$

$$\vdots$$

x_i \ ℓ	0	1	2	3	4
x_1	0	0.9000	0.9790	0.9990	0.9999
x_2	0	0.7900	0.9895	0.9995	1.000
x_3	0	0.9580	0.9979	0.9999	1.000

5. $\dfrac{y_{i+1}-2y_i+y_{i-1}}{h^2}-4y_i=0$ or $y_{i-1}-2.25y_i+y_{i+1}=0$

$$i=1:\quad y_0-2.25y_1+y_2=0$$
$$i=2:\quad y_1-2.25y_2+y_3=0$$
$$i=3:\quad y_2-2.25y_3+y_4=0$$

With $y_0=0$ and $y_4=5$, these equations make the tridiagonal linear system

$$\begin{bmatrix}-2.25 & 1 & 0\\ 1 & -2.25 & 1\\ 0 & 1 & -2.25\end{bmatrix}\begin{bmatrix}y_1\\ y_2\\ y_3\end{bmatrix}=\begin{bmatrix}0\\ 0\\ -5\end{bmatrix}$$

The solutions are

$$y_1=0.7256,\ y_2=1.6327,\ y_3=2.9479.$$

The true solution is $y=\dfrac{5}{\sinh 2}\sinh 2x$.

$$y_1=y(0.25)=\frac{5}{\sinh 2}\sinh(2\cdot 0.25)=0.7184$$
$$y_2=y(0.5)=\frac{5}{\sinh 2}\sinh(2\cdot 0.5)=1.620$$
$$y_3=y(0.75)=\frac{5}{\sinh 2}\sinh(2\cdot 0.75)=2.935$$

5.2 초기값 문제의 수치해법

1. $y'=2xy,\ y(1)=1,\ y(1.5)=?$ with $h=0.1$.

Exact Solution : $y(x)=e^{x^2-1}$

(1) Heun's method.

Using $x_0=1,\ y_0=1$ and $h=0.1$,

$$y_1=y_0+\frac{1}{4}(k_1+3k_2),\ k_1=hf(x_0,y_0),\ k_2=hf\left(x_0+\frac{2}{3}h,y_0+\frac{2}{3}k_1\right),\ y_1=1.231333375$$

$$y_2=y_1+\frac{1}{4}(k_1+3k_2),\ k_1=hf(x_1,y_1),\ k_2=hf\left(x_1+\frac{2}{3}h,y_1+\frac{2}{3}k_1\right),\ y_2=1.546144366$$

$$y_3=y_2+\frac{1}{4}(k_1+3k_2),\ k_1=hf(x_2,y_2),\ k_2=hf\left(x_2+\frac{2}{3}h,y_2+\frac{2}{3}k_1\right),\ y_3=1.979683280$$

$$y_4=y_3+\frac{1}{4}(k_1+3k_2),\ k_1=hf(x_3,y_3),\ k_2=hf\left(x_3+\frac{2}{3}h,y_3+\frac{2}{3}k_1\right),\ y_4=2.584542513$$

$y_5 = y_0 + \frac{1}{4}(k_1 + 3k_2),\ k_1 = hf(x_4, y_4),\ k_2 = hf\left(x_4 + \frac{2}{3}h, y_4 + \frac{2}{3}k_1\right),\ y_5 = 3.440198421$

$$\therefore\ y(1.5) = 3.440198421$$

x_i	M-Euler	Heun's	RK order 4	Exact
1.0	1.000000	1.000000	1.000000	1.0000000
1.1	1.232000	1.23133	1.233674	1.233678
1.2	1.547885	1.546144	1.552695	1.552707
1.3	1.983150	1.979683	1.993687	1.993716
1.4	2.590787	2.584542	2.611633	2.611697
1.5	3.450929	3.440198	3.490211	3.490344

2. Exact Solution of $y' - y = -t^2 + 1$

$I.F = e^{-\int dt} = e^{-t},\ (e^{-t}y)' = e^{t}(-t^2+1),\ e^{-t}y = \int e^{-t}(-t^2+1)dt = t^2e^{-t} + 2te^{-t} + e^{-t} + c$

$y = t^2 + 2t + 1 + ce^t$

From I.C, $y = t^2 + 2t + 1 - \frac{1}{2}e^t\ \therefore\ y(0.5) = 1.42563936$ (True solution).

t_i	Euler	M-Euler	RK order 4	Exact
0.0	0.5000000	0.5000000	0.5000000	0.5000000
0.1	0.6554982	0.6573085	0.6574144	0.6574145
0.2	0.8253385	0.8290777	0.8292983	0.8292986
0.3	1.0089334	1.0147253	1.0150701	1.0150706
0.4	1.2056345	1.2136078	1.2140869	1.2140877
0.5	1.4147264	1.4250139	1.4256384	1.4256394
Error at 0.5	7.65×10^{-3}	4.37×10^{-4}	1.04×10^{-6}	-

3. $2i_1 + 6(i_1 - i_2) + 2\frac{di_1}{dt} = 12$ --- (1) $\frac{1}{0.5}\int i_2 dt + 4i_2 + 6(i_2 - i_1) = 0$ --- (2)

Using the Laplace transform,

$$2I_1 + 6(I_1 - I_2) + 2sI_1 = \frac{12}{s},\ 2I_2 + 4sI_2 + 6(sI_2 - sI_1) = 0$$

$$I_1 = \frac{3}{2}\frac{1}{s} - \frac{27}{8}\frac{1}{(s+2)} + \frac{15}{8}\frac{1}{(s+2/5)},\ I_2 = -\frac{9}{4}\frac{1}{(s+2)} + \frac{9}{4}\frac{1}{(s+2/5)}.$$

Hence,

$$i_1(t) = -3.375e^{-2t} + 1.875e^{-0.4t} + 1.5,\ i_2(t) = 2.25(e^{-0.4t} - e^{-2t})$$

Differentiating Eq.(2) and arranging gives

$$i_1' = f_1(i_1, i_2) = -4i_1 + 3i_2 + 6$$

$$i_2'(t) = f_2(i_1, i_2) = -2.4i_1 + 1.6i_2 + 3.6\ .$$

With $i_{10} = i_{20} = 0$,

$k_{11} = hf_1(i_{10}, i_{20}) = h[-4i_{10} + 3i_{20} + 6] = 0.1[-4 \cdot 0 + 3 \cdot 0 + 6] = 0.6$

$k_{21} = hf_2(i_{10}, i_{20}) = h[-2.4i_{10} + 1.6i_{20} + 3.6] = 0.1[-2.4 \cdot 0 + 1.6 \cdot 0 + 3.6] = 0.36$

$k_{12} = hf_1(i_{10} + k_{11}/2, i_{20} + k_{21}/2) = 0.1[-4(0 + 0.6/2) + 3(0 + 0.36/2) + 6] = 0.534$

$k_{22} = hf_2(i_{10} + k_{11}/2, i_{20} + k_{21}/2) = 0.1[-2.4(0 + 0.6/2) + 1.6(0 + 0.36/2) + 3.6] = 0.3168$

$k_{13} = hf_1(i_{10} + k_{12}/2, i_{20} + k_{22}/2) = 0.1[-4(0 + 0.534/2) + 3(0 + 0.3168/2) + 6] = 0.5407$

$k_{23} = hf_2(i_{10} + k_{12}/2, i_{20} + k_{22}/2) = 0.1[-2.4(0 + 0.534/2) + 1.6(0 + 0.3168/2) + 3.6] = 0.321264$

$k_{14} = hf_1(i_{10} + k_{13}, i_{20} + k_{23}) = 0.1[-4(0 + 0.54072) + 3(0 + 0.32164) + 6] = 0.480091$

$k_{24} = hf_2(i_{10} + k_{13}, i_{20} + k_{23}) = 0.1[-2.4(0 + 0.54072) + 1.6(0 + 0.321264) + 3.6] = 0.281629$

$$\begin{aligned} i_{11} &= i_{10} + \frac{1}{6}(k_{11} + 2k_{12} + 2k_{13} + 2k_{14}) \\ &= 0 + \frac{1}{6}(0.6 + 2 \cdot 0.534 + 2 \cdot 0.54072 + 0.4800912) = 0.538255 \\ i_{21} &= i_{20} + \frac{1}{6}(k_{21} + 2k_{22} + 2k_{23} + 2k_{24}) \\ &= 0 + \frac{1}{6}(0.36 + 2 \cdot 0.3168 + 2 \cdot 0.321264 + 0.28162944) = 0.319626 \end{aligned}$$

Similarly,

$$i_1(0.2) = i_{12} = 0.968498, \quad i_2(0.2) = i_{22} = 0.568782.$$

Exact solutions

$$i_1(0.2) = -3.375e^{-2(0.2)} + 1.875e^{-0.4(0.2)} + 1.5 = 0.968513$$

$$i_2(0.2) = 2.25[e^{-0.4(0.2)} - e^{-2(0.2)}] = 0.568792$$

제6장 벡터와 벡터공간

6.1 벡터의 기초이론

1. 원점으로부터 거리가 5인 점은 반지름이 5인 원 위의 모든 점을 나타내고, $\boldsymbol{r}=3\boldsymbol{i}+4\boldsymbol{j}$는 $|\boldsymbol{r}|=5$의 크기와 $\tan\theta=4/3$인 방향을 갖는 점의 정확한 위치를 나타냄.

2. $W=T_1\cos\theta_1+T_2\cos\theta_2 \leqq T_1+T_2 \quad \therefore T_1+T_2 \geqq W$

3. θ에 따라 다름. 속도는 벡터량임.

4.
$$2\boldsymbol{a}=2[-2,1,-1]=[-4,2,-2]$$
$$\boldsymbol{a}+\boldsymbol{b}=[-2,1,-1]+[1,0,-3]=[-1,1,-4]$$
$$\boldsymbol{a}-\boldsymbol{b}=[-2,1,-1]-[1,0,-3]=[-3,1,2]$$
$$|\boldsymbol{a}+\boldsymbol{b}|=\sqrt{(-1)^2+(1)^2+(-4)^2}=\sqrt{18}$$
$$|\boldsymbol{a}-\boldsymbol{b}|=\sqrt{(-3)^2+(1)^2+(2)^2}=\sqrt{14}$$

5. $\boldsymbol{P_1P_2}=\boldsymbol{OP_2}-\boldsymbol{OP_1}=[2,3,1]-[-1,1,0]=[3,2,1]$

6. $\boldsymbol{OP_1}=[x,y]$라 하면, $\boldsymbol{OP_2}=[-3,10]$이므로

$\boldsymbol{P_1P_2}=\boldsymbol{OP_2}-\boldsymbol{OP_1}=[-3,10]-[x,y]=[-3-x,10-y]=[4,8]$에서

$x=-7$, $y=2$. 따라서 $\boldsymbol{OP_1}=[-7,2]$, 즉 $P_1=(-7,2)$.

7. $2\boldsymbol{a}-3\boldsymbol{b}=[-5,4]$, $|2\boldsymbol{a}-3\boldsymbol{b}|=\sqrt{(-5)^2+4^2}=\sqrt{41} \quad \therefore \ \boldsymbol{c}=\dfrac{1}{\sqrt{41}}[-5,4]$

8. $\boldsymbol{a}=[-2,-3]=c_1\boldsymbol{b}+c_2\boldsymbol{c}=c_1[1,1]+c_2[1,-1]=[c_1+c_2,c_1-c_2]$에서

$c_1=-5/2$, $c_2=1/2 \qquad \therefore \ \boldsymbol{a}=-\dfrac{5}{2}\boldsymbol{b}+\dfrac{1}{2}\boldsymbol{c}$

9. $y'(2)=\left.\dfrac{x}{2}\right|_{x=2}=1$이므로 접선의 방정식은 $y-2=1(x-2)$ 또는 $y=x$이다.

단위접선벡터를 $\boldsymbol{T}=[a,a]$라 하면 $|\boldsymbol{T}|=\sqrt{a^2+a^2}=\sqrt{2}|a|=1$에서 $a=\pm1/\sqrt{2}$.

따라서, $\boldsymbol{T}=\dfrac{1}{\sqrt{2}}[1,1]$ 또는 $\boldsymbol{T}=-\dfrac{1}{\sqrt{2}}[1,1]$.

10. $\boldsymbol{a}=\dfrac{\Delta \boldsymbol{V}}{\Delta t}$이므로 크기는 $|\boldsymbol{a}|=\dfrac{|\Delta \boldsymbol{V}|}{\Delta t}=\dfrac{|\boldsymbol{V_B}-\boldsymbol{V_A}|}{\Delta t}=\dfrac{10}{2}=5$ [m/s^2],

방향은 $\Delta \boldsymbol{V}$와 같은 위쪽.

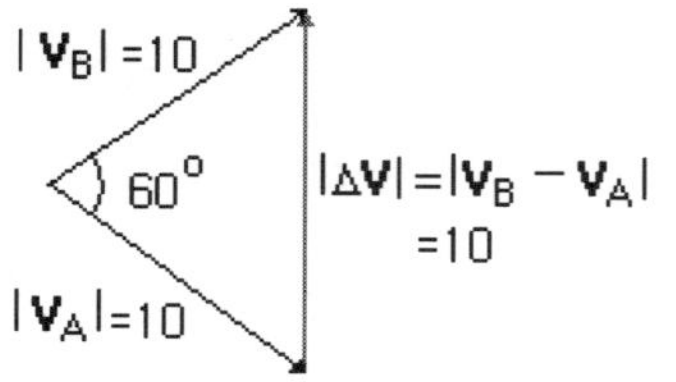

$|\mathbf{V}_B|=10$

$60°$ $|\Delta\mathbf{V}|=|\mathbf{V}_B-\mathbf{V}_A|$
$=10$

$|\mathbf{V}_A|=10$

11. $F_1\sin45° - F_2\sin30° = 0$, $F_1\cos45° + F_2\cos30° = 100$

$$\therefore\ F_1 = \frac{100\sqrt{2}}{\sqrt{3}+1},\ F_2 = \frac{200}{\sqrt{3}+1}$$

12. 분열 전 운동량이 0이었으므로 쪼개진 두 원자핵의 운동량은 크기가 같고 반대방향이다.

6.2 벡터의 내적

1. $\boldsymbol{a}=[a_1,a_2,a_3]$, $\boldsymbol{b}=[b_1,b_2,b_3]$ $\rightarrow$ $\boldsymbol{a}\cdot\boldsymbol{b}=a_1b_1+a_2b_2+a_3b_3$ (생략)

2. 공간벡터에 대한 내적의 연산법칙 (생략)

3. $\boldsymbol{a}\cdot\boldsymbol{b}=|\boldsymbol{a}||\boldsymbol{b}|\cos\theta = 8\cdot 3\cdot\cos\frac{\pi}{6}=12\sqrt{3}$

4. (1) $|\boldsymbol{a}|^2 = 2^2+(-3)^2+4^2=29$

(2) $\boldsymbol{a}\cdot\boldsymbol{a}=|\boldsymbol{a}|^2=29$

(3) $\boldsymbol{a}\cdot\boldsymbol{b}=[2,-3,4]\cdot[-1,2,5]=12$

(4) $\boldsymbol{b}\cdot\boldsymbol{c}=[-1,2,5]\cdot[3,6,-1]=4$ $\therefore$ $(\boldsymbol{b}\cdot\boldsymbol{c})\boldsymbol{a}=4\boldsymbol{a}=[8,-12,16]$

5. $\boldsymbol{a}\cdot\boldsymbol{b}=6-2c+12=0$ 에서 $c=9$

6. $\boldsymbol{a}\cdot\boldsymbol{v}=3v_1+v_2-1=0$ 과 $\boldsymbol{b}\cdot\boldsymbol{v}=-3v_1+2v_2+2=0$ 에서 $v_1=4/9$, $v_2=-1/3$

7. $|\boldsymbol{a}|=\sqrt{2}$, $|\boldsymbol{b}|=1$, $|\boldsymbol{b}-\boldsymbol{a}|=\sqrt{5}$ 이므로

$|\boldsymbol{b}-\boldsymbol{a}|^2=|\boldsymbol{b}|^2-2\boldsymbol{a}\cdot\boldsymbol{b}+|\boldsymbol{a}|^2$ 에서 $\vec{a}\cdot\vec{b}=-1$

$$\cos\theta=\frac{\boldsymbol{a}\cdot\boldsymbol{b}}{|\boldsymbol{a}||\boldsymbol{b}|}=\frac{-1}{\sqrt{2}\cdot 1}=-\frac{1}{\sqrt{2}},\ \theta=\cos^{-1}\left(-\frac{1}{\sqrt{2}}\right)=\frac{3}{4}\pi=135°$$

8. $|\boldsymbol{a}+\boldsymbol{b}|^2+|\boldsymbol{a}-\boldsymbol{b}|^2=|\boldsymbol{a}|^2-2\boldsymbol{a}\cdot\boldsymbol{b}+|\boldsymbol{b}|^2+|\boldsymbol{a}|^2+2\boldsymbol{a}\cdot\boldsymbol{b}+|\boldsymbol{b}|^2=2(|\boldsymbol{a}|^2+|\boldsymbol{b}|^2)$

9. 점 A 를 원점으로 하면 $\boldsymbol{AC}=[1,1,0]$, $\boldsymbol{AE}=[1/2,1/2,1]$ 이므로

$$\cos\theta = \frac{\boldsymbol{AC}\cdot\boldsymbol{AE}}{|\boldsymbol{AC}||\boldsymbol{AE}|} = \frac{1}{\sqrt{2}\cdot\frac{\sqrt{3}}{\sqrt{2}}} = \frac{1}{\sqrt{3}} \quad \therefore\ \theta = \cos^{-1}\frac{1}{\sqrt{3}} = 0.955 = 54.7^\circ$$

10. $\boldsymbol{a} = [5,7,4]$, $|\boldsymbol{a}| = \sqrt{5^2+7^2+4^2} = 3\sqrt{10}$

$$\cos\alpha = \frac{a_1}{|\boldsymbol{a}|} = \frac{5}{3\sqrt{10}},\quad \alpha = \cos^{-1}\frac{5}{3\sqrt{10}} \simeq 58.19^\circ$$

$$\cos\beta = \frac{a_2}{|\boldsymbol{a}|} = \frac{7}{3\sqrt{10}},\quad \beta = \cos^{-1}\frac{7}{3\sqrt{10}} \simeq 42.45^\circ$$

$$\cos\gamma = \frac{a_3}{|\boldsymbol{a}|} = \frac{4}{3\sqrt{10}},\quad \gamma = \cos^{-1}\frac{4}{3\sqrt{10}} \simeq 65.06^\circ$$

11. $\boldsymbol{a}$ 와 $\boldsymbol{b}$ 가 수직이므로 $\boldsymbol{a}\cdot\boldsymbol{b} = 0$ 이다. $\boldsymbol{a} = [a_1,a_2,a_3]$, $\boldsymbol{b} = [b_1,b_2,b_3]$ 라 하면

$$\cos\alpha_1\cos\alpha_2 + \cos\beta_1\cos\beta_2 + \cos\gamma_1\cos\gamma_2 = \frac{a_1}{|\boldsymbol{a}|}\frac{b_1}{|\boldsymbol{b}|} + \frac{a_2}{|\boldsymbol{a}|}\frac{b_2}{|\boldsymbol{b}|} + \frac{a_3}{|\boldsymbol{a}|}\frac{b_3}{|\boldsymbol{b}|}$$

$$= \frac{a_1b_1 + a_2b_2 + a_3b_3}{|\boldsymbol{a}||\boldsymbol{b}|} = \frac{\boldsymbol{a}\cdot\boldsymbol{b}}{|\boldsymbol{a}||\boldsymbol{b}|} = 0$$

12. $W = Fd\cos\theta = (3\cdot 9.8)(10)\cos 60^\circ = 147$ [N-m]

13. 그림 참고.

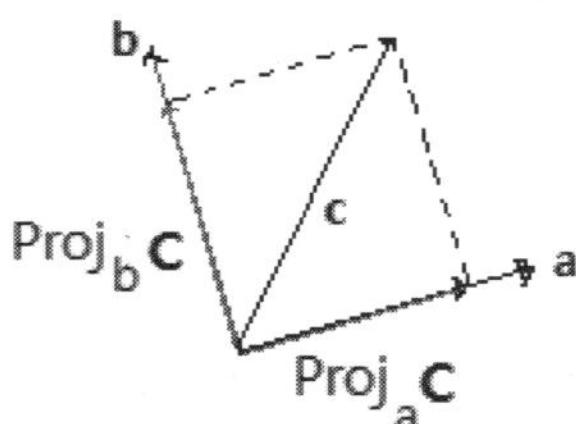

$|\boldsymbol{a}|^2 = 9$, $\boldsymbol{a}\cdot\boldsymbol{c} = 15$ 이므로

$$\mathrm{Proj}_{\boldsymbol{a}}\boldsymbol{c} = \frac{\boldsymbol{a}\cdot\boldsymbol{c}}{|\boldsymbol{a}|^2}\boldsymbol{a} = \frac{5}{3}[2,1,2]$$

$$\mathrm{Proj}_{\boldsymbol{b}}\boldsymbol{c} = \boldsymbol{c} - \mathrm{Proj}_{\boldsymbol{a}}\boldsymbol{c} = [3,-1,5] - \frac{5}{3}[2,1,2] = [-1/3,-8/3,5/3]$$

14. (1) $\boldsymbol{n}\cdot\boldsymbol{P_0P_2} = [a,b]\cdot[x_2-x_0, y_2-y_0] = a(x_2-x_0) + b(y_2-y_0)$

$$= ax_2 + by_2 - (ax_0 + by_0) = -c + c = 0$$

(2) $s = |\boldsymbol{P_0Q}|\cos\theta = \dfrac{|\boldsymbol{n}\cdot\boldsymbol{P_0Q}|}{|\boldsymbol{n}|} = \dfrac{|[a,b]\cdot[x_1-x_0, y_1-y_0]|}{\sqrt{a^2+b^2}}$

$$= \frac{|a(x_1-x_0) + b(y_1-y_0)|}{\sqrt{a^2+b^2}} = \frac{|ax_1 + by_1 - (ax_0+by_0)|}{\sqrt{a^2+b^2}} = \frac{|ax_1+by_1+c|}{\sqrt{a^2+b^2}}$$

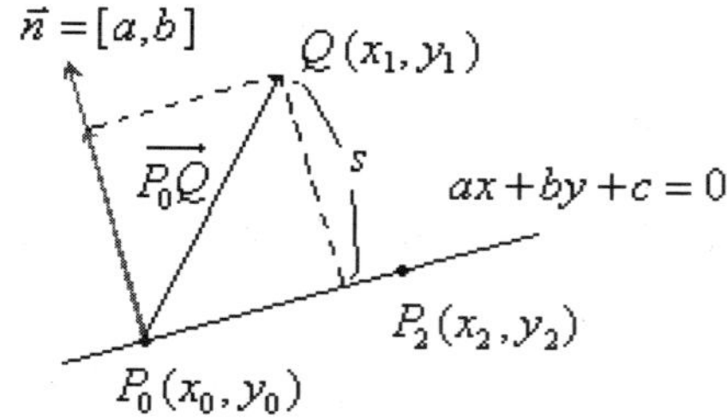

6.3 벡터의 외적

1. $\boldsymbol{a}\times\boldsymbol{b}=\begin{vmatrix} \boldsymbol{i} & \boldsymbol{j} & \boldsymbol{k} \\ 2 & -1 & 2 \\ -1 & 3 & -1 \end{vmatrix}=-5\boldsymbol{i}+5\boldsymbol{k}=[-5,0,5]$, $|\vec{a}\times\vec{b}|=\sqrt{(-5)^2+0^2+5^2}=5\sqrt{2}$

2. $\boldsymbol{P_1P_2}=[0,1,1]$, $\boldsymbol{P_1P_3}=[1,2,2]$. $\boldsymbol{P_1P_2}\times\boldsymbol{P_1P_3}=\begin{vmatrix} \boldsymbol{i} & \boldsymbol{j} & \boldsymbol{k} \\ 0 & 1 & 1 \\ 1 & 2 & 2 \end{vmatrix}=\boldsymbol{j}-\boldsymbol{k}=[0,1,-1]$

3. $\boldsymbol{c}=\boldsymbol{a}\times\boldsymbol{b}=\begin{vmatrix} \boldsymbol{i} & \boldsymbol{j} & \boldsymbol{k} \\ -1 & -2 & 4 \\ 4 & -1 & 0 \end{vmatrix}=[4,16,9]$. $|\boldsymbol{c}|=\sqrt{4^2+16^2+9^2}=\sqrt{353}$

$\therefore \boldsymbol{c}=\pm\dfrac{1}{\sqrt{353}}[4,16,9]$

4. $\boldsymbol{AB}=[-1,3,0]$, $\boldsymbol{DC}=[-1,3,0]$

$\boldsymbol{AB}=\boldsymbol{DC}$ 이므로 $\overline{AB}\ //\ \overline{DC}$ 즉, 도형 ABCD는 평행사변형.

$\boldsymbol{AD}=[-1,-3,\ 4]$ 이므로 $\boldsymbol{AB}\times\boldsymbol{AD}=\begin{vmatrix} \boldsymbol{i} & \boldsymbol{j} & \boldsymbol{k} \\ -1 & 3 & 0 \\ -1 & -3 & 4 \end{vmatrix}=[12,4,6]$.

넓이= $|\boldsymbol{AB}\times\boldsymbol{AC}|=\sqrt{12^2+4^2+6^2}=14$

5. $\boldsymbol{P_1P_2}=[0,1,2]$, $\boldsymbol{P_1P_3}=[2,2,0]$. $\boldsymbol{P_1P_2}\times\boldsymbol{P_1P_3}=\begin{vmatrix} \boldsymbol{i} & \boldsymbol{j} & \boldsymbol{k} \\ 0 & 1 & 2 \\ 2 & 2 & 0 \end{vmatrix}=[-4,4,-2]$

넓이$=\dfrac{1}{2}|\boldsymbol{P_1P_2}\times\boldsymbol{P_1P_3}|=\dfrac{1}{2}\sqrt{(-4)^2+4^2+(-2)^2}=3$

6. $\boldsymbol{a}\times\boldsymbol{b}=\begin{vmatrix} \boldsymbol{i} & \boldsymbol{j} & \boldsymbol{k} \\ 4 & 6 & 0 \\ -2 & 6 & -6 \end{vmatrix}=[-36,24,36]$. $(\boldsymbol{a}\times\boldsymbol{b})\cdot\boldsymbol{c}=[-36,\ 24,\ 36]\cdot[5/2,3,1/2]=0$

즉, $\boldsymbol{a}$, $\boldsymbol{b}$는 $\boldsymbol{a}\times\boldsymbol{b}$에 수직, $\boldsymbol{c}$ 도 $\boldsymbol{a}\times\boldsymbol{b}$ 에 수직이므로 $\boldsymbol{a}$, $\boldsymbol{b}$, $\boldsymbol{c}$ 는 같은 평면 위의 벡터.

7. $\boldsymbol{a}=[a_1,a_2,a_3]$, $\boldsymbol{b}=[b_1,b_2,b_3]$, $\boldsymbol{c}=[c_1,c_2,c_3]$ 라 하면

$$\boldsymbol{a}\times(\boldsymbol{b}+\boldsymbol{c})=\begin{vmatrix} \boldsymbol{i} & \boldsymbol{j} & \boldsymbol{k} \\ a_1 & a_2 & a_3 \\ b_1+c_1 & b_2+c_2 & b_3+c_3 \end{vmatrix}$$

$$=[a_2(b_3+c_3)-a_3(b_2+c_2)]\boldsymbol{i}-[a_1(b_3+c_3)-a_3(b_1+c_1)]\boldsymbol{j}+[a_1(b_1+c_3)-a_3(b_1+c_1)]\boldsymbol{k}$$

$$=(a_2b_3-a_3b_2)\boldsymbol{i}-(a_1b_3-a_3b_1)\boldsymbol{j}+(a_1b_3-a_3b_1)\boldsymbol{k}$$

$$+(a_2c_3-a_3c_2)\boldsymbol{i}-(a_1c_3-a_3c_1)\boldsymbol{j}+(a_1c_3-a_3c_1)\boldsymbol{k}=\boldsymbol{a}\times\boldsymbol{b}+\boldsymbol{a}\times\boldsymbol{c}$$

8. 방향은 $\boldsymbol{r}$과 $\boldsymbol{F}$에 수직인 지면 안쪽이고 크기는 $|\tau|=|\boldsymbol{r}\times\boldsymbol{F}|=|\boldsymbol{r}||\boldsymbol{F}|\sin\theta$ 이다. $\theta=90°$ 일 때 $|\tau|$가 최대이다.

9. $(\boldsymbol{a}\ \boldsymbol{b}\ \boldsymbol{c})=\begin{vmatrix} 2 & 0 & 3 \\ 0 & 6 & 2 \\ 3 & 3 & 0 \end{vmatrix}=-66$. 따라서 부피는 $66/6=11$.

6.4 직선과 평면

1. $\boldsymbol{n}_1=[3,1]$, $\boldsymbol{n}_2=[2,-1]$. $\cos\theta=\dfrac{\boldsymbol{n}_1\cdot\boldsymbol{n}_2}{|\boldsymbol{n}_1||\boldsymbol{n}_2|}=\dfrac{5}{\sqrt{10}\sqrt{5}}=\dfrac{1}{\sqrt{2}}$. $\therefore\ \theta=\pi/4$.

2. 직선 $x+y+1=0$의 법선벡터는 $\boldsymbol{n}_1=[1,1]$. 구하는 직선의 방정식을 $ax+by=0$로 놓으면 법선벡터는 $\boldsymbol{n}_2=[a,b]$. $\boldsymbol{n}_1\cdot\boldsymbol{n}_2=a+b=0$에서 $b=-a$. 따라서, 구하는 직선의 방정식은 $ax-ay=0$ 또는 $x-y=0$.

3. 직선 $y=2x+1$은 $2x-y+1=0$이므로 $\boldsymbol{n}=[2,-1]$, $|\boldsymbol{n}|=\sqrt{5}$. 직선 위에 점 $P(0,1)$을 택하면 $\boldsymbol{PQ}=[1,0]$이므로 $\boldsymbol{n}\cdot\boldsymbol{PQ}=[2,-1]\cdot[1,0]=2$. 따라서 $s=\dfrac{|\boldsymbol{n}\cdot\boldsymbol{PQ}|}{|\boldsymbol{n}|}=\dfrac{2}{\sqrt{5}}$.

4. (1) $\boldsymbol{n}=[4,-2,0]$ 이므로 $4x-2y+0z+d=0$. $(1,2,5)$를 포함하므로 $4x-2y=0$ 또는 $2x-y=0$.

(2) 평면 위의 두 벡터는 $\boldsymbol{a}=[2-3,3-5,1-2]=[-1,-2,-1]$, $\boldsymbol{b}=[-4,-6,2]$이므로

$$\boldsymbol{n}=\boldsymbol{a}\times\boldsymbol{b}=\begin{vmatrix} \boldsymbol{i} & \boldsymbol{j} & \boldsymbol{k} \\ -1 & -2 & -1 \\ -4 & -6 & 2 \end{vmatrix}=[-10,6,-2]$$

따라서, 평면의 방정식은 $-10x+6y-2z+d=0$이고, 점 $(3,5,2)$를 포함하므로 $d=4$.

$$-10x+6y-2z+4=0 \text{ 또는 } 5x-3y+z-2=0.$$

(3) $5x-y+z-d=0$에서 $(0,0)$을 포함하므로 $5x-y+z=0$.

(4) $\boldsymbol{j}=[0,1,0]$에 수직인 평면은 $y+d=0$이고 $(-7,-5,18)$을 포함하므로 $y=-5$.

(5) $\boldsymbol{n}=[1,2,3]$ 이므로 $x+2y+3z+d=0$이고 $(3,1,-1)$을 포함하므로
$x+2y+3z-2=0$

5. $\boldsymbol{n}=[1,1,1]$ 이므로 평면의 방정식은 $x+y+z+d=0$. 평면 위의 임의의 점 $P(-d,0,0)$ 을 택하면 $Q(0,0,0)$ 일 때 $\boldsymbol{PQ}=[d,0,0]$.

$$\boldsymbol{n}\cdot\boldsymbol{PQ}=[1,1,1]\cdot[d,0,0]=d,\ s=\frac{|\boldsymbol{n}\cdot\boldsymbol{PQ}|}{|\boldsymbol{n}|}=\frac{|d|}{\sqrt{3}}=5$$

에서 $d=\pm 5\sqrt{3}$. 따라서 구하는 평면의 방정식은 $x+y+z\pm 5\sqrt{3}=0$.

6. (1) $\boldsymbol{r}_0=[0,0,0]$, $\boldsymbol{u}=[5,9,4]$, $\boldsymbol{r}(t)=\boldsymbol{r}_0+t\boldsymbol{u}=[0,0,0]+t[5,9,4]=[5t,9t,4t]$

또는 $x=5t$, $y=9t$, $z=4t$ 에서 $\dfrac{x}{5}=\dfrac{y}{9}=\dfrac{z}{4}$

(2) $\boldsymbol{r}_0=[1,2,1]$, $\boldsymbol{u}=[3-1,5-2,-2-1]=[2,3,-3]$

$\boldsymbol{r}(t)=\boldsymbol{r}_0+t\boldsymbol{u}=[1,2,1]+t[2,3,-3]=[1+2t,2+3t,1-3t]$

또는 $x=1+2t$, $y=2+3t$, $z=1-3t$ 에서 $\dfrac{x-1}{2}=\dfrac{y-2}{3}=\dfrac{1-z}{3}$

7. xz-평면과 yz-평면에 평행한 벡터를 $\boldsymbol{k}=[0,0,1]$로 놓으면

$\boldsymbol{r}(t)=[2,-2,15]+t[0,0,1]=[2,-2,15+t]$, 즉, $x=2$, $y=-2$, $z=15+t$

이므로 직선의 방정식은 $x=2$, $y=-2$, $-\infty<z<\infty$

8. xy-평면$(z=0)$: $z=9+3t=0$, $t=-3$ $\rightarrow$ $x=10$, $y=-5$ $\therefore$ $(10,-5,0)$

yz-평면$(x=0)$: $x=4-2t=0$, $t=2$ $\rightarrow$ $y=5$, $z=15$ $\therefore$ $(0,5,15)$

zx-평면$(y=0)$: $y=1+2t=0$, $t=-1/2$ $\rightarrow$ $x=5$, $z=15/2$ $\therefore$ $(5,0,15/2)$

9. (1) $4+t=6+2s$, $5+t=11+4s$, $-1+2t=-3+s$ $\rightarrow$ $t=s=-2$ $\therefore$ $(2,3,-5)$

(2) $2-t=4+s$, $3+t=1+s$, $1+t=1-s$ 를 만족하는 t, s가 없으므로 교차하지 않음.

10. 첫 번째 직선은 $\dfrac{x-4}{-1}=\dfrac{y-3}{2}=\dfrac{z}{-2}$ 이므로 방향벡터는 $\boldsymbol{u}_1=[-1,2,-2]$이고

두 번째 직선은 $\dfrac{x-5}{2}=\dfrac{y-1}{3}=\dfrac{z-5}{-6}$ 이므로 방향벡터는 $\boldsymbol{u}_2=[2,3,-6]$

따라서 두 직선이 이루는 각은

$$\cos\theta=\frac{\boldsymbol{u}_1\cdot\boldsymbol{u}_2}{|\boldsymbol{u}_1|\,|\boldsymbol{u}_2|}=\frac{16}{3\cdot 7}=\frac{16}{21}\ \text{에서}\ \theta=\cos^{-1}\frac{16}{21}=40.37^\circ$$

11. 평면 $x+y+z-7=0$의 법선벡터는 $\boldsymbol{n}=[1,1,1]$. 구하려는 평면에 포함된 직선에 평행한 벡터가 $\boldsymbol{u}=[3,-1,5]$이므로 구하려는 평면의 법선벡터는

$$\boldsymbol{n}\times\boldsymbol{u}=\begin{vmatrix}\boldsymbol{i} & \boldsymbol{j} & \boldsymbol{k}\\ 1 & 1 & 1\\ 3 & -1 & 5\end{vmatrix}=[6,-2,-4]\ \text{또는}\ [3,-1,-2].$$

따라서, 평면의 방정식은 $3x-y-2z+d=0$ 인데 직선의 방정식에서 $t=0$일 때 점 $(4,0,1)$을 지나므로 $d=-10$. 따라서 구하는 평면의 방정식은 $3x-y-2z-10=0$.

12. $z=t$로 놓으면 $2x-3y=1-4t$, $x-y=5+t$ 에서 $x=14+7t$, $y=9+6t$ 이므로

교선의 매개 방정식 : $x=14+7t$, $y=9+6t$, $z=t$

벡터 방정식 : $\boldsymbol{r}(t)=[14,9,0]+t[7,6,1]=[14+7t,9+6t,t]$ 이다.

대칭 방정식 : $\dfrac{x-14}{7}=\dfrac{y-9}{6}=z$

13. $x-1=\dfrac{y+2}{2}=\dfrac{z}{4}=t$로 놓으면 $x=1+t$, $y=-2+2t$, $z=4t$. 이를 평면의 방정식 $3x-2y+z=-5$에 대입하면 $3(1+t)-2(-2+2t)+(4t)=-5$에서 $t=-4$이므로 $x=1+t=-3$, $y=-10$, $z=-16$이므로 교점은 $(-3,-10,-16)$.

14. 직선에 평행한 벡터는 $\boldsymbol{u}=[2,-1,1]$이므로 $|\boldsymbol{u}|=\sqrt{6}$ $t=0$일 때 $x=y=z=0$이므로 직선 위의 임의의 점을 $P(0,0,0)$로 택하면 $\boldsymbol{PQ}=[0,0,3]$

$$\boldsymbol{PQ}\times\boldsymbol{u}=\begin{vmatrix} \boldsymbol{i} & \boldsymbol{j} & \boldsymbol{k} \\ 0 & 0 & 3 \\ 2 & -1 & 1 \end{vmatrix}=[3,6,0],\ |\boldsymbol{PQ}|=\sqrt{45}$$

따라서, $s=\dfrac{|\boldsymbol{PQ}\times\boldsymbol{u}|}{|\boldsymbol{u}|}=\dfrac{\sqrt{45}}{\sqrt{6}}=\sqrt{15/2}$.

15. 직선 위에 임의의 점 $P(x_0,y_0)$를 택하면 점 $Q(x_1,y_1)$과 직선 사이의 거리는 $|\boldsymbol{PQ}|\sin\theta$와 같다. 벡터 외적에서 $|\boldsymbol{PQ}\times\boldsymbol{u}|=|\boldsymbol{PQ}||\boldsymbol{u}|\sin\theta$이므로 $\boldsymbol{PQ}=[x_1-x_0,y_1-y_0]$, $\boldsymbol{u}=[-b,a]$에서

$$\boldsymbol{PQ}\times\boldsymbol{u}=\begin{vmatrix} \boldsymbol{i} & \boldsymbol{j} & \boldsymbol{k} \\ x_1-x_0 & y_1-y_0 & 0 \\ -b & a & 0 \end{vmatrix}=[0,\ 0,\ a(x_1-x_0)+b(y_1-y_0)],$$

$$|\boldsymbol{PQ}\times\boldsymbol{u}|=|a(x_1-x_0)+b(y_1-y_0)|=|ax_1+by_1+c|.$$

따라서, $s=|\boldsymbol{PQ}|\sin\theta=\dfrac{|\boldsymbol{PQ}||\boldsymbol{u}|\sin\theta}{|\boldsymbol{u}|}=\dfrac{|\boldsymbol{PQ}\times\boldsymbol{u}|}{|\boldsymbol{u}|}=\dfrac{|ax_1+by_1+c|}{\sqrt{a^2+b^2}}$.

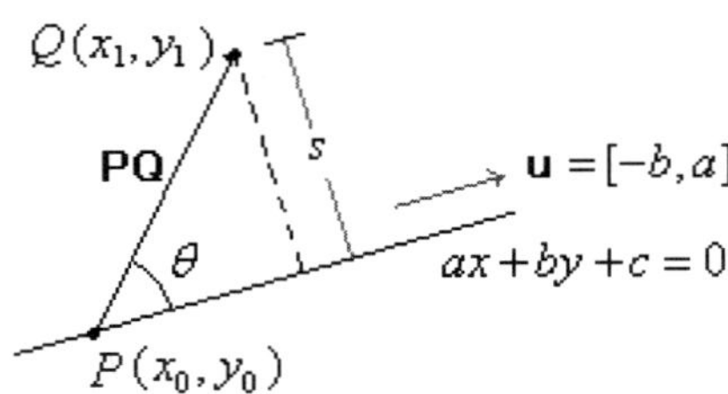

16. 아래 그림에서

$$\boldsymbol{r}(t)=\boldsymbol{r}_0+t\boldsymbol{u}\ \ (-\infty<t<\infty).$$

위 식에 $\boldsymbol{r}=[x,y]$, $\boldsymbol{r}_0=[x_0,y_0]$, $\boldsymbol{u}=[a,b]$를 대입하면 $[x,y]=[x_0,y_0]+t[a,b]=[x_0+ta,y_0+tb]$에서

$$x=x_0+ta,\ y=y_0+tb$$

이고, 두 식에서 t를 소거하면

$$\frac{x-x_0}{a}=\frac{y-y_0}{b} \quad \text{또는} \quad y-y_0=\frac{b}{a}(x-x_0)$$

가 되어 기울기가 b/a 이고 점 (x_0,y_0)를 지나는 직선의 방정식이 된다. 여기서 벡터 $\boldsymbol{u}=[a,b]$의 기울기는 당연히 b/a 이다.

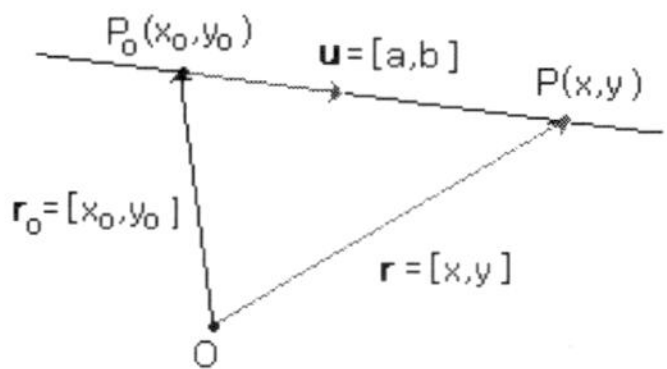

6.5 벡터공간

1. (1) 벡터공간. $\boldsymbol{a}=[a,-a]$, $\boldsymbol{b}=[b,-b]$일 때

$\boldsymbol{c}=k_1\boldsymbol{a}+k_2\boldsymbol{b}=k_1[a,-a]+k_2[b,-b]=[k_1a+k_2b,-k_1a-k_2b]=[c_1,c_2]$에서

$c_1+c_2=0$을 만족하는 등 10가지 공리를 모두 만족.

(2) 아님. 공리 (i) 불만족. $\boldsymbol{a}=[a_1,a_2]$ $(a_2=3a_1+1)$, $\boldsymbol{b}=[b_1,b_2]$ $(b_2=3b_1+1)$일 때,

$\boldsymbol{a}+\boldsymbol{b}=[a_1+b_1,a_2+b_2]$에서

$$a_2+b_2=(3a_1+1)+(3b_1+1)=3(a_1+b_1)+2\neq 3(a_1+b_1)+1$$

(3) 아님. 공리 (vi) 불만족. $k\boldsymbol{a}=[ka_1,ka_2]$에서 $ka_1\geq 0$, $ka_2\geq 0$이 성립하지 않음.

(4) 벡터공간

2. (1) 부분공간. $f(1)=0$, $g(1)=0$일 때, $f(1)+g(1)=0+0=0$, $kf(1)=k\cdot 0=0$

이므로 닫힘공리 (i)과 (vi) 만족.

(2) 아님. 공리 (i) 불만족. $f(0)+g(0)=1+1=2\neq 1$

(3) 아님. 공리 (vi) 불만족. $f(x)\geq 0$일 때 $kf(x)\geq 0$이 성립하지 않음.

(4) 부분공간

3. (1) 부분공간

(2) 아님. 공리 (i), (vi) 불만족. $|\boldsymbol{a}|=1$, $|\boldsymbol{b}|=1$일 때, $|\boldsymbol{a}+\boldsymbol{b}|\neq 1$이고

$k\neq 1$인 스칼라 k에 대해 $|k\boldsymbol{a}|=k|\boldsymbol{a}|=k\neq 1$.

(3) 부분공간. Q_1, Q_2를 1차 이하의 다항식이라 할 때,

$$p_1(x)=(x-2)Q_1(x),\ p_2(x)=(x-2)Q_2(x)$$

이면 $p_1+p_2=(x-2)(Q_1+Q_2)$, $kp_1=k(x-2)Q_1$이고 Q_1+Q_2와 kQ_1도 1차 이하 다항식이므로 공리 (i), (vi)을 만족.

(4) 부분공간. $\int_a^b f(x)dx=0$, $\int_a^b g(x)dx=0$일 때,

$$\int_a^b f(x)dx+\int_a^b g(x)dx=0+0=0,\ k\int_a^b f(x)dx=k\cdot 0=0.$$

4. (1) 1차 종속 (2) 1차 종속 (3) 1차 독립 (4) 1차 종속

5. (1) $c_1\boldsymbol{u}_1 + c_2\boldsymbol{u}_2 + c_3\boldsymbol{u}_3 = c_1[1,0,0] + c_2[1,1,0] + c_3[1,1,1]$

$= [c_1 + c_2 + c_3, c_2 + c_3, c_3] = [0,0,0]$ 에서 $c_1 = c_2 = c_3 = 0$ $\therefore$ 1차 독립

(2) $c_1 + c_2 + c_3 = 3$, $c_2 + c_3 = 4$, $c_3 = -8$ 에서 $c_1 = -1$, $c_2 = 4$, $c_3 = -8$

$\therefore$ $\boldsymbol{a} = -\boldsymbol{u}_1 + 12\boldsymbol{u}_2 - 8\boldsymbol{u}_3$

6. (1) $c_1p_1 + c_2p_2 = c_1(x+1) + c_2(x-1) = (c_1 + c_2)x + (c_1 - c_2) = 0$ 에서

$c_1 + c_2 = 0$, $c_1 - c_2 = 0$ $\rightarrow$ $c_1 = c_2 = 0$ $\therefore$ 1차 독립

(2) $c_1 + c_2 = 5$, $c_1 - c_2 = 2$ 에서 $c_1 = 7/2$, $c_2 = 3/2$. $\therefore$ $p(x) = \dfrac{7}{2}p_1 + \dfrac{3}{2}p_2$

7. 10가지 공리를 모두 만족하므로 벡터공간. 두 벡터를 $\cos x$, $\sin x$ 라 하면 $c_1\cos x + c_2\sin x = 0$ 에서 $x = 0$ 일 때 $c_1 = 0$, $x = \pi/2$ 일 때 $c_2 = 0$ 이므로 1차 독립. 차원은 2, 기저는 $\cos x$, $\sin x$.

8. 특성방정식 $m^2 - 3m - 10 = (m+2)(m-5) = 0$ 에서 $m = -2, 5$.

따라서 해의 기저는 $\{e^{-2x}, e^{5x}\}$, 해공간의 차원은 2이다. 일반해는 $y = c_1e^{-2x} + c_2e^{5x}$.

제7장 행렬과 응용

7.1 행렬의 기초
7.2 행렬식
7.3 선형계와 가우스 소거법
7.4 행렬의 계급
7.5 역행렬
7.6 크래머 공식

7.1 행렬의 기초

1. $x^2=9$, $y=4x$ 에서 $x=\pm 3$, $y=\pm 12$

2. $\frac{1}{2}A=\begin{bmatrix}1/2 & -1/2\\ 1 & 1\end{bmatrix}$, $A+B=\begin{bmatrix}0 & 0\\ 2 & -1\end{bmatrix}$, $A-B=\begin{bmatrix}2 & -2\\ 2 & 5\end{bmatrix}$, $(A-B)^T=\begin{bmatrix}2 & 2\\ -2 & 5\end{bmatrix}$

3. $AB=\begin{bmatrix}1 & 2\\ 3 & -1\end{bmatrix}\begin{bmatrix}2 & 0\\ 1 & 1\end{bmatrix}=\begin{bmatrix}4 & 2\\ 5 & -1\end{bmatrix}$, $BA=\begin{bmatrix}2 & 0\\ 1 & 1\end{bmatrix}\begin{bmatrix}1 & 2\\ 3 & -1\end{bmatrix}=\begin{bmatrix}2 & 4\\ 4 & 1\end{bmatrix}$, $AB\neq BA$

4. $A=\begin{bmatrix}2 & 1\\ 6 & 3\\ 2 & 5\end{bmatrix}$, $A^T=\begin{bmatrix}2 & 6 & 2\\ 1 & 3 & 5\end{bmatrix}$. $AA^T=\begin{bmatrix}2 & 1\\ 6 & 3\\ 2 & 5\end{bmatrix}\begin{bmatrix}2 & 6 & 2\\ 1 & 3 & 5\end{bmatrix}=\begin{bmatrix}5 & 15 & 9\\ 15 & 45 & 27\\ 9 & 27 & 29\end{bmatrix}$ $\therefore$ 대칭행렬

5. $L=\begin{bmatrix}1 & 0\\ l_{21} & 1\end{bmatrix}$, $U=\begin{bmatrix}u_{11} & u_{12}\\ 0 & u_{22}\end{bmatrix}$ 로 놓으면

$A=LU=\begin{bmatrix}1 & 0\\ l_{21} & 1\end{bmatrix}\begin{bmatrix}u_{11} & u_{12}\\ 0 & u_{22}\end{bmatrix}=\begin{bmatrix}u_{11} & u_{12}\\ l_{21}u_{11} & l_{21}u_{12}+u_{22}\end{bmatrix}$ 에서 $L=\begin{bmatrix}1 & 0\\ 2 & 1\end{bmatrix}$, $U=\begin{bmatrix}1 & 1\\ 0 & -5\end{bmatrix}$.

6. 첫 해 : $[0.9 \quad 0.002]\begin{bmatrix}1,200\\ 98,800\end{bmatrix}=[1,278]$

둘째 해 : $[0.9 \quad 0.002]\begin{bmatrix}1,278\\ 98,722\end{bmatrix}=[1,348]$

셋째 해 : $[0.9 \quad 0.002]\begin{bmatrix}1,348\\ 98,652\end{bmatrix}=[1,411]$

7. $(A-B)^2=\begin{bmatrix}16 & -9\\ 0 & 1\end{bmatrix}$,

$$A^2-AB-BA+B^2=\begin{bmatrix}16 & -9\\ 0 & 1\end{bmatrix},\ A^2-2AB+B^2=\begin{bmatrix}19 & -13\\ 5 & -2\end{bmatrix}$$

$$\therefore\ (A-B)^2=A^2-AB-BA+B^2\neq A^2-2AB+B^2$$

8. (1) $\begin{bmatrix}y_1\\ y_2\end{bmatrix}=\begin{bmatrix}\cos\theta & -\sin\theta\\ \sin\theta & \cos\theta\end{bmatrix}\begin{bmatrix}x_1\\ x_2\end{bmatrix}$ 에서 $y_1=x_1\cos\theta-x_2\sin\theta$, $y_2=x_1\sin\theta+x_2\cos\theta$.

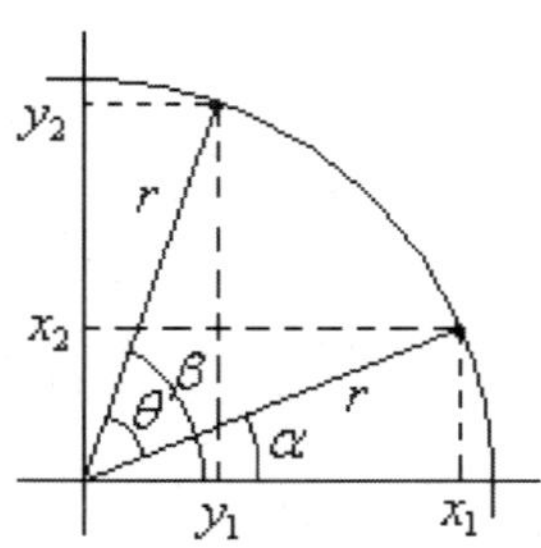

$\cos\alpha=\frac{x_1}{r}$, $\sin\alpha=\frac{x_2}{r}$, $\cos\beta=\frac{y_1}{r}$, $\sin\beta=\frac{y_2}{r}$ 이고, $\beta=\alpha+\theta$ 이므로

$$y_1 = r\cos\beta = r\cos(\alpha+\theta) = r(\cos\alpha\cos\theta - \sin\alpha\sin\theta) = r\left(\frac{x_1}{r}\cos\theta - \frac{x_2}{r}\sin\theta\right)$$
$$= x_1\cos\theta - x_2\sin\theta$$
$$y_2 = r\sin\beta = r\sin(\alpha+\theta) = r(\sin\alpha\cos\theta + \cos\alpha\sin\theta) = r\left(\frac{x_2}{r}\cos\theta + \frac{x_1}{r}\sin\theta\right)$$
$$= x_1\sin\theta + x_2\cos\theta$$

(2) $\boldsymbol{B} = \begin{bmatrix} \cos(-45^\circ) & -\sin(-45^\circ) \\ \sin(-45^\circ) & \cos(-45^\circ) \end{bmatrix} = \begin{bmatrix} 1/\sqrt{2} & 1/\sqrt{2} \\ -1/\sqrt{2} & 1/\sqrt{2} \end{bmatrix} = \frac{1}{\sqrt{2}}\begin{bmatrix} 1 & 1 \\ -1 & 1 \end{bmatrix}$

(3) 수학적 귀납법을 사용한다.

$n=1$일 때 $\boldsymbol{A}^1 = \begin{bmatrix} \cos\theta & -\sin\theta \\ \sin\theta & \cos\theta \end{bmatrix}$이고,

$\boldsymbol{A}^n = \begin{bmatrix} \cos n\theta & -\sin n\theta \\ \sin n\theta & \cos n\theta \end{bmatrix}$이 성립한다고 가정하면

$$\boldsymbol{A}^{n+1} = \boldsymbol{A}^n\boldsymbol{A} = \begin{bmatrix} \cos n\theta & -\sin n\theta \\ \sin n\theta & \cos n\theta \end{bmatrix}\begin{bmatrix} \cos\theta & -\sin\theta \\ \sin\theta & \cos\theta \end{bmatrix}$$
$$= \begin{bmatrix} \cos n\theta\cos\theta - \sin n\theta\sin\theta & -\cos n\theta\sin\theta - \sin n\theta\cos\theta \\ \sin n\theta\cos\theta + \cos n\theta\sin\theta & -\sin n\theta\sin\theta + \cos n\theta\cos\theta \end{bmatrix}$$
$$= \begin{bmatrix} \cos(n+1)\theta & -\sin(n+1)\theta \\ \sin(n+1)\theta & \cos(n+1)\theta \end{bmatrix}$$

이므로 모든 자연수 n에 대해 성립한다. $\boldsymbol{Y} = \boldsymbol{A}^n\boldsymbol{X}$ $n\theta$ 회전하는 1차 변환으로 θ씩 n번 회전하는 것과 같다.

9. $\boldsymbol{A} = [a_{ij}]_{m\times p}$, $\boldsymbol{B} = [b_{ij}]_{p\times q}$, $\boldsymbol{C} = [c_{ij}]_{q\times n}$라 하면

$$\boldsymbol{A}(\boldsymbol{BC}) = [a_{ij}]_{m\times p}([b_{ij}]_{p\times q}[c_{ij}]_{q\times n}) = [a_{ij}]_{m\times p}[d_{ij}]_{p\times n} = [e_{ij}]_{m\times n}$$

이 되는데, 여기서 $d_{ij} = \sum_{k=1}^{q} b_{ik}c_{kj}$, $e_{ij} = \sum_{k=1}^{p} a_{ik}d_{kj}$이다. 마찬가지로

$$(\boldsymbol{AB})\boldsymbol{C} = ([a_{ij}]_{m\times p}[b_{ij}]_{p\times q})[c_{ij}]_{q\times n} = [f_{ij}]_{m\times q}[c_{ij}]_{q\times n} = [g_{ij}]_{m\times n}$$

이고, 여기서 $f_{ij} = \sum_{k=1}^{p} a_{ik}b_{kj}$, $g_{ij} = \sum_{k=1}^{q} f_{ik}c_{kj}$이다. 그런데

$$e_{ij} = \sum_{k=1}^{p} a_{ik}d_{kj} = a_{i1}d_{1j} + a_{i2}d_{2j} + \cdots + a_{ip}d_{pj}$$
$$= a_{i1}\left(\sum_{k=1}^{q} b_{1k}c_{kj}\right) + a_{i2}\left(\sum_{k=1}^{q} b_{2k}c_{kj}\right) + \cdots + a_{ip}\left(\sum_{k=1}^{q} b_{pk}c_{kj}\right)$$
$$= a_{i1}(b_{11}c_{1j} + b_{12}c_{2j} + \cdots + b_{1q}c_{qj}) + a_{i2}(b_{21}c_{1j} + b_{22}c_{2j} + \cdots + b_{2q}c_{qj}) + \cdots$$
$$+ a_{ip}(b_{p1}c_{1j} + b_{p2}c_{2j} + \cdots + b_{pq}c_{qj})$$
$$= (a_{i1}b_{11} + a_{i2}b_{21} + \cdots + a_{ip}b_{p1})c_{1j} + (a_{i1}b_{12} + a_{i2}b_{22} + \cdots + a_{ip}b_{p2})c_{2j} + \cdots$$
$$+ (a_{i1}b_{1q} + a_{i2}b_{2q} + \cdots + a_{ip}b_{pq})c_{qj}$$
$$= \left(\sum_{k=1}^{p} a_{ik}b_{k1}\right)c_{1j} + \left(\sum_{k=1}^{p} a_{ik}b_{k2}\right)c_{2j} + \cdots + \left(\sum_{k=1}^{p} a_{ik}b_{kq}\right)c_{qj}$$
$$= f_{i1}c_{1j} + f_{i2}c_{2j} + \cdots + f_{iq}c_{qj} = \sum_{k=1}^{q} f_{ik}c_{kj} = g_{ij}$$

이므로 $\boldsymbol{A}(\boldsymbol{BC}) = (\boldsymbol{AB})\boldsymbol{C}$이다.

10. $\boldsymbol{A} = \begin{bmatrix} a_{11} & a_{12} & a_{13} \\ a_{21} & a_{22} & a_{23} \\ a_{31} & a_{32} & a_{33} \end{bmatrix}$, $\boldsymbol{B} = \begin{bmatrix} b_{11} & b_{12} & b_{13} \\ b_{21} & b_{22} & b_{23} \\ b_{31} & b_{32} & b_{33} \end{bmatrix}$

$$(\boldsymbol{AB})^T = \begin{bmatrix} a_{11}b_{11} + a_{12}b_{21} + a_{13}b_{31} & a_{11}b_{12} + a_{12}b_{22} + a_{13}b_{32} & a_{11}b_{13} + a_{12}b_{23} + a_{13}b_{33} \\ a_{21}b_{11} + a_{22}b_{21} + a_{23}b_{31} & a_{21}b_{12} + a_{22}b_{22} + a_{23}b_{32} & a_{21}b_{13} + a_{22}b_{23} + a_{23}b_{33} \\ a_{31}b_{11} + a_{32}b_{21} + a_{33}b_{31} & a_{31}b_{12} + a_{32}b_{22} + a_{33}b_{32} & a_{31}b_{13} + a_{32}b_{22} + a_{33}b_{33} \end{bmatrix}$$

$$\boldsymbol{B}^T\boldsymbol{A}^T = \begin{bmatrix} b_{11} & b_{21} & b_{31} \\ b_{12} & b_{22} & b_{32} \\ b_{13} & b_{23} & b_{33} \end{bmatrix} \begin{bmatrix} a_{11} & a_{21} & a_{31} \\ a_{12} & a_{22} & a_{32} \\ a_{13} & a_{23} & a_{33} \end{bmatrix}$$

$$= \begin{bmatrix} a_{11}b_{11} + a_{12}b_{21} + a_{13}b_{31} & a_{11}b_{12} + a_{12}b_{22} + a_{13}b_{32} & a_{11}b_{13} + a_{12}b_{23} + a_{13}b_{33} \\ a_{21}b_{11} + a_{22}b_{21} + a_{23}b_{31} & a_{21}b_{12} + a_{22}b_{22} + a_{23}b_{32} & a_{21}b_{13} + a_{22}b_{23} + a_{23}b_{33} \\ a_{31}b_{11} + a_{32}b_{21} + a_{33}b_{31} & a_{31}b_{12} + a_{32}b_{22} + a_{33}b_{32} & a_{31}b_{13} + a_{32}b_{22} + a_{33}b_{33} \end{bmatrix}$$

$$\therefore\ (\boldsymbol{AB})^T = \boldsymbol{B}^T\boldsymbol{A}^T$$

11. (1) $\boldsymbol{A}_{2\leftrightarrow 3} = \boldsymbol{E}_{2\leftrightarrow 3}\boldsymbol{A} = \begin{bmatrix} 1 & 0 & 0 \\ 0 & 0 & 1 \\ 0 & 1 & 0 \end{bmatrix} \begin{bmatrix} -2 & 2 & -6 \\ 5 & 0 & 1 \\ 1 & -2 & 2 \end{bmatrix} = \begin{bmatrix} -2 & 2 & -6 \\ 1 & -2 & 2 \\ 5 & 0 & 1 \end{bmatrix}$

(2) $\boldsymbol{A}_{2\times 1} = \boldsymbol{E}_{2\times 1}\boldsymbol{A} = \begin{bmatrix} 2 & 0 & 0 \\ 0 & 1 & 0 \\ 0 & 0 & 1 \end{bmatrix} \begin{bmatrix} -2 & 2 & -6 \\ 5 & 0 & 1 \\ 1 & -2 & 2 \end{bmatrix} = \begin{bmatrix} -4 & 4 & -12 \\ 5 & 0 & 1 \\ 1 & -2 & 2 \end{bmatrix}$

(3) $\boldsymbol{A}_3 = \boldsymbol{E}_{32}\boldsymbol{E}_{31}\boldsymbol{E}_{21}\boldsymbol{A} = \begin{bmatrix} 1 & 0 & 0 \\ 0 & 1 & 0 \\ 0 & 1/5 & 1 \end{bmatrix} \begin{bmatrix} 1 & 0 & 0 \\ 0 & 1 & 0 \\ 1/2 & 0 & 1 \end{bmatrix} \begin{bmatrix} 1 & 0 & 0 \\ 5/2 & 1 & 0 \\ 0 & 0 & 1 \end{bmatrix} \begin{bmatrix} -2 & 2 & -6 \\ 5 & 0 & 1 \\ 1 & -2 & 2 \end{bmatrix}$

$$= \begin{bmatrix} 1 & 0 & 0 \\ 0 & 1 & 0 \\ 0 & 1/5 & 1 \end{bmatrix} \begin{bmatrix} 1 & 0 & 0 \\ 0 & 1 & 0 \\ 1/2 & 0 & 1 \end{bmatrix} \begin{bmatrix} -2 & 2 & -6 \\ 0 & 5 & -14 \\ 1 & -2 & 2 \end{bmatrix} = \begin{bmatrix} 1 & 0 & 0 \\ 0 & 1 & 0 \\ 0 & 1/5 & 1 \end{bmatrix} \begin{bmatrix} -2 & 2 & -6 \\ 0 & 5 & -14 \\ 0 & -1 & -1 \end{bmatrix}$$

$$= \begin{bmatrix} -2 & 2 & -6 \\ 0 & 5 & -14 \\ 0 & 0 & -19/5 \end{bmatrix}$$

$$\boldsymbol{E} = \boldsymbol{E}_{32}\boldsymbol{E}_{31}\boldsymbol{E}_{21} = \begin{bmatrix} 1 & 0 & 0 \\ 0 & 1 & 0 \\ 0 & 1/5 & 1 \end{bmatrix} \begin{bmatrix} 1 & 0 & 0 \\ 0 & 1 & 0 \\ 1/2 & 0 & 1 \end{bmatrix} \begin{bmatrix} 1 & 0 & 0 \\ 5/2 & 1 & 0 \\ 0 & 0 & 1 \end{bmatrix} = \begin{bmatrix} 1 & 0 & 0 \\ 5/2 & 1 & 0 \\ 1 & 1/5 & 1 \end{bmatrix}$$

$$\boldsymbol{A}_3 = \boldsymbol{EA} = \begin{bmatrix} 1 & 0 & 0 \\ 5/2 & 1 & 0 \\ 1 & 1/5 & 1 \end{bmatrix} \begin{bmatrix} -2 & 2 & -6 \\ 5 & 0 & 1 \\ 1 & -2 & 2 \end{bmatrix} = \begin{bmatrix} -2 & 2 & -6 \\ 0 & 5 & -14 \\ 0 & 0 & -19/5 \end{bmatrix}$$

12. $\displaystyle\sum_{k=1}^{n} k^2 = \frac{n(n+1)(2n+1)}{6}$ --- ① 의 증명

⑴ $n = 1$일 때, 식①의 좌변은 $1^2 = 1$이고 우변도 $\dfrac{(1)(1+1)(2\cdot 1+1)}{6} = 1$이므로 식①은 성립한다.

⑵ $n = k$일 때 식①이 성립한다고 가정하면,

$$1^2 + 2^2 + \cdots + k^2 = \frac{k(k+1)(2k+1)}{6} \qquad ②$$

이다. 식②의 양변에 $(k+1)^2$을 더하면

$$1^2+2^2+\cdots+k^2+(k+1)^2=\frac{k(k+1)(2k+1)}{6}+(k+1)^2=\frac{(k+1)(k+2)[2(k+1)+1]}{6}$$

이므로 $n=k+1$일 때도 성립한다. 따라서 (1), (2)에 의해 식①은 모든 자연수 n에 대하여 성립한다.

7.2 행렬식

1. (1) $|-7|=-7$

(2) $\begin{vmatrix} 3 & 5 \\ -1 & 4 \end{vmatrix}=3\cdot4-(-1)\cdot5=17$

(3) 첫 번째 행을 기준으로 계산하면

$$\begin{vmatrix} 1 & 1 & 1 \\ x & y & z \\ 2 & 3 & 4 \end{vmatrix}=\begin{vmatrix} y & z \\ 3 & 4 \end{vmatrix}-\begin{vmatrix} x & z \\ 2 & 4 \end{vmatrix}+\begin{vmatrix} x & y \\ 2 & 3 \end{vmatrix}=4y-3z-4x+2z+3x-2y=-x+2y-z$$

(4) 첫 번째 열을 기준으로 계산하면

$$\begin{vmatrix} 3 & 2 & 2 \\ 2 & 2 & 2 \\ 4 & 2 & 2 \end{vmatrix}=3\begin{vmatrix} 2 & 2 \\ 2 & 2 \end{vmatrix}-2\begin{vmatrix} 2 & 2 \\ 2 & 2 \end{vmatrix}+4\begin{vmatrix} 2 & 2 \\ 2 & 2 \end{vmatrix}=0$$

(5) 첫 번째 열을 기준으로 계산하면

$$\begin{vmatrix} 3 & 2 & -1 \\ 2 & 2 & -1 \\ 4 & 2 & -1 \end{vmatrix}=3\begin{vmatrix} 2 & -1 \\ 2 & -1 \end{vmatrix}-2\begin{vmatrix} 2 & -1 \\ 2 & -1 \end{vmatrix}+4\begin{vmatrix} 2 & -1 \\ 2 & -1 \end{vmatrix}=0$$

(6) 네 번째 열을 기준으로 계산하면

$$\begin{vmatrix} 1 & 1 & -3 & 0 \\ 1 & 5 & 3 & 2 \\ 1 & -2 & 1 & 0 \\ 4 & 8 & 0 & 0 \end{vmatrix}=2\begin{vmatrix} 1 & 1 & -3 \\ 1 & -2 & 1 \\ 4 & 8 & 0 \end{vmatrix}=2\left(4\begin{vmatrix} 1 & -3 \\ -2 & 1 \end{vmatrix}-8\begin{vmatrix} 1 & -3 \\ 1 & 1 \end{vmatrix}\right)=-104$$

2. (1) $x+1+2=2$에서 $x=-1$

(2) $(x-1)(x-2)(x-3)=0$에서 $x=1,\ 2,\ 3$

3. $\det\boldsymbol{A}=\begin{vmatrix} 5 & 7 \\ -3 & 4 \end{vmatrix}=41$, $\det\boldsymbol{A}^T=\begin{vmatrix} 5 & -3 \\ 7 & 4 \end{vmatrix}=41$ $\quad\therefore \det\boldsymbol{A}=\det\boldsymbol{A}^T$

4. (1) 전치행렬의 행렬식이므로 k

(2) 제1열과 제3열을 교환한 행렬식이므로 $-k$

(3) $\begin{vmatrix} 2a_{11} & a_{12} & a_{13} \\ 6a_{21} & 3a_{22} & 3a_{23} \\ 2a_{31} & a_{32} & a_{33} \end{vmatrix}=3\begin{vmatrix} 2a_{11} & a_{12} & a_{13} \\ 2a_{21} & a_{22} & a_{23} \\ 2a_{31} & a_{32} & a_{33} \end{vmatrix}=3\cdot2\begin{vmatrix} a_{11} & a_{12} & a_{13} \\ a_{21} & a_{22} & a_{23} \\ a_{31} & a_{32} & a_{33} \end{vmatrix}=6k$

(4) 제1행에 -1을 곱하여 제1행으로 하고 다시 제1행을 제3행에 더한 행렬이므로 $-k$.

5. $\det\boldsymbol{A}=20$, $\det\boldsymbol{B}=-4$이므로 $\det(\boldsymbol{AB})=\det\boldsymbol{A}\det\boldsymbol{B}=20(-4)=-80$

6. (1) $(-5)\cdot(-1)\cdot4=20$

(2) (1)에서 제1행과 제3행을 교환한 행렬이므로 -20.

(3) (1)에서 제1행과 제2행을 교환한 행렬이므로 -20.

(4) $(-5)\cdot(-1)\cdot 4=20$

(5) 제2행을 제3행에 더하면

$$\begin{vmatrix} 1 & 1 & 1 \\ a & b & c \\ a+b+c & a+b+c & a+b+c \end{vmatrix}=(a+b+c)\begin{vmatrix} 1 & 1 & 1 \\ a & b & c \\ 1 & 1 & 1 \end{vmatrix}=0$$

7. 2×2 행렬에 대해

$$\det\boldsymbol{A}=\begin{vmatrix} a_{11} & a_{12} \\ a_{21} & a_{22} \end{vmatrix}=a_{11}a_{22}-a_{21}a_{12}\,,\ \det\boldsymbol{A}^T=\begin{vmatrix} a_{11} & a_{21} \\ a_{12} & a_{22} \end{vmatrix}=a_{11}a_{22}-a_{12}a_{21}$$

이므로 $\det\boldsymbol{A}=\det\boldsymbol{A}^T$가 성립한다. $(n-1)\times(n-1)$ 행렬에 대해 $\det\boldsymbol{A}=\det\boldsymbol{A}^T$가 성립한다고 가정하자. $n\times n$ 행렬에 대해

$$\boldsymbol{A}=\begin{bmatrix} a_{11} & a_{12} & \cdots & a_{1n} \\ a_{21} & a_{22} & \cdots & a_{2n} \\ \vdots & \vdots & \ddots & \vdots \\ a_{i1} & a_{i2} & \cdots & a_{in} \\ \vdots & \vdots & \ddots & \vdots \\ a_{n1} & a_{n2} & \cdots & a_{nn} \end{bmatrix},\ \boldsymbol{A}^T=\begin{bmatrix} a_{11} & a_{21} & \cdots & a_{i1} & \cdots & a_{n1} \\ a_{12} & a_{22} & \cdots & a_{i2} & \cdots & a_{n2} \\ \vdots & \vdots & \ddots & \vdots & \ddots & \vdots \\ a_{1n} & a_{2n} & \cdots & a_{in} & \cdots & a_{nn} \end{bmatrix}$$

로 나타내자. $\boldsymbol{A}$와 $\boldsymbol{A}^T$에 대해 각각 i행과 i열로 전개하여 행렬식을 계산하면

$$\det\boldsymbol{A}=\sum_{k=1}^{n}a_{ik}C_{ik}\,,\ \det\boldsymbol{A}^T=\sum_{k=1}^{n}a_{ik}D_{ik}$$

이다. 여기서 C_{ik}, D_{ik}는 크기가 $(n-1)\times(n-1)$이고 서로 전치인 행렬식이므로 가정에 의해 $C_{ik}=D_{ik}$이다. 따라서, $n\times n$ 행렬에 대해서도 $\det\boldsymbol{A}=\det\boldsymbol{A}^T$이고 이는 $n\geq 2$인 모든 행렬에 대해 성립한다.

8. $(\det\boldsymbol{A})^2=\det\boldsymbol{A}\det\boldsymbol{A}=\det\boldsymbol{A}^2=\det\boldsymbol{I}=1$이므로 $\det\boldsymbol{A}=\pm 1$.

9. 행렬식을 제1행(또는 제1열)과 이의 여인수로 계산하면

$$\begin{vmatrix} a_{11} & 0 & 0 & \cdots & 0 \\ 0 & a_{22} & 0 & \cdots & 0 \\ 0 & 0 & a_{33} & \cdots & 0 \\ \vdots & \vdots & \vdots & \ddots & \vdots \\ 0 & 0 & 0 & \cdots & a_{nn} \end{vmatrix}=a_{11}\begin{vmatrix} a_{22} & 0 & \cdots & 0 \\ 0 & a_{33} & \cdots & 0 \\ \vdots & \vdots & \ddots & \vdots \\ 0 & 0 & \cdots & a_{nn} \end{vmatrix}=a_{11}a_{22}\begin{vmatrix} a_{33} & \cdots & 0 \\ \vdots & \ddots & \vdots \\ 0 & \cdots & a_{nn} \end{vmatrix}=\cdots$$

$$=a_{11}a_{22}\cdots a_{n-2\,n-2}\begin{vmatrix} a_{n-1\,n-1} & 0 \\ 0 & a_{nn} \end{vmatrix}=a_{11}a_{22}\cdots a_{nn}$$

이다. 위 또는 아래 삼각행렬에 대해서도 마찬가지로 성립한다.

10. $$\begin{vmatrix} -2 & 2 & -6 \\ 5 & 0 & 1 \\ 1 & -2 & 2 \end{vmatrix}\begin{matrix} \\ (5/2)R_1+R_2\to R_2 \\ (1/2)R_1+R_3\to R_3 \end{matrix}=\begin{vmatrix} -2 & 2 & -6 \\ 0 & 5 & -14 \\ 0 & -1 & -1 \end{vmatrix}(1/5)R_2+R_3\to R_3$$

$$=\begin{vmatrix} -2 & 2 & -6 \\ 0 & 5 & -14 \\ 0 & 0 & -19/5 \end{vmatrix}=(-2)(5)(-19/5)=38$$

11. $\boldsymbol{a}\cdot(\boldsymbol{a}\times\boldsymbol{b})=(\boldsymbol{aab})=\begin{vmatrix} a_1 & a_2 & a_3 \\ a_1 & a_2 & a_3 \\ b_1 & b_2 & b_3 \end{vmatrix}=0$ 이므로 $\boldsymbol{a}$ 와 $\boldsymbol{a}\times\boldsymbol{b}$ 는 수직

$\boldsymbol{b}\cdot(\boldsymbol{a}\times\boldsymbol{b})=(\boldsymbol{bab})=\begin{vmatrix} b_1 & b_2 & b_3 \\ a_1 & a_2 & a_3 \\ b_1 & b_2 & b_3 \end{vmatrix}=0$ 이므로 $\boldsymbol{b}$ 와 $\boldsymbol{a}\times\boldsymbol{b}$ 는 수직

12. (1) 여인수법 : $50!\approx 3.04\times 10^{64}$, 삼각형법 : $50^3/3\approx 41{,}666$

(2) 여인수법 : $\dfrac{3.04\times 10^{64}}{10^9/\text{초}}=3.04\times 10^{55}\text{초}=\dfrac{3.04\times 10^{55}\text{초}}{(3600\text{초}/\text{시간})(24\text{시간}/\text{일})(365\text{일}/\text{년})}$

$\approx 9.64\times 10^{47}\text{년}$

삼각형법 : $\dfrac{41.666}{10^9/\text{초}}\approx 4.17\times 10^{-5}\text{초}$

13. $\begin{vmatrix} 1 & 0 \\ 0 & 1 \end{vmatrix}=\begin{vmatrix} 1 & 0 \\ c & 1 \end{vmatrix}=1$ 이고 $\begin{vmatrix} 1 & 0 \\ c & 1 \end{vmatrix}$ 은 $\begin{vmatrix} 1 & 0 \\ 0 & 1 \end{vmatrix}$ 의 1행에 c 를 곱하여 2행에 더한 것이므로 행렬식의 값이 같다.

14.
$$\begin{aligned}\bar{a}_{11}\bar{a}_{22} &= \sqrt{a_{11}^2+a_{12}^2}\cdot\sqrt{a_{21}^2+a_{22}^2}=\sqrt{(a_{11}^2+a_{12}^2)(a_{21}^2+a_{22}^2)}\\ &=\sqrt{a_{11}^2a_{21}^2+a_{11}^2a_{22}^2+a_{12}^2a_{21}^2+a_{12}^2a_{22}^2}\\ &=\sqrt{(a_{11}a_{21}+a_{12}a_{22})^2-2a_{11}a_{21}a_{12}a_{22}+a_{11}^2a_{22}^2+a_{12}^2a_{21}^2}\\ &=\sqrt{a_{11}^2a_{22}^2-2a_{11}a_{21}a_{12}a_{22}+a_{12}^2a_{21}^2}=\sqrt{(a_{11}a_{22}-a_{12}a_{21})^2}\\ &=\sqrt{(a_{11}a_{22}-a_{12}a_{21})^2}=|a_{11}a_{22}-a_{12}a_{21}|\end{aligned}$$

15. n 개의 변의 길이가 각각 c 배 증가한 영역의 부피는 원래 부피의 c^n 배 이다.

7.3 선형계와 가우스 소거법

1. $a_{11}x+a_{12}y=b_1$, $a_{21}x+a_{22}y=b_2$

2. $\begin{bmatrix} 1 & -1 \\ 4 & 3 \end{bmatrix}\begin{bmatrix} x_1 \\ x_2 \end{bmatrix}=\begin{bmatrix} 11 \\ -5 \end{bmatrix}$, $\left[\begin{array}{cc|c} 1 & -1 & 11 \\ 4 & 3 & -5 \end{array}\right] -4R_1+R_2\to R_2$, $\left[\begin{array}{cc|c} 1 & -1 & 11 \\ 0 & 7 & -49 \end{array}\right]$

$x_2=-49/7=-7$, $x_1=11+x_2=4$

3. (1) $\left[\begin{array}{ccc|c} 1 & -2 & 4 & 3 \\ -2 & 1 & 3 & 2 \\ 3 & 4 & -1 & 6 \end{array}\right]\begin{array}{l} \\ 2R_1+R_2\to R_2 \\ -3R_1+R_3\to R_3 \end{array}$ $\left[\begin{array}{ccc|c} 1 & -2 & 4 & 3 \\ 0 & -3 & 11 & 8 \\ 0 & 10 & -13 & -3 \end{array}\right](10/3)R_2+R_3\to R_3$

$$\begin{bmatrix} 1 & -2 & 4 & | & 3 \\ 0 & -3 & 11 & | & 8 \\ 0 & 0 & 71/3 & | & 71/3 \end{bmatrix}$$

$$x_3 = \frac{71}{3} / \frac{71}{3} = 1\,,\ x_2 = -\frac{1}{3}(8 - 11x_1) = 1\,,\ x_1 = 3 + 2x_2 - 4x_3 = 1$$

(2) $\begin{bmatrix} 1 & -2 & 1 & | & 2 \\ 3 & -1 & 2 & | & 5 \\ 2 & 1 & 1 & | & 1 \end{bmatrix} \begin{matrix} (-2/3)R_1 + R_2 \to R_2 \\ -2R_1 + R_3 \to R_3 \end{matrix} \quad \begin{bmatrix} 1 & -2 & 1 & | & 2 \\ 0 & 5 & -1 & | & -1 \\ 0 & 5 & -1 & | & -3 \end{bmatrix} - R_2 + R_3 \to R_3$

$\begin{bmatrix} 1 & -2 & 1 & | & 2 \\ 0 & 5 & -1 & | & -1 \\ 0 & 0 & 0 & | & -2 \end{bmatrix}$ ∴ 해가 존재하지 않는다.

(3) $\begin{bmatrix} 1 & 0 & 1 & -1 & | & 1 \\ 0 & 2 & 1 & 0 & | & 3 \\ 1 & -1 & 0 & 1 & | & -1 \\ 1 & 1 & 1 & 1 & | & 2 \end{bmatrix} \begin{matrix} \\ \\ -R_1 + R_3 \to R_3 \\ -R_1 + R_4 \to R_4 \end{matrix}$

$$\begin{bmatrix} 1 & 0 & 1 & -1 & | & 1 \\ 0 & 2 & 1 & 0 & | & 3 \\ 0 & -1 & -1 & 2 & | & -2 \\ 0 & 1 & 0 & 2 & | & 1 \end{bmatrix} \begin{matrix} \\ \\ (1/2)R_2 + R_3 \to R_3 \\ (-1/2)R_2 + R_4 \to R_4 \end{matrix}$$

$$\begin{bmatrix} 1 & 0 & 1 & -1 & | & 1 \\ 0 & 2 & 1 & 0 & | & 3 \\ 0 & 0 & -1/2 & 2 & | & -1/2 \\ 0 & 0 & -1/2 & 2 & | & -1/2 \end{bmatrix} - R_3 + R_4 \to R_4$$

$$\begin{bmatrix} 1 & 0 & 1 & -1 & | & 1 \\ 0 & 2 & 1 & 0 & | & 3 \\ 0 & 0 & -1/2 & 2 & | & -1/2 \\ 0 & 0 & 0 & 0 & | & 0 \end{bmatrix}$$

$x_4 = t$ 로 놓으면 $x_3 = 4t + 1$ $x_2 = -2t + 1$, $x_1 = -3t$ 로 해가 무수히 많다.

4.

$$12 - 2i_1 - 5(i_1 - i_2) - 2(i_1 - i_3) = 0$$
$$-5(i_2 - i_1) - 3i_2 - 4(i_2 - i_3) = 0$$
$$-2(i_3 - i_1) - 4(i_3 - i_2) - 2i_3 = 0$$

에서

$$\begin{bmatrix} -9 & 5 & 2 \\ 5 & -12 & 4 \\ 2 & 4 & -8 \end{bmatrix} \begin{bmatrix} i_1 \\ i_2 \\ i_3 \end{bmatrix} = \begin{bmatrix} -12 \\ 0 \\ 0 \end{bmatrix} \quad \begin{bmatrix} -9 & 5 & 2 & | & -12 \\ 5 & -12 & 4 & | & 0 \\ 2 & 4 & -8 & | & 0 \end{bmatrix} \begin{matrix} (5/9)R_1 + R_2 \to R_2 \\ (2/9)R_1 + R_3 \to R_3 \end{matrix}$$

$$\begin{bmatrix} -9 & 5 & 2 & | & -12 \\ 0 & -83/9 & 46/9 & | & -20/3 \\ 0 & 46/9 & -68/9 & | & -8/3 \end{bmatrix} (46/83)R_2 + R_3 \to R_3$$

$$\begin{bmatrix} -9 & 5 & 2 & | & -12 \\ 0 & -83/9 & 46/9 & | & -20/3 \\ 0 & 0 & -392/83 & | & -528/83 \end{bmatrix}$$

$$\therefore\ i_3 = \frac{528}{392} \simeq 1.35\,,\ i_2 = \frac{576}{392} \simeq 1.47\,,\ i_1 = \frac{960}{392} \simeq 2.45$$

5. (1) $a\mathrm{Na} + b\mathrm{H_2O} \to c\mathrm{NaOH} + d\mathrm{H_2}$

Na : $a=c$, H : $2b=c+2d$, O : $b=c$ 이므로 선형계는

$$\begin{bmatrix} 1 & 0 & -1 & 0 \\ 0 & 2 & -1 & -2 \\ 0 & 1 & -1 & 0 \end{bmatrix}\begin{bmatrix} a \\ b \\ c \\ d \end{bmatrix}=\begin{bmatrix} 0 \\ 0 \\ 0 \end{bmatrix}.$$

$$\left[\begin{array}{cccc|c} 1 & 0 & -1 & 0 & 0 \\ 0 & 2 & -1 & -2 & 0 \\ 0 & 1 & -1 & -2 & 0 \end{array}\right] (-1/2)R_2+R_3 \to R_3 \quad \left[\begin{array}{cccc|c} 1 & 0 & -1 & 0 & 0 \\ 0 & 2 & -1 & -2 & 0 \\ 0 & 0 & -1/2 & 1 & 0 \end{array}\right]$$

에서 $c=2d$, $b=2d$, $a=2d$. d를 1로 놓으면 $a=2$, $b=2$, $c=2$.

$\therefore$ $2Na+2H_2O \to 2NaOH+H_2$

(2) $a Cu+bHNO_3 \to Cu(NO_3)_2+dH_2O+eNO$

Cu : $a=c$, H : $b=2d$, N : $b=2c+e$, O : $3b=6c+d+e$ 에서

$$\begin{bmatrix} 1 & 0 & -1 & 0 & 0 \\ 0 & 1 & 0 & -2 & 0 \\ 0 & 1 & -2 & 0 & -1 \\ 0 & 3 & -6 & -1 & -1 \end{bmatrix}\begin{bmatrix} a \\ b \\ c \\ d \\ e \end{bmatrix}=\begin{bmatrix} 0 \\ 0 \\ 0 \\ 0 \end{bmatrix}. \quad \left[\begin{array}{ccccc|c} 1 & 0 & -1 & 0 & 0 & 0 \\ 0 & 1 & 0 & -2 & 0 & 0 \\ 0 & 1 & -2 & 0 & -1 & 0 \\ 0 & 3 & -6 & -1 & -1 & 0 \end{array}\right] \begin{array}{l} -R_2+R_3 \to R_3 \\ -3R2+R_4 \to R_4 \end{array}$$

$$\left[\begin{array}{ccccc|c} 1 & 0 & -1 & 0 & 0 & 0 \\ 0 & 1 & 0 & -2 & 0 & 0 \\ 0 & 0 & 2 & 2 & -1 & 0 \\ 0 & 0 & -6 & 5 & -1 & 0 \end{array}\right] -3R_3+R_4 \to R_4 \quad \left[\begin{array}{ccccc|c} 1 & 0 & -1 & 0 & 0 & 0 \\ 0 & 1 & 0 & -2 & 0 & 0 \\ 0 & 0 & -2 & 2 & -1 & 0 \\ 0 & 0 & 0 & -1 & 2 & 0 \end{array}\right]$$

에서 $d=2e$, $c=\frac{3}{2}e$, $b=4e$, $a=\frac{3}{2}e$. $e=2$로 놓으면 $a=3$, $b=8$, $c=3$, $d=4$.

$\therefore$ $3Cu+8HNO_3 \to 3Cu(NO_3)_2+4H_2O+2NO$

7.4 행렬의 계급

1. 조건을 만족하는 벡터 $\boldsymbol{u}$는 적당한 실수에 대해 $\boldsymbol{u}=\begin{bmatrix} d & a \\ b & -d \end{bmatrix}$로 쓸 수 있다. 두 벡터 $\boldsymbol{u_1}=\begin{bmatrix} d_1 & a_1 \\ b_1 & -d_1 \end{bmatrix}$, $\boldsymbol{u_2}=\begin{bmatrix} d_2 & a_2 \\ b_2 & -d_2 \end{bmatrix}$에 대해

$$k_1\boldsymbol{u_1}+k_2\boldsymbol{u_2}=k_1\begin{bmatrix} d_1 & a_1 \\ b_1 & -d_1 \end{bmatrix}+k_2\begin{bmatrix} d_2 & a_2 \\ b_2 & -d_2 \end{bmatrix}=\begin{bmatrix} k_1d_1+k_2d_2 & k_1a_1+k_2a_2 \\ k_1b_1+k_2b_2 & -k_1d_1-k_2d_2 \end{bmatrix}$$

도 조건 $a_{11}+a_{22}=0$을 만족하며 그 밖의 공리도 모두 만족한다. 조건을 만족하는 세 벡터를

$$\boldsymbol{u_1}=\begin{bmatrix} 0 & 1 \\ 0 & 0 \end{bmatrix}, \ \boldsymbol{u_2}=\begin{bmatrix} 0 & 0 \\ 1 & 0 \end{bmatrix}, \ \boldsymbol{u_3}=\begin{bmatrix} 1 & 0 \\ 0 & -1 \end{bmatrix}$$

이라 하자. $c_1\boldsymbol{u_1}+c_2\boldsymbol{u_2}++c_2\boldsymbol{u_2}=\begin{bmatrix} c_3 & c_1 \\ c_2 & -c_3 \end{bmatrix}=\boldsymbol{0}$에서 $c_1=c_2=c_3=0$이므로 세 벡터는 1차 독립인데 $c_1=a$, $c_2=b$, $c_3=d$이면 조건을 만족하는 임의의 벡터 $\boldsymbol{u}=\begin{bmatrix} d & a \\ b & -d \end{bmatrix}$를 나타낼 수 있으므로 세 벡터는 기저가 되고 차원은 3이다.

2. (1) $c_1[1\ 1]+c_2[0\ 0]=[c_1\ c_1]=[0\ 0]$에서 $c_1=0$, c_2는 임의의 값이므로 1차 종속.

두 벡터를 행벡터로 갖는 행렬 $\boldsymbol{A}=\begin{bmatrix} 1 & 1 \\ 0 & 0 \end{bmatrix}$에서 계급은 1이므로 1차 종속.

(2) $c_1[1\,1]+c_2[0\,1]=[c_1\, c_1+c_2]=[0\,0]$ 에서 $c_1=c_2=0$ 이므로 1차 독립.

두 벡터를 행벡터로 갖는 행렬 $\boldsymbol{A}=\begin{bmatrix} 1 & 1 \\ 0 & 1 \end{bmatrix}$에서 계급은 2이므로 1차 독립.

3. (1) $\boldsymbol{A}=\begin{bmatrix} 1 & -2 \\ 1 & 7 \\ 2 & 3 \end{bmatrix}$에서 $\text{rank}\boldsymbol{A} \leqq 2 < 3$ 이므로 행벡터는 1차 종속.

(2) $\begin{bmatrix} 1 & 9 & 9 & 9 \\ 2 & 0 & 0 & 0 \\ 2 & 0 & 0 & 1 \end{bmatrix}=\begin{bmatrix} 1 & 9 & 9 & 9 \\ 0 & -18 & -18 & -18 \\ 0 & -18 & -18 & -17 \end{bmatrix}=\begin{bmatrix} 1 & 9 & 9 & 9 \\ 0 & -18 & -18 & -18 \\ 0 & 0 & 0 & 1 \end{bmatrix}$

$\text{rank}\boldsymbol{A}=3$ 이므로 세 개의 행벡터는 1차 독립.

4. (1) $\begin{bmatrix} 1 & -2 \\ -1 & 2 \\ 2 & -4 \end{bmatrix} \rightarrow \begin{bmatrix} 1 & -2 \\ 0 & 0 \\ 0 & 0 \end{bmatrix}$에서 계급은 1.

(2) $\begin{bmatrix} 0 & 1 & 1 \\ 1 & 0 & 1 \\ 1 & 1 & 0 \end{bmatrix} \rightarrow \begin{bmatrix} 1 & 0 & 1 \\ 0 & 1 & 1 \\ 1 & 1 & 0 \end{bmatrix} \rightarrow \begin{bmatrix} 1 & 0 & 1 \\ 0 & 1 & 1 \\ 0 & 1 & -1 \end{bmatrix} \rightarrow \begin{bmatrix} 1 & 0 & 1 \\ 0 & 1 & 1 \\ 0 & 0 & -2 \end{bmatrix}$에서 계급은 3.

(3) $m^2 \neq n^2$ 이므로 m, n 이 모두 0일 수는 없다.

(i) $m \neq 0$ 일 때

$\begin{bmatrix} m & n & p \\ n & m & p \end{bmatrix} \rightarrow \begin{bmatrix} m & n & p \\ 0 & -n^2/m+m & -np/m+p \end{bmatrix} \rightarrow \begin{bmatrix} m & n & p \\ 0 & m^2-n^2 & p(m-n) \end{bmatrix}$

이므로 계급은 2.

(ii) $n \neq 0$ 일 때

$\begin{bmatrix} n & m & p \\ m & n & p \end{bmatrix} \rightarrow \begin{bmatrix} n & m & p \\ 0 & -m^2/n+n & -mp/n+p \end{bmatrix} \rightarrow \begin{bmatrix} n & m & p \\ 0 & n^2-m^2 & p(n-m) \end{bmatrix}$

이므로 계급은 2.

5. (1) $\begin{bmatrix} 8 & -4 \\ -2 & 1 \\ 6 & -3 \end{bmatrix} \rightarrow \begin{bmatrix} 8 & -4 \\ 0 & 0 \\ 0 & 0 \end{bmatrix}$. 계급이 1이므로 $\mathbf{0}$이 아닌 행벡터와 열벡터를 하나씩 택하면 행공간의 기저는 $[-2 \;\; 1]$ 이고 열공간의 기저는 $[-4 \;\; 1 \;\; 3]^T$. 차원은 모두 1.

(2) $\begin{bmatrix} 3 & 1 & 4 \\ 0 & 5 & 8 \\ -3 & 4 & 4 \\ 1 & 2 & 4 \end{bmatrix} \rightarrow \begin{bmatrix} 3 & 1 & 4 \\ 0 & 5 & 8 \\ 0 & 0 & 0 \\ 0 & 0 & 0 \end{bmatrix}$. 계급이 2이므로 $\mathbf{0}$이 아닌 행벡터와 열벡터를 둘씩 택하면 행공간의 기저는 $[3\,1\,4]$, $[0\,5\,8]$ 이고 열공간의 기저는 $[3 \;\; 0 \; -3\,1]^T$, $[1\,5\,4\,2]^T$. 차원은 모두 2.

6. (1) $x=y=0$ (2) $x=y=z=0$

7. (1) $\begin{vmatrix} a & 1 \\ 1 & -1 \end{vmatrix}=-a-1=0$ 에서 $a=-1$.

(2) $\begin{vmatrix} 4 & -1 & 1 \\ 1 & -2 & -1 \\ 3 & 1 & b \end{vmatrix} = -7b+14=0$ 에서 $b=2$.

7.5 역행렬

1. (1) $\det\boldsymbol{A} = \begin{vmatrix} 6 & -2 \\ 0 & 4 \end{vmatrix} = 24$, $\mathrm{adj}\boldsymbol{A} = \begin{bmatrix} 4 & 2 \\ 0 & 6 \end{bmatrix}$, $\boldsymbol{A}^{-1} = \dfrac{\mathrm{adj}\boldsymbol{A}}{\det\boldsymbol{A}} = \dfrac{1}{24}\begin{bmatrix} 4 & 2 \\ 0 & 6 \end{bmatrix} = \dfrac{1}{12}\begin{bmatrix} 2 & 1 \\ 0 & 3 \end{bmatrix}$

(2) $\det\boldsymbol{A}=0$, 따라서 $\boldsymbol{A}$는 특이행렬이고 $\boldsymbol{A}^{-1}$이 존재하지 않음.

(3) $\det\boldsymbol{A}=-1$, $\mathrm{adj}\boldsymbol{A} = \begin{bmatrix} -5 & -6 & 3 \\ -2 & -2 & 1 \\ 1 & 1 & -1 \end{bmatrix}$, 따라서 $\boldsymbol{A}^{-1} = \dfrac{\mathrm{adj}\boldsymbol{A}}{\det\boldsymbol{A}} = \begin{bmatrix} 5 & 6 & -3 \\ 2 & 2 & -1 \\ -1 & -1 & 1 \end{bmatrix}$.

(4) $\det\boldsymbol{A} = \begin{vmatrix} 1 & 0 & 0 & 0 \\ 0 & 0 & 1 & 0 \\ 0 & 0 & 0 & 1 \\ 0 & 1 & 0 & 0 \end{vmatrix} = \begin{vmatrix} 1 & 0 & 0 & 0 \\ 0 & 1 & 0 & 0 \\ 0 & 0 & 1 & 0 \\ 0 & 0 & 0 & 1 \end{vmatrix} = 1$, $\boldsymbol{A}^{-1} = \mathrm{adj}\boldsymbol{A} = \begin{bmatrix} 1 & 0 & 0 & 0 \\ 0 & 0 & 0 & 1 \\ 0 & 1 & 0 & 0 \\ 0 & 0 & 1 & 0 \end{bmatrix}$

2. $\det\boldsymbol{A} = \cos^2\theta + \sin^2\theta = 1$. $\boldsymbol{A}^{-1} = \dfrac{\mathrm{adj}\boldsymbol{A}}{\det\boldsymbol{A}} = \mathrm{adj}\boldsymbol{A} = \begin{bmatrix} \cos\theta & \sin\theta \\ -\sin\theta & \cos\theta \end{bmatrix}$

3. $\boldsymbol{A} = \begin{bmatrix} 1 & -2 & 4 \\ -2 & 1 & 3 \\ 3 & 4 & -1 \end{bmatrix}$, $\boldsymbol{B} = \begin{bmatrix} 3 \\ 2 \\ 6 \end{bmatrix}$. $\det\boldsymbol{A}=-71$, $\mathrm{adj}\boldsymbol{A} = \begin{bmatrix} -13 & 14 & 10 \\ 7 & -13 & -11 \\ -11 & -10 & -3 \end{bmatrix}$ 이므로

$$\boldsymbol{A}^{-1} = \frac{\mathrm{adj}\boldsymbol{A}}{\det\boldsymbol{A}} = -\frac{1}{71}\begin{bmatrix} -13 & 14 & 10 \\ 7 & -13 & -11 \\ -11 & -10 & -3 \end{bmatrix}.$$ 따라서

$$\boldsymbol{X} = \boldsymbol{A}^{-1}\boldsymbol{B} = -\frac{1}{71}\begin{bmatrix} -13 & 14 & 10 \\ 7 & -13 & -11 \\ -11 & -10 & -3 \end{bmatrix}\begin{bmatrix} 3 \\ 2 \\ 6 \end{bmatrix} = -\frac{1}{71}\begin{bmatrix} -71 \\ -71 \\ -71 \end{bmatrix} = \begin{bmatrix} 1 \\ 1 \\ 1 \end{bmatrix}$$

4. $\begin{bmatrix} -9 & 5 & 2 \\ 5 & -12 & 4 \\ 2 & 4 & -8 \end{bmatrix}\begin{bmatrix} i_1 \\ i_2 \\ i_3 \end{bmatrix} = \begin{bmatrix} -12 \\ 0 \\ 0 \end{bmatrix}$ 또는 $\boldsymbol{AI} = \boldsymbol{B}$에서

$\det\boldsymbol{A} = \begin{vmatrix} -9 & 5 & 2 \\ 5 & -12 & 4 \\ 2 & 4 & -8 \end{vmatrix} = -392$, $\mathrm{adj}\boldsymbol{A} = \begin{bmatrix} 80 & 48 & 44 \\ 48 & 68 & 46 \\ 44 & 46 & 83 \end{bmatrix}$ 이므로

$$\boldsymbol{A}^{-1} = \frac{\mathrm{adj}\boldsymbol{A}}{\det\boldsymbol{A}} = -\frac{1}{392}\begin{bmatrix} 80 & 48 & 44 \\ 48 & 68 & 46 \\ 44 & 46 & 83 \end{bmatrix}.$$

$$\therefore\ \boldsymbol{I} = \boldsymbol{A}^{-1}\boldsymbol{B} = -\frac{1}{392}\begin{bmatrix} 80 & 48 & 44 \\ 48 & 68 & 46 \\ 44 & 46 & 83 \end{bmatrix}\begin{bmatrix} -12 \\ 0 \\ 0 \end{bmatrix} = -\frac{1}{392}\begin{bmatrix} -960 \\ -576 \\ -528 \end{bmatrix} \approx \begin{bmatrix} 2.45 \\ 1.47 \\ 1.35 \end{bmatrix}$$

5. (1) $\det(\boldsymbol{A}\boldsymbol{A}^{-1}) = \det\boldsymbol{I} = 1 = \det\boldsymbol{A}\det\boldsymbol{A}^{-1}$ 에서 $\det\boldsymbol{A}^{-1} = \dfrac{1}{\det\boldsymbol{A}}$.

(2) 전치행렬에 관한 성질 (2) $(\boldsymbol{AB})^T = \boldsymbol{B}^T\boldsymbol{A}^T$에 $\boldsymbol{B} = \boldsymbol{A}^{-1}$을 대입하면 $(\boldsymbol{A}\boldsymbol{A}^{-1})^T = (\boldsymbol{A}^{-1})^T\boldsymbol{A}^T$인데

$(AA^{-1})^T = I^T = I$ 이므로 $(A^{-1})^T A^T = I$, 즉 $(A^{-1})^T = (A^T)^{-1}$ 이다.

다른 증명: $(A^{-1})^T = \left(\frac{1}{\det A}\mathrm{adj}A\right)^T = \frac{1}{\det A}\left(\begin{bmatrix} C_{11} & C_{12} & \cdots & C_{1n} \\ C_{21} & C_{22} & \cdots & C_{2n} \\ \vdots & \vdots & \ddots & \vdots \\ C_{n1} & C_{n2} & \cdots & C_{nn} \end{bmatrix}^T\right)^T$

$$= \frac{1}{\det A}\begin{bmatrix} C_{11} & C_{12} & \cdots & C_{1n} \\ C_{21} & C_{22} & \cdots & C_{2n} \\ \vdots & \vdots & \ddots & \vdots \\ C_{n1} & C_{n2} & \cdots & C_{nn} \end{bmatrix} = \frac{1}{\det A^T}\begin{bmatrix} C_{11} & C_{21} & \cdots & C_{n1} \\ C_{12} & C_{22} & \cdots & C_{n2} \\ \vdots & \vdots & \ddots & \vdots \\ C_{1n} & C_{2n} & \cdots & C_{nn} \end{bmatrix}^T$$

$$= \frac{1}{\det A^T}\mathrm{adj}A^T = (A^T)^{-1}. \quad \therefore \ (A^{-1})^T = (A^T)^{-1}$$

(3) 역행렬의 성질 (ii) $(AB)^{-1} = B^{-1}A^{-1}$에 $B = A$를 대입하면

$$(AA)^{-1} = A^{-1}A^{-1}, \text{ 즉 } (A^2)^{-1} = (A^{-1})^2$$

6. $A = \begin{bmatrix} a_{11} & a_{12} \\ a_{21} & a_{22} \end{bmatrix}$, $B = \begin{bmatrix} b_{11} & b_{12} \\ b_21 & b_{22} \end{bmatrix}$. $AB = \begin{bmatrix} a_{11}b_{11} + a_{12}b_{21} & a_{11}b_{12} + a_{12}b_{22} \\ a_{21}b_{11} + a_{22}b_{21} & a_{21}b_{12} + a_{22}b_{22} \end{bmatrix}$

$$\det AB = (a_{11}b_{11} + a_{12}b_{21})(a_{21}b_{12} + a_{22}b_{22}) - (a_{21}b_{11} + a_{22}b_{21})(a_{11}b_{12} + a_{12}b_{22})$$

$$= (a_{11}a_{22} - a_{12}a_{21})(b_{11}b_{22} - b_{12}b_{21}) = \det A \cdot \det B$$

$\therefore \ \det AB = \det A \cdot \det B$ --- (a)

$$\mathrm{adj}B \cdot \mathrm{adj}A = \begin{bmatrix} b_{22} & -b_{12} \\ -b_{21} & b_{11} \end{bmatrix}\begin{bmatrix} a_{22} & -a_{12} \\ -a_{21} & a_{11} \end{bmatrix} = \begin{bmatrix} b_{22}a_{22} + b_{12}a_{21} & -b_{22}a_{12} - b_{12}a_{11} \\ -b_{21}a_{22} - b_{11}a_{21} & b_{21}a_{12} + b_{11}a_{11} \end{bmatrix}$$

$$= \mathrm{adj}AB$$

$\therefore \ \mathrm{adj}B \cdot \mathrm{adj}A = \mathrm{adj}AB$ --- (b)

(a), (b)에서

$$\frac{\mathrm{adj}AB}{\det AB} = \frac{\mathrm{adj}B}{\det B}\frac{\mathrm{adj}A}{\det A} \quad \text{또는 } (AB)^{-1} = B^{-1}A^{-1}.$$

7. (1) $AA^{-1} = \begin{bmatrix} a_{11} & 0 & \cdots & 0 \\ 0 & a_{22} & \cdots & 0 \\ \vdots & \vdots & \ddots & \vdots \\ 0 & 0 & \cdots & a_{nn} \end{bmatrix}\begin{bmatrix} 1/a_{11} & 0 & \cdots & 0 \\ 0 & 1/a_{22} & \cdots & 0 \\ \vdots & \vdots & \ddots & \vdots \\ 0 & 0 & \cdots & 1/a_{nn} \end{bmatrix} = \begin{bmatrix} 1 & 0 & \cdots & 0 \\ 0 & 1 & \cdots & 0 \\ \vdots & \vdots & \ddots & \vdots \\ 0 & 0 & \cdots & 1 \end{bmatrix} = I$

(2) $A^{-1} = \begin{bmatrix} 1 & 0 & 0 \\ 0 & 1/2 & 0 \\ 0 & 0 & 1/3 \end{bmatrix}$

8. $A(\mathrm{adj}A) = \begin{bmatrix} a_{11} & a_{12} \\ a_{21} & a_{22} \end{bmatrix}\begin{bmatrix} C_{11} & C_{21} \\ C_{12} & C_{22} \end{bmatrix} = \begin{bmatrix} a_{11}C_{11} + a_{12}C_{12} & a_{11}C_{21} + a_{12}C_{22} \\ a_{21}C_{11} + a_{22}C_{12} & a_{21}C_{21} + a_{22}C_{22} \end{bmatrix}$

$$= \begin{bmatrix} a_{11}a_{22} - a_{12}a_{21} & a_{11}(-a_{12}) + a_{12}a_{11} \\ a_{21}a_{22} + a_{22}(-a_{21}) & a_{21}(-a_{12}) + a_{22}a_{11} \end{bmatrix} = \begin{bmatrix} \det A & 0 \\ 0 & \det A \end{bmatrix}$$

$$= \det A\begin{bmatrix} 1 & 0 \\ 0 & 1 \end{bmatrix} = (\det A)I$$

이므로 $\det\boldsymbol{A} \neq 0$ 이면 $\boldsymbol{A}\left(\frac{1}{\det\boldsymbol{A}}\text{adj}\boldsymbol{A}\right)=\boldsymbol{I}$. 따라서 $\boldsymbol{A}^{-1}=\frac{\text{adj}\boldsymbol{A}}{\det\boldsymbol{A}}$.

9. $A=\begin{bmatrix}1&2&3\\1&1&2\\0&1&2\end{bmatrix}$ 에서 $\det\boldsymbol{A}=-1$, $\text{adj}\boldsymbol{A}=\begin{bmatrix}0&-1&1\\-2&2&1\\1&-1&-1\end{bmatrix}$. 따라서

$$\boldsymbol{A}^{-1}=\frac{\text{adj}\boldsymbol{A}}{\det\boldsymbol{A}}=\begin{bmatrix}0&1&-1\\2&-2&-1\\-1&1&1\end{bmatrix}.\ \boldsymbol{B}=\boldsymbol{AM}\text{ 에서}$$

$$\boldsymbol{M}=\boldsymbol{A}^{-1}\boldsymbol{B}=\begin{bmatrix}0&1&-1\\2&-2&-1\\-1&1&1\end{bmatrix}\begin{bmatrix}49&66&101&91&19\\30&47&65&58&14\\19&38&52&58&5\end{bmatrix}=\begin{bmatrix}11&9&13&0&9\\19&0&20&8&5\\0&19&16&25&0\end{bmatrix}$$

∴ KIM_IS_THE_SPY_

7.6 크래머 공식

1. $\left[\begin{array}{cc|c}a_{11}&a_{12}&b_1\\a_{21}&a_{22}&b_2\end{array}\right]$ $(-a_{21}/a_{11})R_1+R_2\to R_2$ $\left[\begin{array}{cc|c}a_{11}&a_{12}&b_1\\0&a_{22}-\frac{a_{21}}{a_{11}}a_{12}&b_2-\frac{a_{21}}{a_{11}}b_1\end{array}\right]$

$$x_2=\frac{b_2-\frac{a_{21}}{a_{11}}b_1}{a_{22}-\frac{a_{21}}{a_{11}}a_{12}}=\frac{a_{11}b_2-a_{21}b_1}{a_{11}a_{22}-a_{21}a_{12}}=\frac{\begin{vmatrix}a_{11}&b_1\\a_{21}&b_2\end{vmatrix}}{\begin{vmatrix}a_{11}&b_1\\a_{21}&b_2\end{vmatrix}}=\frac{\det\boldsymbol{A}_2}{\det\boldsymbol{A}}$$

$$x_1=\frac{1}{a_{11}}(b_1-a_{11}x_2)=\frac{1}{a_{11}}\left(b_1-a_{12}\frac{b_2a_{11}-a_{21}b_1}{a_{11}a_{22}-a_{21}a_{12}}\right)=\frac{a_{22}b_1-a_{12}b_2}{a_{11}a_{22}-a_{21}a_{12}}$$

$$=\frac{\begin{vmatrix}b_1&a_{12}\\b_2&a_{22}\end{vmatrix}}{\begin{vmatrix}a_{11}&a_{12}\\a_{21}&a_{22}\end{vmatrix}}=\frac{\det\boldsymbol{A}_1}{\det\boldsymbol{A}}$$

2. (1) $\det\boldsymbol{A}=\begin{vmatrix}2&-3\\4&7\end{vmatrix}=26$, $\det\boldsymbol{A}_1=\begin{vmatrix}-1&-3\\-1&7\end{vmatrix}=-10$, $\det\boldsymbol{A}_2=\begin{vmatrix}2&-1\\4&-1\end{vmatrix}=2$

$$\therefore\ x=\frac{\det\boldsymbol{A}_1}{\det\boldsymbol{A}}=\frac{-10}{26}=-\frac{5}{13},\ y=\frac{\det\boldsymbol{A}_2}{\det\boldsymbol{A}}=\frac{2}{26}=\frac{1}{13}$$

(2) $\det\boldsymbol{A}=\begin{vmatrix}2&-5&2\\1&2&-4\\3&-4&-6\end{vmatrix}=-46$, $\det\boldsymbol{A}_1=\begin{vmatrix}7&-5&2\\3&2&-4\\5&-4&-6\end{vmatrix}=-230$

마찬가지 방법으로 $\det\boldsymbol{A}_2=-46$, $\det\boldsymbol{A}_3=-46$

$$\therefore\ x=\frac{\det\boldsymbol{A}_1}{\det\boldsymbol{A}}=\frac{-230}{-46}=5,\ y=\frac{\det\boldsymbol{A}_2}{\det\boldsymbol{A}}=1,\ z=\frac{\det\boldsymbol{A}_3}{\det\boldsymbol{A}}=1$$

(3) 행연산으로 행렬식을 간단히 계산한다.(행교환시 '−' 추가)

$$\det A=\begin{vmatrix}1&1&1&1\\1&1&1&-1\\1&1&-1&1\\1&-1&1&1\end{vmatrix}=\begin{vmatrix}1&1&1&1\\0&0&0&-2\\0&0&-2&0\\0&-2&0&0\end{vmatrix}=-\begin{vmatrix}1&1&1&1\\0&-2&0&0\\0&0&-2&0\\0&0&0&-2\end{vmatrix}$$

$$=-(1)(-2)(-2)(-2)=8$$

마찬가지 방법으로

$\det A_1=8$, $\det A_2=-8$, $\det A_3=16$, $\det A_4=-16$ 에서

$$w=\frac{\det A_1}{\det A}=\frac{8}{8}=1,\ x=-1,\ y=2,\ z=-2$$

3. $\det A=-71$, $\det A_1=-71$, $\det A_2=-71$, $\det A_3=-71$ $\therefore\ x_1=x_2=x_3=1$

4. $\begin{bmatrix}-9&5&2\\5&-12&4\\2&4&-8\end{bmatrix}\begin{bmatrix}i_1\\i_2\\i_3\end{bmatrix}=\begin{bmatrix}-12\\0\\0\end{bmatrix}$ 또는 $AI=B$ 에서

$$\det A=\begin{vmatrix}-9&5&2\\5&-12&4\\2&4&-8\end{vmatrix}=-392,\ \det A_1=\begin{vmatrix}-12&5&2\\0&-12&4\\0&4&-8\end{vmatrix}=-960.$$

마찬가지로 $\det A_2=-576$, $\det A_3=-528$.

$$\therefore\ i_1=\frac{\det A_1}{\det A}=\frac{-960}{-392}\simeq 2.45,$$

$$i_2=\frac{\det A_2}{\det A}=\frac{-576}{-392}\simeq 1.47,$$

$$i_3=\frac{\det A_3}{\det A}=\frac{-528}{-392}\simeq 1.35$$

5. (1)$\det A=\begin{vmatrix}1&1\\1&\epsilon\end{vmatrix}=\epsilon-1$, $\det A_1=\begin{vmatrix}1&1\\2&\epsilon\end{vmatrix}=\epsilon-2$, $\det A_2=\begin{vmatrix}1&1\\1&2\end{vmatrix}=1$

$$\therefore\ x=\frac{\det A_1}{\det A}=\frac{\epsilon-2}{\epsilon-1}=1-\frac{1}{\epsilon-1},\ y=\frac{\det A_2}{\det A}=\frac{1}{\epsilon-1}$$

(2) $\epsilon=99$: $x=1-\dfrac{1}{99-1}=1-\dfrac{1}{98}=0.9898$, $y=\dfrac{1}{99-1}=\dfrac{1}{98}=0.0102$

$\epsilon=101$: $x=1-\dfrac{1}{101-1}=1-\dfrac{1}{100}=0.99$, $y=\dfrac{1}{101-1}=\dfrac{1}{100}=0.01$

로 ϵ이 99에서 101로 변할 때 x, y의 값에 큰 변화가 없다. 한편,

$\epsilon=0.99$: $x=1-\dfrac{1}{0.99-1}=1+\dfrac{1}{0.01}=100$, $y=\dfrac{1}{0.99-1}=-\dfrac{1}{0.01}=-100$

$\epsilon=1.01$: $x=1-\dfrac{1}{1.01-1}=1-\dfrac{1}{0.01}=-99$, $y=\dfrac{1}{1.01-1}=\dfrac{1}{0.01}=100$

로 ϵ이 0.99에서 1.01로 변할 때는 x, y의 값에 큰 변화가 생긴다. 즉, $\epsilon\simeq 1$ 근처에서는 계수 행렬 A의 특이성이 매우 크다.

6. (1) $\begin{bmatrix}r_1+r_2&-r_2\\-r_2&r_2+R\end{bmatrix}\begin{bmatrix}i_1\\i_2\end{bmatrix}=\begin{bmatrix}E_1-E_2\\E_2\end{bmatrix}$ 또는 $RI=E$ 에서

$$\det\boldsymbol{R} = \begin{vmatrix} r_1 + r_2 & -r_2 \\ -r_2 & r_2 + R \end{vmatrix} = r_1 r_2 + R(r_1 + r_2)$$

$$\det\boldsymbol{R}_1 = \begin{vmatrix} E_1 - E_2 & -r_2 \\ E_2 & r_2 + R \end{vmatrix} = R(E_1 - E_2) + r_2 E_1$$

$$\det\boldsymbol{R}_2 = \begin{vmatrix} r_1 + r_2 & E_1 - E_2 \\ -r_2 & E_2 \end{vmatrix} = r_1 E_2 + r_2 E_1$$

$$\therefore\ i_1 = \frac{\det\boldsymbol{R}_1}{\det\boldsymbol{R}} = \frac{R(E_1 - E_2) + r_2 E_1}{r_1 r_2 + R(r_1 + r_2)},\quad i_2 = \frac{\det\boldsymbol{R}_2}{\det\boldsymbol{R}} = \frac{r_1 E_2 + r_2 E_1}{r_1 r_2 + R(r_1 + r_2)}$$

(2) $V = i_2 R = \dfrac{(r_1 E_2 + r_2 E_1)R}{r_1 r_2 + R(r_1 + r_2)}$

$$\lim_{R\to\infty} V = \lim_{R\to\infty} \frac{(r_1 E_2 + r_2 E_1)R}{r_1 r_2 + R(r_1 + r_2)} = \lim_{R\to\infty} \frac{r_1 E_2 + r_2 E_1}{r_1 r_2 / R + (r_1 + r_2)}$$

$$= \frac{r_1 E_2 + r_2 E_1}{r_1 + r_2} = \frac{E(r_1 + r_2)}{r_1 + r_2} = E$$

8.1 다변수 함수와 편도함수(복습)
8.2 벡터함수
8.3 속도, 가속도
8.4 기울기벡터
8.5 발산 및 회전

8.1 다변수 함수와 편도함수(복습)

1. (1) $T(x,y)=\ln(x^2+y^2)$; $\ln(x^2+y^2)=c$ $\therefore x^2+y^2=c$

(2) $T(x,y)=\tan^{-1}\dfrac{y}{x}$; $\tan^{-1}\dfrac{y}{x}=c$, $\dfrac{y}{x}=\tan c$ $\therefore y=cx$

(3) $T(x,y)=xy$; $xy=c$

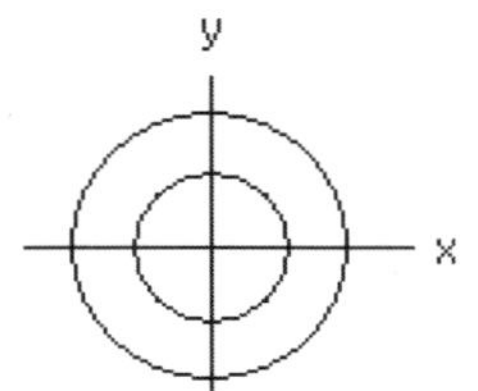

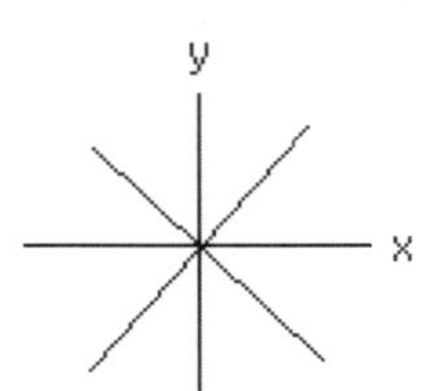

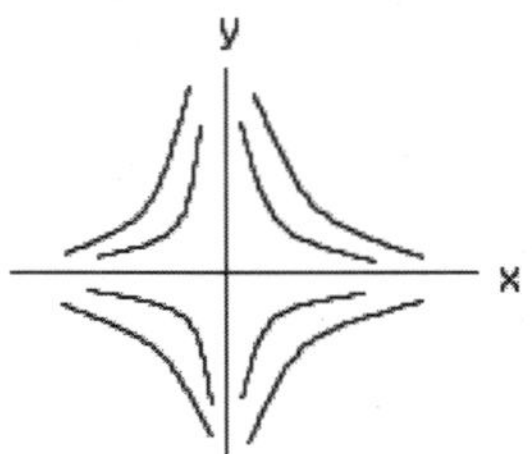

2. (1) $f(x,y,z)=4x+3y-z$; $4x+3y-z=c$

(2) $f(x,y,z)=4x^2+y^2+9z^2$; $4x^2+y^2+9z^2=c$ 또는 $\left(\dfrac{x}{3}\right)^2+\left(\dfrac{y}{6}\right)^2+\left(\dfrac{z}{2}\right)^2=c$

(3) $f(x,y,z)=z-\sqrt{x^2+y^2}$; $z=\sqrt{x^2+y^2}+c$

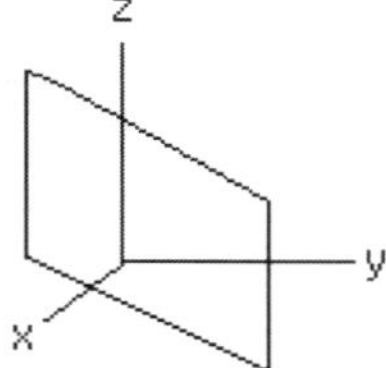

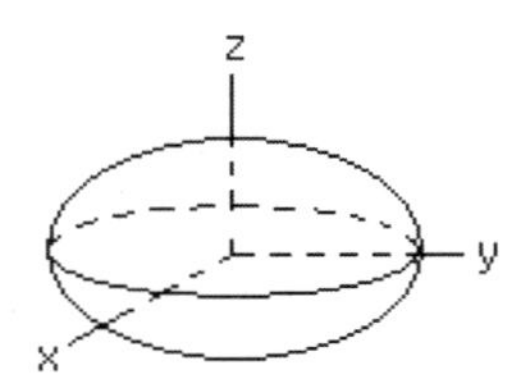

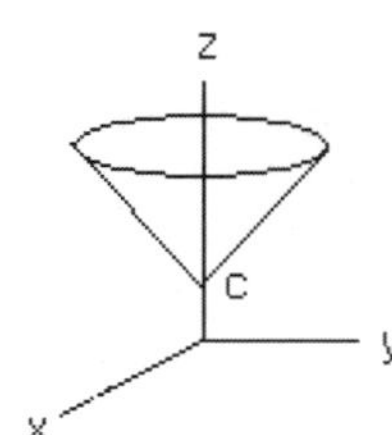

3. (1) $z=\sqrt{x^2+y^2}$, $x=e^t$, $y=e^{-t}$;

(i) $\dfrac{dz}{dt}=\dfrac{\partial z}{\partial x}\dfrac{dx}{dt}+\dfrac{\partial z}{\partial y}\dfrac{dy}{dt}$

$$=\frac{x}{\sqrt{x^2+y^2}}e^t+\frac{y}{\sqrt{x^2+y^2}}(-e^{-t})$$

$$=\frac{e^t}{\sqrt{e^{2t}+e^{-2t}}}e^t+\frac{e^{-t}}{\sqrt{e^{2t}+e^{-2t}}}(-e^{-t})=\frac{e^{2t}-e^{-2t}}{\sqrt{e^{2t}+e^{-2t}}}$$

(ii) $z=\sqrt{x^2+y^2}=\sqrt{e^{2t}+e^{-2t}}$

$$\frac{dz}{dt}=\frac{2e^{2t}-2e^{2t}}{2\sqrt{e^{2t}+e^{-2t}}}=\frac{e^{2t}-e^{-2t}}{\sqrt{e^{2t}+e^{-2t}}}$$

(2) $w=\dfrac{1}{2(x^2+y^2+z^2)}$, $x=u^2+v^2$, $y=u^2-v^2$, $z=2uv$;

(i) $\dfrac{\partial w}{\partial u}=\dfrac{\partial w}{\partial x}\dfrac{\partial x}{\partial u}+\dfrac{\partial w}{\partial y}\dfrac{\partial y}{\partial u}+\dfrac{\partial w}{\partial z}\dfrac{\partial z}{\partial u}$

$$=\frac{-2x}{2(x^2+y^2+z^2)^2}(2u)+\frac{-2y}{2(x^2+y^2+z^2)^2}(2u)+\frac{-2z}{2(x^2+y^2+z^2)^2}(2v)$$

$$=-\frac{2(xu+yu+zv)}{(x^2+y^2+z^2)^2}=-\frac{2[(u^2+v^2)u+(u^2-v^2)u+2uv\cdot v]}{[(u^2+v^2)^2+(u^2-v^2)^2+(2uv)^2]^2}$$

$$=-\frac{2u(u^2+v^2)}{2(u^2+v^2)^4}=-\frac{u}{(u^2+v^2)^3}$$

마찬가지 방법으로

$$\frac{\partial w}{\partial v}=\frac{\partial w}{\partial x}\frac{\partial x}{\partial v}+\frac{\partial w}{\partial y}\frac{\partial y}{\partial v}+\frac{\partial w}{\partial z}\frac{\partial z}{\partial v}=\cdots=-\frac{v}{(u^2+v^2)^3}$$

(ii) $w=\frac{1}{2(x^2+y^2+z^2)}=\frac{1}{2[(u^2+v^2)^2+(u^2-v^2)^2+(2uv)^2]}=\frac{1}{4(u^2+v^2)^2}$

$$\frac{\partial w}{\partial u}=\frac{-2(u^2+v^2)\cdot 2u}{4(u^2+v^2)^4}=-\frac{u}{(u^2+v^2)^3}$$

$$\frac{\partial w}{\partial v}=\frac{-2(u^2+v^2)\cdot 2v}{4(u^2+v^2)^4}=-\frac{v}{(u^2+v^2)^3}$$

4. $z=\ln(x^2+y^2)$:

$$z_x=\frac{2x}{x^2+y^2}\ ,\ z_{xx}=\frac{2(x^2+y^2)-2x\cdot 2x}{(x^2+y^2)^2}=\frac{2y^2-2x^2}{(x^2+y^2)^2}$$

$$z_y=\frac{2y}{x^2+y^2}\ ,\ z_{yy}=\frac{2(x^2+y^2)-2y\cdot 2y}{(x^2+y^2)^2}=\frac{2x^2-2y^2}{(x^2+y^2)^2}$$

$$\therefore\ z_{xx}+z_{yy}=0$$

5. $C(x,t)=t^{-1/2}e^{-x^2/kt}$;

$$\frac{\partial C}{\partial t}=\left(-\frac{1}{2}t^{-3/2}\right)e^{-x^2/kt}+t^{-1/2}\left(\frac{x^2}{kt^2}e^{-x^2/kt}\right)=\left(-\frac{1}{2}t^{-3/2}+\frac{1}{k}t^{-5/2}x^2\right)e^{-x^2/kt}$$

$$\frac{\partial C}{\partial x}=t^{-1/2}\left(-\frac{2x}{kt}\right)e^{-x^2/kt}=-\frac{2}{k}t^{-3/2}xe^{-x^2/kt}$$

$$\frac{\partial^2 C}{\partial x^2}=-\frac{2}{k}t^{-3/2}\left[1+x\left(-\frac{2x}{kt}\right)\right]e^{-x^2/kt}=\left(-\frac{2}{k}t^{-3/2}+\frac{4}{k^2}t^{-\frac{5}{2}}x^2\right)e^{-x^2/kt}$$

$$\therefore\ \frac{\partial C}{\partial t}=\frac{k}{4}\frac{\partial^2 C}{\partial x^2}$$

6. $P(T,V)=\frac{0.08T}{V-0.0427}-\frac{3.6}{V^2}$;

$$\frac{\partial P}{\partial T}=\frac{0.08}{V-0.0427},\ \frac{\partial P}{\partial V}=\frac{-0.08T}{(V-0.0427)^2}+\frac{7.2}{V^3}$$

이므로

$$\frac{dP}{dt}=\frac{\partial P}{\partial T}\frac{dT}{dt}+\frac{\partial P}{\partial V}\frac{dV}{dt}=\left(\frac{0.08}{V-0.0427}\right)\frac{dT}{dt}+\left[\frac{7.2}{V^3}-\frac{0.08T}{(V-0.0427)^2}\right]\frac{dV}{dt}$$

8.2 벡터함수

1. (1) $r(t) = 2\cos t\, i + 2\sin t\, j + 3\, k$;

$x^2 + y^2 = (2\cos t)^2 + (2\sin t)^2 = 4$, $z = 3$

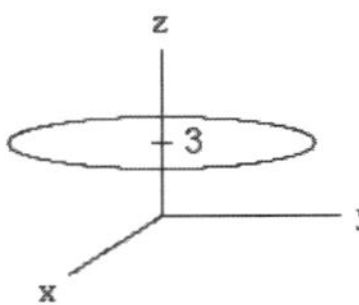

(2) $r(t) = [a\cos t, b\sin t]$ (a , b는 상수) ;

$x = a\cos t$, $y = b\sin t$

$\cos^2 t + \sin^2 t = \left(\frac{x}{a}\right)^2 + \left(\frac{y}{b}\right)^2 = 1$ 이므로 타원(ellipse), $a = b$ 이면 원(circle)

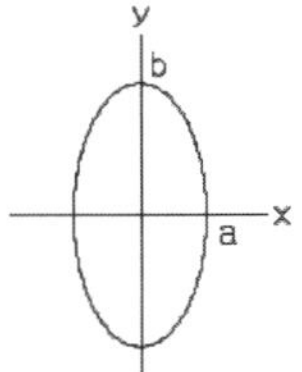

(3) $r(t) = [t, t^3 + 2, 0]$;

$x = t$ 이면 $y = x^3 + 2$, $z = 0$

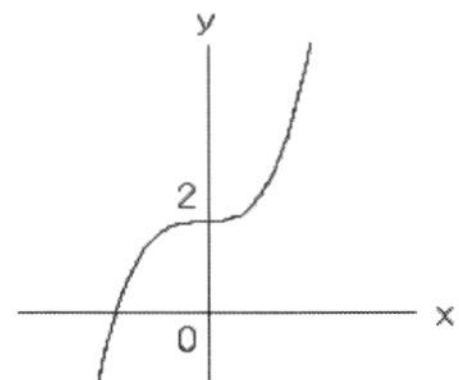

2. (1) $r = [1, 1]$;

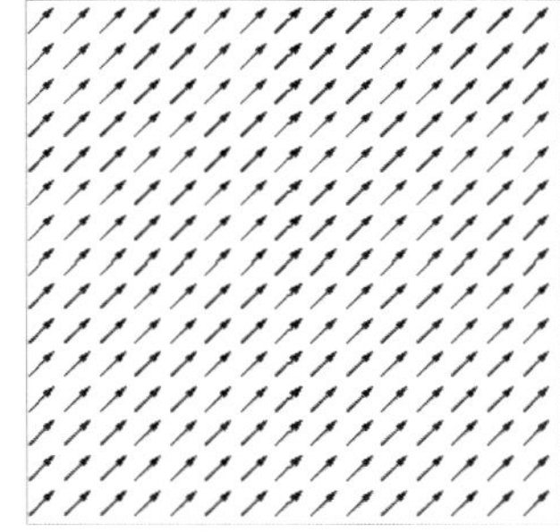

(2) $r(x, y) = [-(x^2 + y^2),\ 0\ ]$;

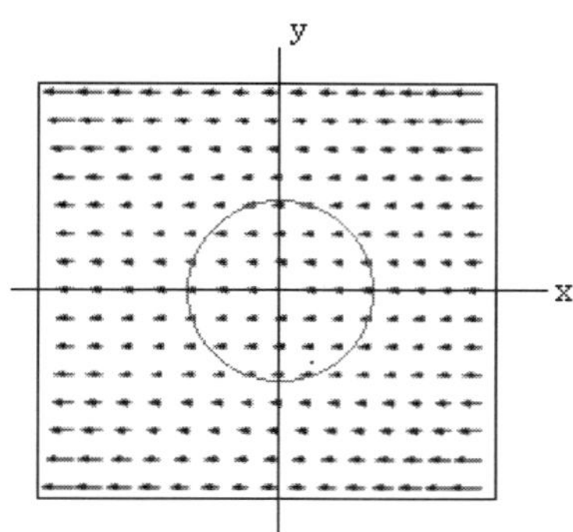

3. (1) $|\boldsymbol{F}| = -\dfrac{Gm_1m_2}{|\boldsymbol{r}|^2}$ 로 질량의 곱에 비례하고 거리의 제곱에 반비례한다.

(2) $\boldsymbol{F} = -\dfrac{\boldsymbol{r}}{|\boldsymbol{r}|^3} = -\dfrac{[x,y]}{(x^2+y^2)^{3/2}}$

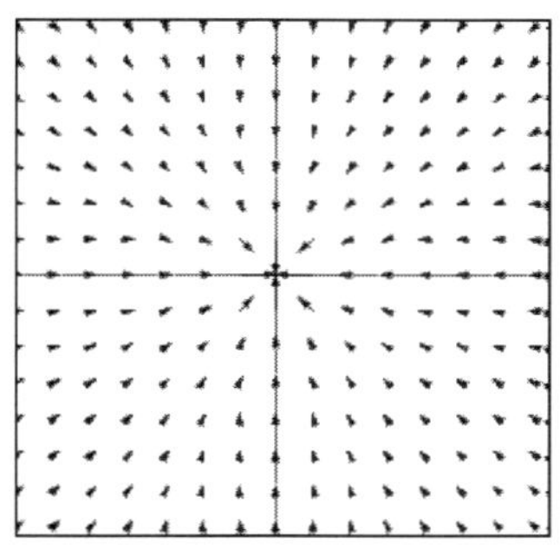

4. (1) $y^2 + (z-3)^2 = 9$, $x = 0$;

$y = 3\cos t$, $z - 3 = 3\sin t$, $x = 0$ $\quad \therefore\ \boldsymbol{r}(t) = [0, 3\cos t, 3 + 3\sin t]$

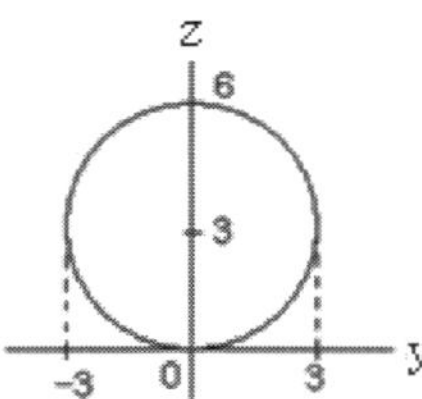

(2) $x^2 + y^2 = 9$, $z = 9 - x^2$;

$x = 3\cos t$, $y = 3\sin t$, $z = 9 - (3\cos t)^2 = 9\sin^2 t$ $\quad \therefore\ \boldsymbol{r}(t) = [3\cos t, 3\sin t, 9\sin^2 t]$

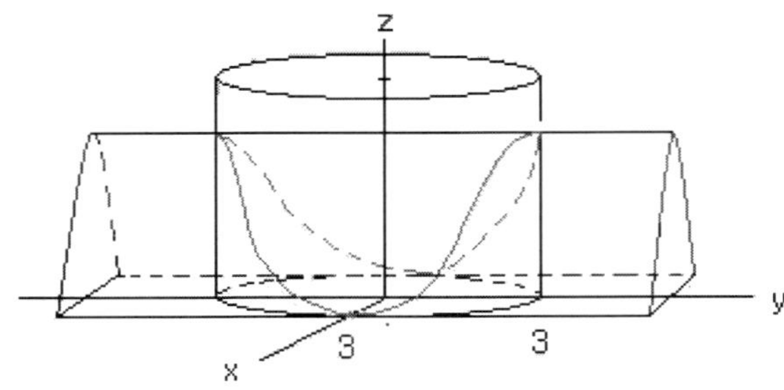

5. $\boldsymbol{r}(t) = [2\cos t, 6\sin t]$;

$\boldsymbol{r}'(t) = [-2\sin t, 6\cos t]$ $\therefore$ $\boldsymbol{r}(\pi/6) = [\sqrt{3}, 3]$, $\boldsymbol{r}'(\pi/6) = [-1, 3\sqrt{3}]$

$x = 2\cos t$, $y = 6\sin t$ $\rightarrow$ $\left(\frac{x}{2}\right)^2 + \left(\frac{y}{6}\right)^2 = 1$

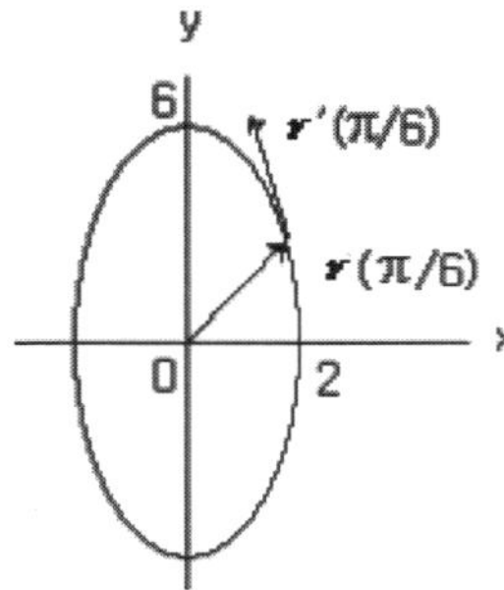

6. $\boldsymbol{r}(t) = [\ln t, 1/t]$, $t > 0$; $\boldsymbol{r}'(t) = [1/t, -1/t^2]$, $\boldsymbol{r}''(t) = [-1/t^2, 2/t^3]$

7. (1) $\boldsymbol{V} = [\cos x \cosh y, -\sin x \sinh y]$;

$$\frac{\partial \boldsymbol{V}}{\partial x} = [-\sin x \cosh y, -\cos x \sinh y], \quad \frac{\partial \boldsymbol{V}}{\partial y} = [\cos x \sinh y, -\sin x \cosh y]$$

(2) $\boldsymbol{V} = \left[\frac{1}{2}\ln(x^2 + y^2), \tan^{-1}\frac{y}{x}, z\right]$;

$$\frac{\partial \boldsymbol{V}}{\partial x} = \left[\frac{1}{2}\frac{2x}{x^2 + y^2}, \frac{-\frac{y}{x^2}}{1 + (\frac{y}{x})^2}, 0\right] = \left[\frac{x}{x^2 + y^2}, \frac{-y}{x^2 + y^2}, 0\right]$$

$$\frac{\partial \boldsymbol{V}}{\partial y} = \left[\frac{1}{2}\frac{2y}{x^2 + y^2}, \frac{\frac{1}{x}}{1 + (\frac{y}{x})^2}, 0\right] = \left[\frac{y}{x^2 + y^2}, \frac{x}{x^2 + y^2}, 0\right]$$

$$\frac{\partial \boldsymbol{V}}{\partial z} = [0, 0, 1]$$

8. $x = t$, $y = t^2/2$, $z = t^3/3$;

$\boldsymbol{r}(t) = [t, t^2/2, t^3/3]$ $\rightarrow$ $\boldsymbol{r}(2) = [2, 2, 8/3]$, $\boldsymbol{r}'(t) = [1, t, t^2]$ $\rightarrow$ $\boldsymbol{r}'(2) = [1, 2, 4]$

$\therefore \boldsymbol{r}_T = \boldsymbol{r}(2) + t\boldsymbol{r}'(2) = [2,2,8/3] + t[1,2,4] = [2+t, 2+2t, 8/3+4t]$

9. $\boldsymbol{r}(t) = [\cosh t, \sinh t, 0]$;

(1) $\boldsymbol{r}'(t) = [\sinh t, \cosh t, 0]$, $|\boldsymbol{r}'(t)| = \sqrt{\sinh^2 t + \cosh^2 t} = \sqrt{\cosh 2t}$

$\therefore\ \boldsymbol{u}(t) = \dfrac{\boldsymbol{r}'}{|\boldsymbol{r}'|} = \dfrac{1}{\sqrt{\cosh 2t}}[\sinh t, \cosh t, 0]$

(2) $\cosh t = \dfrac{e^t + e^{-t}}{2} = \dfrac{5}{3}$ ---(1), $\sinh t = \dfrac{e^t - e^{-t}}{2} = \dfrac{4}{3}$ ---(2)

(1)과 (2)를 더하면 $e^t = 3$, 즉, 점 P: (5/3, 4/3, 0)은 $t = \ln 3$ 에 해당하므로

$\boldsymbol{r}(\ln 3) = [5/3, 4/3, 0]$, $\boldsymbol{r}'(\ln 3) = [4/3, 5/3, 0]$, $\boldsymbol{u}(\ln 3) = \dfrac{3}{\sqrt{41}}[4/3, 5/3, 0]$

(3) $\boldsymbol{r}_T(t) = \boldsymbol{r}(\ln 3) + t\boldsymbol{r}'(\ln 3) = [5/3, 4/3, 0] + t[4/3, 5/3, 0]$

$= [5/3 + 4t/3, 4/3 + 5t/3, 0]$

$x = \cosh t$, $y = \sinh t \ \rightarrow\ x^2 - y^2 = 1$

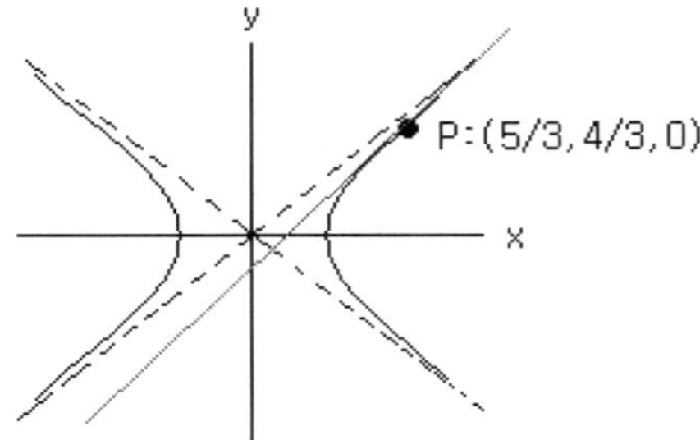

10. $I = \displaystyle\int \left[te^t, -e^{-2t}, te^{t^2}\right] dt$;

$\displaystyle\int te^t dt = (t-1)e^t + c_1$, $\displaystyle\int e^{-2t} dt = -\frac{1}{2}e^{-2t} + c_2$, $\displaystyle\int te^{t^2} dt = \frac{1}{2}e^{t^2} + c_3$

$\therefore\ I = \left[(t-1)e^t, \dfrac{1}{2}e^{-2t}, \dfrac{1}{2}e^{t^2}\right] + \boldsymbol{C}$

11. $\boldsymbol{r}'(t) = [6, 6t, 3t^2]$, $\boldsymbol{r}(0) = [1, -2, 1]$;

$\boldsymbol{r}(t) = \displaystyle\int \boldsymbol{r}'(t) dt = \int [6, 6t, 3t^2] dt = [6t, 3t^2, t^3] + \boldsymbol{C}$

$\boldsymbol{r}(0) = [1, -2, 1] = \boldsymbol{C}$ $\qquad \therefore \boldsymbol{r}(t) = [6t+1, 3t^2 - 2, t^3 + 1]$

12. $(\boldsymbol{u}\,\boldsymbol{v}\,\boldsymbol{w}) = \boldsymbol{u} \cdot (\boldsymbol{v} \times \boldsymbol{w})$ 와 미분의 성질 (iii), (iv)를 이용하면

$(\boldsymbol{u}\,\boldsymbol{v}\,\boldsymbol{w})' = [\boldsymbol{u} \cdot (\boldsymbol{v} \times \boldsymbol{w})]' = \boldsymbol{u}' \cdot (\boldsymbol{v} \times \boldsymbol{w}) + \boldsymbol{u} \cdot (\boldsymbol{v} \times \boldsymbol{w})'$

$= \boldsymbol{u}' \cdot (\boldsymbol{v} \times \boldsymbol{w}) + \boldsymbol{u} \cdot (\boldsymbol{v}' \times \boldsymbol{w} + \boldsymbol{v} \times \boldsymbol{w}')$

$= \boldsymbol{u}' \cdot (\boldsymbol{v} \times \boldsymbol{w}) + \boldsymbol{u} \cdot (\boldsymbol{v}' \times \boldsymbol{w}) + \boldsymbol{u} \cdot (\boldsymbol{v} \times \boldsymbol{w}')$

$= (\boldsymbol{u}'\,\boldsymbol{v}\,\boldsymbol{w}) + (\boldsymbol{u}\,\boldsymbol{v}'\,\boldsymbol{w}) + (\boldsymbol{u}\,\boldsymbol{v}\,\boldsymbol{w}')$

13. $\boldsymbol{v} = [v_1, v_2, v_3]$, $\boldsymbol{r}(t) = [x(t), y(t), z(t)]$ 로 놓으면

$$\int \boldsymbol{v} \cdot \boldsymbol{r}(t)dt = \int [v_1, v, v_3] \cdot [x(t), y(t), z(t)]dt$$
$$= \int [v_1 x(t) + v_2 y(t) + v_3 z(t)]dt = \int v_1 x(t)dt + \int v_2 y(t)dt + \int v_3 z(t)dt$$
$$= v_1 \int x(t)dt + v_2 \int y(t)dt + v_3 \int z(t)dt = \boldsymbol{v} \cdot \int \boldsymbol{r}(t)dt$$

14. (1) $y = \frac{b}{a}x$, $0 \leqq x \leqq a$; $y' = \frac{b}{a}$, $L = \int_0^a \sqrt{1+(y')^2}\,dx = \int_0^a \frac{\sqrt{a^2+b^2}}{a}dx = \sqrt{a^2+b^2}$

(2) $\boldsymbol{r}(t) = [at, bt]$, $0 \leqq t \leqq 1$; $\boldsymbol{r}'(t) = [a, b]$, $L = \int_0^1 |\boldsymbol{r}'(t)|dt = \int_0^1 \sqrt{a^2+b^2}\,dt = \sqrt{a^2+b^2}$

15. $\boldsymbol{r}(t) = [t, \cosh t]$, $0 \leq t \leq 1$;

(1) $x = t$, $y = \cosh t$ $\rightarrow$ $y = \cosh x$

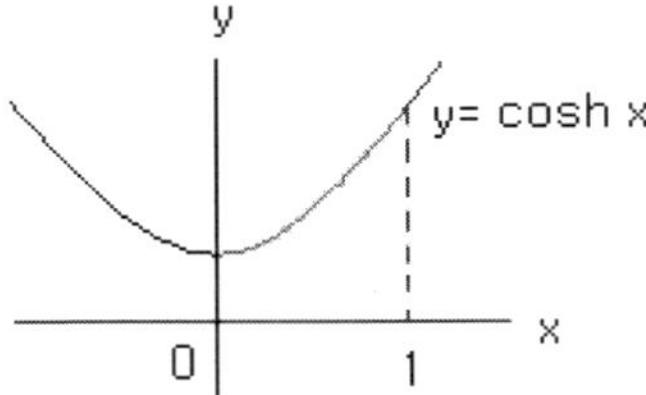

$\boldsymbol{r}'(t) = [1, \sinh t]$, $|\boldsymbol{r}'(t)| = \sqrt{1+\sinh^2 t} = \cosh t$

$$L = \int_0^1 |\boldsymbol{r}'|dt = \int_0^1 \cosh t\,dt = \sinh t \Big|_0^1 = \sinh 1$$

(2) $0 \leqq t \leqq 1$은 $0 \leqq x \leqq 1$에 해당하므로 $L = \int_a^b \sqrt{1+[f'(x)]^2}\,dx$

$$L = \int_a^b \sqrt{1+[f'(x)]^2}\,dx = \int_0^1 \sqrt{1+\sinh^2 x}\,dx = \int_0^1 \cosh x\,dx = \sinh 1$$

16. $y = f(x)$의 매개변수 표현은 $\boldsymbol{r}(t) = [t, f(t)]$이므로 $\boldsymbol{r}'(t) = [1, f'(t)]$.

$|\boldsymbol{r}'(t)| = \sqrt{1+[f'(t)]^2}$ 이므로

$$L = \int_{t=a}^b |\boldsymbol{r}'(t)|dt = \int_{t=a}^b \sqrt{1+[f'(t)]^2}\,dt = \int_{x=a}^b \sqrt{1+[f'(x)]^2}\,dx$$

17. $x^2+y^2 = 1$에서 $y = \sqrt{1-x^2}$, $y' = -\frac{x}{\sqrt{1-x^2}}$

$$L = 4\int_0^1 \sqrt{1+f'(x)^2}\,dx = 4\int_0^1 \sqrt{1+\frac{x^2}{1-x^2}}\,dx = 4\int_0^1 \frac{1}{\sqrt{1-x^2}}dx$$
$$= 4[\sin^{-1}1 - \sin^{-1}0] = 4 \cdot \frac{\pi}{2} = 2\pi$$

8.3 속도, 가속도

1. $r(t)=[-\cosh 2t, \sinh 2t]$;

$$x=-\cosh 2t,\ y=\sinh 2t \ \rightarrow\ x^2-y^2=1$$
$$V(t)=r'(t)=[-2\sinh 2t, 2\cosh 2t],\ V(0)=[0,2],\ |V(0)|=2$$
$$a(t)=V'(t)=[-4\cosh 2t, 4\sinh 2t],\ a(0)=[-4,0]$$

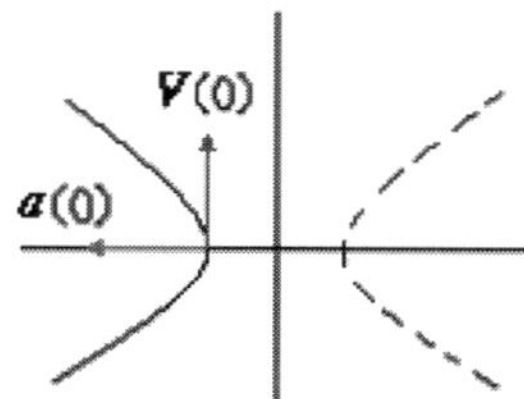

2. $r(t)=[t^2, t^3-2t, t^2-5t]$;

$$x=t^2,\ y=t^3-2t,\ z=t^2-5t=t(t-5)=0 \ \therefore\ t=0,\ 5$$
$$r(t)=[t^2, t^3-2t, t^2-5t] \ \rightarrow\ r(0)=[0,0,0],\ r(5)=[25,115,0]$$
$$V(t)=[2t, 3t^2-2, 2t-5] \ \rightarrow\ V(0)=[0,-2,-5],\ V(5)=[10,73,5]$$
$$a(t)=[2,6t,2] \ \rightarrow\ a(0)=[2,0,2],\ a(5)=[2,30,2]$$

3. $a(t)=[0,-10]$ 이므로

$$V(t)=\int a(t)dt=[0,-10t]+c_1,\ V(0)=[5,0]=c_1 \ \therefore\ V(t)=[5,-10t]$$
$$r(t)=\int V(t)dt=[5t,-5t^2]+c_2,\ r(0)=[0,20]=c_2 \ \therefore\ r(t)=[5t, 20-5t^2]$$

땅에 떨어질 때 $20-5t^2=0,\ t=2$

$$V(2)=[5,-20],\ |V(2)|=\sqrt{5^2+20^2}=5\sqrt{17}\ .$$

4. $a(t)=[0,-g]$ 이므로

$$V(t)=\int a(t)dt=[0,-gt]+c_1.\ V(0)=[v_0\cos\theta, v_0\sin\theta]\text{이므로}$$
$$V(t)=[v_0\cos\theta, v_0\sin\theta-gt]$$
$$r(t)=\int V(t)dt=\left[v_0\cos\theta\cdot t,\ v_0\sin\theta\cdot t-\frac{1}{2}gt^2\right]+c_2,\ r(0)=0\text{ 이므로}$$
$$r(t)=\left[v_0\cos\theta\cdot t,\ v_0\sin\theta\cdot t-\frac{1}{2}gt^2\right]$$

공이 땅에 떨어질 때 $v_0\sin\theta\cdot t-\frac{1}{2}gt^2=0$ 이므로 $t=\frac{2v_0\sin\theta}{g}$.

300피트를 날아가기 위해서는 $v_0\cos\theta\cdot\frac{2v_0\sin\theta}{g}=300$

$$v_0=\sqrt{\frac{300\cdot g}{2\cos\theta\sin\theta}}=\sqrt{\frac{300\cdot 32}{2\cos 45^\circ\sin 45^\circ}}=\sqrt{300\cdot 32}=40\sqrt{6}$$

5.

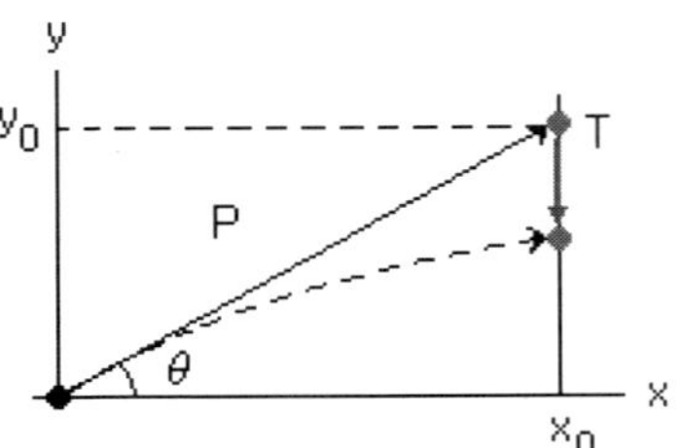

먼저 포탄(P)의 궤도를 구한다. $\boldsymbol{a}(t) = [0, -g]$에서

$\boldsymbol{V}_P(t) = \int \boldsymbol{a}(t)dt = [0, -gt] + \boldsymbol{c}_1$. $\boldsymbol{V}_P(0) = [v_0\cos\theta, v_0\sin\theta]$이므로

$$\boldsymbol{V}_P(t) = [v_0\cos\theta, v_0\sin\theta - gt]$$

$\boldsymbol{r}_P(t) = \int \boldsymbol{V}_P(t)dt = \left[v_0\cos\theta \cdot t, v_0\sin\theta \cdot t - \frac{1}{2}gt^2\right] + \boldsymbol{c}_2$, $\boldsymbol{r}_P(0) = \boldsymbol{0}$ 이므로

$$\boldsymbol{r}_P(t) = \left[v_0\cos\theta \cdot t, v_0\sin\theta \cdot t - \frac{1}{2}gt^2\right]$$

한편, 표적(T)에 대해서는

$\boldsymbol{V}_T(t) = \int \boldsymbol{a}(t)dt = [0, -gt] + \boldsymbol{c}_3$. $\boldsymbol{V}_T(0) = \boldsymbol{0}$ 이므로 $\boldsymbol{V}_T(t) = [0, -gt]$

$\boldsymbol{r}_T(t) = \int \boldsymbol{V}_T(t)dt = \left[0, -\frac{1}{2}gt^2\right] + \boldsymbol{c}_4$, $\boldsymbol{r}_T(0) = [x_0, y_0]$이므로

$$\boldsymbol{r}_T(t) = \left[x_0, y_0 - \frac{1}{2}gt^2\right]$$

포탄이 x_0에 도달하는 시간은 $v_0\cos\theta \cdot t = x_0$에서 $t = \frac{x_0}{v_0\cos\theta}$이고 이때 포탄의 높이는

$$y_p = v_0\sin\theta\left(\frac{x_0}{v_0\cos\theta}\right) - \frac{1}{2}g\left(\frac{x_0}{v_0\cos\theta}\right)^2 = x_0\tan\theta - \frac{1}{2}g\left(\frac{x_0}{v_0\cos\theta}\right)^2 = y_0 - \frac{1}{2}g\left(\frac{x_0}{v_0\cos\theta}\right)^2$$

이고 표적의 높이는

$$y_T = y_0 - \frac{1}{2}g\left(\frac{x_0}{v_0\cos\theta}\right)^2$$

로 같다. 따라서 포탄은 표적을 명중시킨다.

6. (1) $\boldsymbol{r}(t) = [3t, -t, 2t]$; $\boldsymbol{V}(t) = [3, -1, 2]$, $\boldsymbol{a}(t) = [0,0,0]$

$$\boldsymbol{a}_T = \frac{\boldsymbol{a} \cdot \boldsymbol{V}}{\boldsymbol{V} \cdot \boldsymbol{V}}\boldsymbol{V} = \boldsymbol{0}, \quad \boldsymbol{a}_N = \boldsymbol{a} - \boldsymbol{a}_T = \boldsymbol{0}$$

$$\boldsymbol{a}_T \cdot \boldsymbol{a}_N = \boldsymbol{0} \cdot \boldsymbol{0} = 0$$

(2) $\boldsymbol{r}(t) = [0,0,t^2]$; $\boldsymbol{V}(t) = [0,0,2t]$, $\boldsymbol{a}(t) = [0,0,2]$

$$\boldsymbol{a}_T = \frac{\boldsymbol{a} \cdot \boldsymbol{V}}{\boldsymbol{V} \cdot \boldsymbol{V}}\boldsymbol{V} = \frac{2 \cdot 2t}{(2t)^2}[0,0,2t] = [0,0,2],$$

$$\boldsymbol{a}_N = \boldsymbol{a} - \boldsymbol{a}_T = [0,0,2] - [0,0,2] = [0,0,0]$$

$$\boldsymbol{a}_T \cdot \boldsymbol{a}_N = [0,0,2] \cdot [0,0,0] = 0$$

(3) $\boldsymbol{r}(t) = [e^t, e^{-t}]$; $\boldsymbol{V}(t) = [e^t, -e^{-t}]$, $\boldsymbol{a}(t) = [e^t, e^{-t}]$

$$\boldsymbol{a}_T = \frac{\boldsymbol{a} \cdot \boldsymbol{V}}{\boldsymbol{V} \cdot \boldsymbol{V}} \boldsymbol{V} = \frac{e^{2t} - e^{-2t}}{e^{2t} + e^{-2t}} [e^t, -e^{-t}],$$

$$\boldsymbol{a}_N = \boldsymbol{a} - \boldsymbol{a}_T = [e^t, e^{-t}] - \frac{e^{2t} - e^{-2t}}{e^{2t} + e^{-2t}} [e^t, -e^{-t}] = \frac{2}{e^{2t} + e^{-2t}} [e^{-t}, e^t]$$

벡터의 스칼라곱을 제외하고 계산하면

$$\boldsymbol{a}_T \cdot \boldsymbol{a}_N = [e^t, -e^{-t}] \cdot [e^{-t}, e^t] = 1 - 1 = 0$$

(4) $\boldsymbol{r}(t) = t\boldsymbol{r}_0$, $\boldsymbol{r}_0 = [\cos t, \sin t]$;

$$\boldsymbol{V} = \boldsymbol{r}' = (t\boldsymbol{r}_0)' = \boldsymbol{r}_0 + t\boldsymbol{r}_0'$$

$$\boldsymbol{a} = \boldsymbol{V}' = (\boldsymbol{r}_0 + t\boldsymbol{r}_0')' = \boldsymbol{r}_0' + b\boldsymbol{r}_0' + t\boldsymbol{r}_0'' = 2\boldsymbol{r}_0' + t\boldsymbol{r}_0'' = 2\boldsymbol{r}_0' - t\boldsymbol{r}_0 \quad (\because\ \boldsymbol{r}_0'' = -\boldsymbol{r}_0)$$

$|\boldsymbol{r}_0| = |\boldsymbol{r}_0'| = 1$, $\boldsymbol{r}_0 \cdot \boldsymbol{r}_0' = 0$ 임을 이용하면

$$\boldsymbol{a}_T = \frac{\boldsymbol{a} \cdot \boldsymbol{V}}{\boldsymbol{V} \cdot \boldsymbol{V}} \boldsymbol{V} = \frac{(2\boldsymbol{r}_0' - t\boldsymbol{r}_0) \cdot (\boldsymbol{r}_0 + t\boldsymbol{r}_0')}{(\boldsymbol{r}_0 + t\boldsymbol{r}_0') \cdot (\boldsymbol{r}_0 + t\boldsymbol{r}_0')} (\boldsymbol{r}_0 + t\boldsymbol{r}_0')$$

$$= \frac{2\boldsymbol{r}_0' \cdot \boldsymbol{r}_0 + 2t|\boldsymbol{r}_0'|^2 - t|\boldsymbol{r}_0|^2 - t^2\boldsymbol{r}_0 \cdot \boldsymbol{r}_0}{|\boldsymbol{r}_0|^2 + 2t\boldsymbol{r}_0 \cdot \boldsymbol{r}_0' + t^2|\boldsymbol{r}_0'|^2} (\boldsymbol{r}_0 + t\boldsymbol{r}_0') = \frac{t}{1+t^2} (\boldsymbol{r}_0 + t\boldsymbol{r}_0')$$

$$\boldsymbol{a}_N = \boldsymbol{a} - \boldsymbol{a}_T = 2\boldsymbol{r}_0' - t\boldsymbol{r}_0 - \frac{t}{1+t^2} (\boldsymbol{r}_0 + t\boldsymbol{r}_0')$$

$$= \left(2 - \frac{t^2}{1+t^2}\right)\boldsymbol{r}_0' - \left(t + \frac{t}{1+t^2}\right)\boldsymbol{r}_0 = \frac{2+t^2}{1+t^2} (\boldsymbol{r}_0' - t\boldsymbol{r}_0)$$

벡터의 스칼라곱을 제외하고 계산하면

$$\boldsymbol{a}_T \cdot \boldsymbol{a}_N = (\boldsymbol{r}_0 + t\boldsymbol{r}_0') \cdot (\boldsymbol{r}_0' - t\boldsymbol{r}_0) = \boldsymbol{r}_0 \cdot \boldsymbol{r}_0' - t|\boldsymbol{r}_0|^2 + t|\boldsymbol{r}_0'|^2 - t^2\boldsymbol{r}_0' \cdot \boldsymbol{r}_0 = 0$$

7. $\boldsymbol{r}_0(t) = [\cos t, \sin t]$ 이므로 $t = \pi$ 에서 $\boldsymbol{r}_0(\pi) = [-1, 0]$, $\boldsymbol{r}_0'(\pi) = [0, -1]$

(1) 본문에서 $\boldsymbol{a}(t) = 2\boldsymbol{r}_0'(t) - t\boldsymbol{r}_0(t)$ 이므로

$$\boldsymbol{a}(\pi) = 2\boldsymbol{r}_0'(\pi) - \pi\boldsymbol{r}_0(\pi) = 2[0, -1] - \pi[-1, 0] = [\pi, -2]$$

(2) 문제6의 (4)에서 $\boldsymbol{a}_T = \dfrac{t}{1+t^2}(\boldsymbol{r}_0 + t\boldsymbol{r}_0')$, $\boldsymbol{a}_N = \dfrac{2+t^2}{1+t^2}(\boldsymbol{r}_0' - t\boldsymbol{r}_0)$ 이므로

$$\boldsymbol{a}_T(\pi) = \frac{\pi}{1+\pi^2}([-1, 0] + \pi[0, -1]) = \frac{\pi}{1+\pi^2}[-1, -\pi]$$

$$\boldsymbol{a}_N(\pi) = \frac{2+\pi^2}{1+\pi^2}([0, -1] - \pi[-1, 0]) = \frac{2+\pi^2}{1+\pi^2}[\pi, -1]$$

$$\boldsymbol{a}(\pi) = \boldsymbol{a}_T(\pi) + \boldsymbol{a}_N(\pi) = \frac{\pi}{1+\pi^2}[-1, -\pi] + \frac{2+\pi^2}{1+\pi^2}[\pi, -1] = [\pi, -2]$$

(3) 본문에서 $\boldsymbol{a}_{cor}(t) = 2\boldsymbol{r}_0'$, $\boldsymbol{a}_{cent}(t) = -t\boldsymbol{r}_0$ 이므로

$$\boldsymbol{a}_{cor}(\pi) = 2[0, -1] = [0, -2] \ , \ \boldsymbol{a}_{cent}(\pi) = -\pi[-1, 0] = [\pi, 0]$$

$$\boldsymbol{a}(\pi) = \boldsymbol{a}_{cor}(\pi) + \boldsymbol{a}_{cent}(\pi) = [0, -2] + [\pi, 0] = [\pi, -2]$$

8. (1) $\boldsymbol{r}(u, v) = [u, v, 0]$ 에서 $z = 0$.

$u = c$ 이면 $\boldsymbol{r}(v) = [c, v]$: $x = c$ 인 직선

$v = c$ 이면 $\boldsymbol{r}(u) = [u, c]$: $y = c$ 인 직선

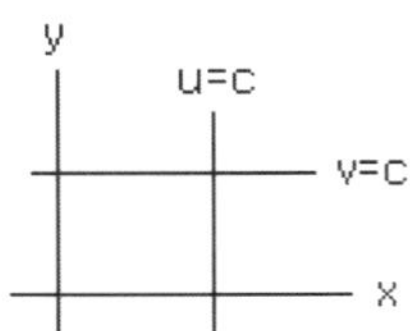

(2) $\boldsymbol{r}(u,v)=[a\cos v, b\sin v, u]$, $0 \leqq u \leqq 1$ 에서 $\left(\frac{x}{a}\right)^2+\left(\frac{y}{b}\right)^2=\cos^2 v+\sin^2 v=1$.

$u=c$ 이면 $\boldsymbol{r}(v)=[a\cos v, b\sin v, c]$: 타원(ellipse)

$v=c$ 이면 $\boldsymbol{r}(u)=[c_1, c_2, u]$, $0 \leqq u \leqq 1$: z축에 평행한 직선, $0 \leqq z \leqq 1$

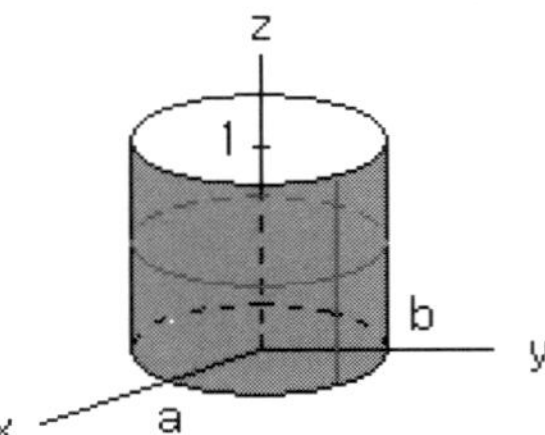

(3) $\boldsymbol{r}(u,v)=[u\cos v, u\sin v, u]$ 에서 $\sqrt{x^2+y^2}=\sqrt{(u\cos v)^2+(u\sin v)^2}=u=z$, $0 \leqq z \leqq 1$

$u=c$ 이면 $\boldsymbol{r}(v)=[c\cos v, c\sin v, c]$: 반지름 c 인 원

$v=c$ 이면 $\boldsymbol{r}(u)=[u\cos c, u\sin c, u]$, $x=u\cos c$, $y=u\sin c$, $z=u$ → $\frac{x}{\cos c}=\frac{y}{\sin c}=\frac{z}{1}$

평면 $y=kx$ $(k=\tan c)$와 원뿔의 교선인 직선

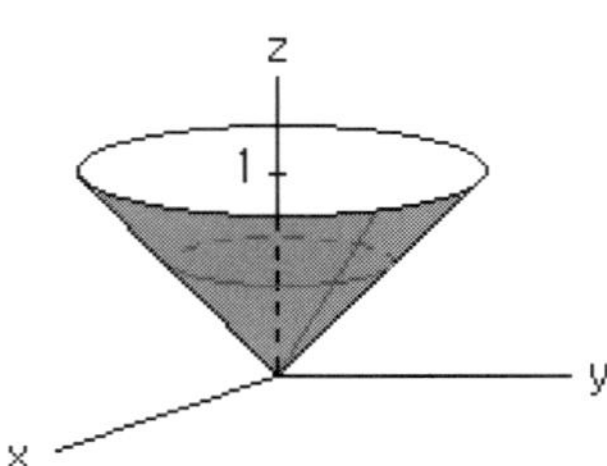

8.4 기울기벡터

1. (1) $T=\tan^{-1}(y/x)$, P:(3,4) ;

$$\frac{\partial T}{\partial x}=\frac{-y/x^2}{1+(y/x)^2}=-\frac{y}{x^2+y^2},\quad \frac{\partial T}{\partial y}=\frac{1/x}{1+(y/x)^2}=\frac{x}{x^2+y^2}$$

$$\therefore\ -\nabla T_{(3,4)}=\left[\frac{y}{x^2+y^2},-\frac{x}{x^2+y^2}\right]_{(3,4)}=[4/25,-3/25]$$

(2) $T=e^{x^2-y^2}\sin 2xy$, P:(1,1) ;

$$\frac{\partial T}{\partial x}=2xe^{x^2-y^2}\sin 2xy+e^{x^2-y^2}2y\cos 2xy=2e^{x^2-y^2}(x\sin 2xy+y\cos 2xy),$$

$\frac{\partial T}{\partial y} = -2ye^{x^2-y^2}\sin 2xy + e^{x^2-y^2}2x\cos 2xy = 2e^{x^2-y^2}(x\cos 2xy - y\sin 2xy)$

$\therefore\ -\nabla T_{(1,1)} = -2[\cos 2 + \sin 2, \cos 2 - \sin 2]$

(3) $T = xyz$, P:(1,1,1) ;

$-\nabla T_{(1,1,1)} = -[yz, xz, xy]_{(1,1,1)} = [-1,-1,-1]$

(4) $T = \sin x\cosh(yz)$, P:(π/2,0,1) ;

$-\nabla T_{(\pi/2,0,1)} = -[\cos x\cosh(yz), z\sin x\sinh(yz), y\sin x\sinh(yz)]_{(\pi/2,0,1)} = [0,0,0]$

2. $f = e^x\cos y$, $P:(2,\pi,0)$, $\boldsymbol{a} = 2\boldsymbol{i} + 3\boldsymbol{j}$;

$\nabla f_{(2,\pi,0)} = [e^x\cos y, -e^x\sin y, 0]_{(2,\pi,0)} = [-e^2,0,0]$

$|\boldsymbol{a}| = \sqrt{2^2+3^2} = \sqrt{13}$, $\boldsymbol{u} = \frac{\boldsymbol{a}}{|\boldsymbol{a}|} = \frac{1}{\sqrt{13}}[2,3,0]$

$\therefore\ D_{\boldsymbol{u}} f = \boldsymbol{u}\cdot\nabla f = \frac{1}{\sqrt{13}}[2,3,0]\cdot[-e^2,0,0] = -\frac{2}{\sqrt{13}}e^2$

3. $f(x,y) = x^2+y^2$, x 축과 30° ;

(1) $D_{\boldsymbol{u}} f = \boldsymbol{u}\cdot\nabla f = [\cos 30^\circ, \sin 30^\circ]\cdot[2x,2y] = \sqrt{3}x + y$

(2) $D_{\boldsymbol{u}} f = \lim_{h\to 0}\frac{1}{h}[f(x+h\cos 30^\circ,\ y+h\sin 30^\circ) - f(x,y)]$

$= \lim_{h\to 0}\frac{1}{h}[(x+\sqrt{3}h/2)^2 + (y+h/2)^2 - (x^2+y^2)] = \sqrt{3}x + y$

4. $z = 1500 - 3x^2 - 5y^2$, $P:(-0.5,0.1)$;

$\nabla z(-0.5,0.1) = [-6x,-10y]_{(-0.5,0.1)} = [3,-1]$, $|\nabla z| = \sqrt{3^2+(-1)^2} = \sqrt{10}$

5. $T(x,y) = x+y\ (x\geq 0,\ y\geq 0)$;

$\nabla T = [1,1]$. 움직이는 경로를 $\boldsymbol{r}(t) = [x(t), y(t)]$라 하면

$\boldsymbol{r}'(t) = [x'(t), y'(t)] = \nabla T = [1,1]$

이어야 하므로 $x'(t) = 1$, $y'(t) = 1$ 에서 $x = t + c_1$, $y(t) = t + c_2$.

$t = 0$ 에서 (0,0)에 위치하므로 $c_1 = 0$, $c_2 = 0$ $\therefore\ y = x$.

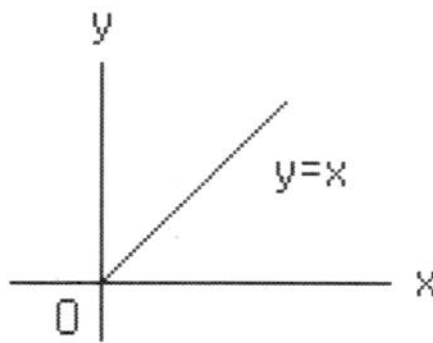

6. (ii) $\nabla(f+g) = [(f+g)_x, (f+g)_y, (f+g)_z] = [f_x+g_x, f_y+g_y, f_z+g_z]$

$= [f_x, f_y, f_z] + [g_x, g_y, g_z] = \nabla f + \nabla g$

(iv) $\nabla(f/g) = [(f/g)_x, (f/g)_y, (f/g)_z] = [(f_xg - f\,g_x)/g^2, (f_yg - f\,g_y)/g^2, (f_yg - f\,g_y)/g^2]$

$$= \frac{[f_x, f_y, f_z]g - f\,[g_x, g_y, g_z]}{g^2} = \frac{(\nabla f)g - f(\nabla g)}{g^2}$$

7. $V = \nabla f$ 이어야 하므로

$$\frac{\partial f}{\partial x} = \frac{x}{x^2+y^2} \text{ --- (1)}, \quad \frac{\partial f}{\partial y} = \frac{y}{x^2+y^2} \text{ --- (2)}$$

(1)에서 $f = \int \frac{x}{x^2+y^2}dx = \frac{1}{2}\ln(x^2+y^2) + g(y)$ $(t = x^2+y^2$ 로 치환)이고, 이를 y로 편미분하여 (2)와 비교하면 $g'(y) = 0$, 또는 $g(y) = k$(상수). $k=0$을 선택하면, $f(x,y) = \frac{1}{2}\ln(x^2+y^2)$.

8. (1) $y = 1-x^2$, $P:(1,0)$;

$f(x,y) = x^2+y$로 놓으면

$$\nabla f_{(1,0)} = [2x, 1]_{(1,0)} = [2,1], \ |\nabla f_{(1,0)}| = \sqrt{2^2+1^2} = \sqrt{5}$$

$$\therefore \ \boldsymbol{n} = \frac{\nabla f}{|\nabla f|} = \frac{1}{\sqrt{5}}[2,1]$$

(2) $z = \sqrt{x^2+y^2}$, $P:(6,8,10)$;

$g(x,y,z) = \sqrt{x^2+y^2} - z$로 놓으면

$$\nabla g(6,8,10) = \left[\frac{x}{\sqrt{x^2+y^2}}, \frac{y}{\sqrt{x^2+y^2}}, -1\right]_{(6,8,10)} = [3/5, 4/5, -1]$$

$$|\nabla g| = \sqrt{(3/5)^2+(4/5)^2+(-1)^2} = \sqrt{2}, \ \therefore \ \boldsymbol{n} = \frac{\nabla g}{|\nabla g|} = \frac{1}{\sqrt{2}}[3/5, \ 4/5, -1]$$

9. $g(x,y,z) = x^2+y^2-z = 0$의 법선벡터가 $[4,1,1/2]$에 평행하려면

$$\nabla g = [2x, 2y, -1] = k[4,1,1/2].$$

따라서 $2x = 4k$, $2y = k$, $-1 = k/2$에서 $x = -4$, $y = -1$이고

$z = x^2+y^2 = (-4)^2+(-1)^2 = 17$. $\therefore$ (-4,-1,17)

10. $x^2+y^2+z^2 = a^2$: $g(x,y,z) = x^2+y^2+z^2$로 놓으면 $\nabla g = [2x, 2y, 2z]$이고 곡면 위의 임의의 점 (x_0, y_0, z_0)에서 $\nabla g_{(x_0,y_0,z_0)} = [2x_0, 2y_0, 2z_0]$이다. 따라서, 법선벡터의 연장선은

$$\boldsymbol{r}(t) = \boldsymbol{r}_0 + t\nabla g = (1+2t)[x_0, y_0, z_0]$$

이고, 이는 $t = -1/2$일 때 항상 원점을 지남.

(별해) $x = (1+2t)x_0$, $y = (1+2t)y_0$, $z = (1+2t)z_0$에서 직선의 방정식은

$$\frac{x-x_0}{2x_0} = \frac{y-y_0}{2y_0} = \frac{z-z_0}{2z_0}$$

이고, 이는 $(0,0,0)$을 만족하므로 원점을 통과한다.

11. $z = \ln(x^2+y^2)$, $(1/\sqrt{2}, 1/\sqrt{2}, 0)$;

$g(x,y,z) = \ln(x^2+y^2) - z = 0$으로 놓으면 $\nabla g = \left[\frac{2x}{x^2+y^2}, \frac{2y}{x^2+y^2}, -1\right]$이고

점 $(1/\sqrt{2},1/\sqrt{2},0)$에서 $\nabla g=[\sqrt{2},\sqrt{2},-1]$이다. 따라서 접평면은

$$\sqrt{2}(x-1/\sqrt{2})+\sqrt{2}(y-1/\sqrt{2})-(z-0)=0 \text{ 또는 } \sqrt{2}x+\sqrt{2}y-z=2.$$

12. $x^2+4x+y^2+z^2-2z=11$;

$g(x,y,z)=x^2+4x+y^2+z^2-2z=11$, $\nabla g=[2x+4,2y,2z-2]$. 법선벡터가 z축에 평행해야 하므로 $2x+4=0$, $2y=0$에서 $x=-2$, $y=0$. 이 때 $z=5,-3$이므로 접평면이 수평이 되는 점은 (-2,0.5), (-2,0,-3).

8.5 발산 및 회전

1. $\boldsymbol{V}=e^x\boldsymbol{i}+ye^{-x}\boldsymbol{j}+2z\sinh x\,\boldsymbol{k}$;

$$\nabla\cdot\boldsymbol{V}=e^x+e^{-x}+2\sinh x=e^x+e^{-x}+2\left(\frac{e^x-e^{-x}}{2}\right)=2e^x$$

2. (1) $\boldsymbol{V}=[x,-y]$; 유입, 유출율이 같다.

$$\nabla\cdot\boldsymbol{V}=\frac{\partial}{\partial x}(x)+\frac{\partial}{\partial y}(-y)=1-1=0$$

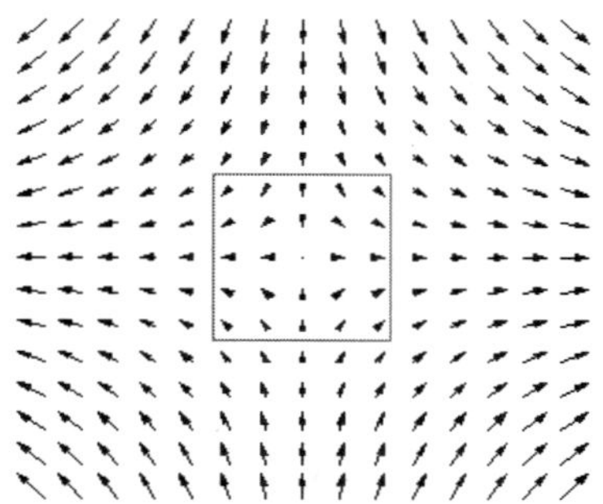

(2) $\boldsymbol{V}=[x^2,0]$; $x<0$일 때 순수유입, $x=0$일 때 유입=유출, $x>0$일 때 순수유출

$$\nabla\cdot\boldsymbol{V}=2x.\nabla\cdot\boldsymbol{V}=\frac{\partial}{\partial x}(x^2)+\frac{\partial}{\partial y}(0)=2x$$

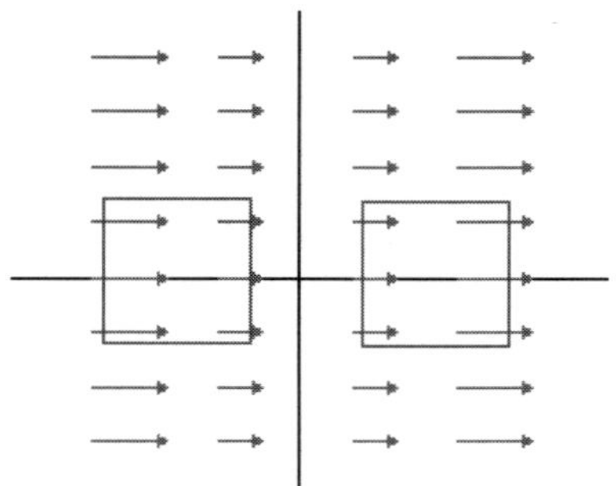

3. $\boldsymbol{V}=[x,0,0]$

(1) $\nabla \cdot \boldsymbol{V} = \frac{\partial}{\partial x}(x) + \frac{\partial}{\partial y}(0) + \frac{\partial}{\partial z}(0) = 1+0+0 = 1 \neq 0$ 이므로 압축성.

(2) $\boldsymbol{r}(t) = [x(t), y(t), z(t)]$ 이면 $\boldsymbol{V} = [x'(t), y'(t), z'(t)]$ 이므로

$$x'(t) = x,\ y'(t) = 0,\ z'(t) = 0 \ \rightarrow \ x(t) = c_1 e^t,\ y(t) = c_2,\ z(t) = c_3$$

에서 $\boldsymbol{r}(t) = [x(t), y(t), z(t)] = [c_1 e^t, c_2, c_3]$. 따라서,

$$\boldsymbol{r}(0) = [c_1, c_2, c_3],\ \boldsymbol{r}(1) = [c_1 e, c_2, c_3].$$

$t=0$ 에서 $t=1$ 에서 y, z 좌표의 변화는 없으며 x 좌표만이 e 배 증가하므로 부피도 e 배 증가한다. 즉 (1)의 예상과 같이 유체는 압축성이다.

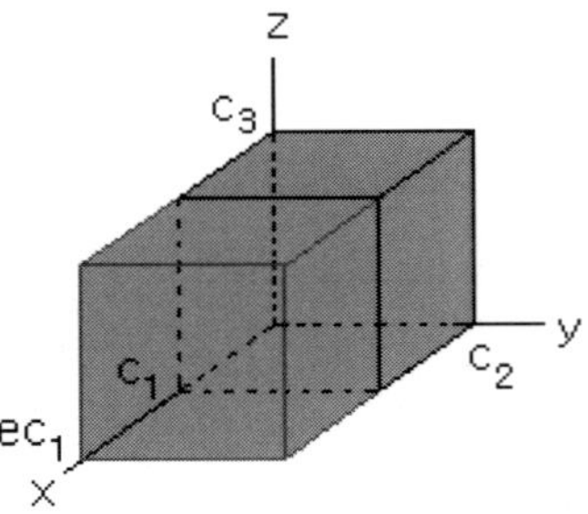

4. (iv) $\nabla \cdot (f \nabla g) = (f g_x)_x + (f g_y)_y + (f g_z)_z = f_x g_x + f g_{xx} + f_y g_y + f g_{yy} + f_z g_z + f g_{zz}$

$$= f(g_{xx} + g_{yy} + g_{zz}) + [f_x, f_y, f_z] \cdot [g_x, g_y, g_z] = f \nabla^2 g + \nabla f \cdot \nabla g$$

5. $\phi = \frac{c}{|\boldsymbol{r}|} = \frac{c}{\sqrt{x^2+y^2+z^2}} = c(x^2+y^2+z^2)^{-1/2}$;

$$\phi_x = -cx(x^2+y^2+z^2)^{-3/2},\ \phi_{xx} = -c(x^2+y^2+z^2)^{-3/2} + 3cx^2(x^2+y^2+z^2)^{-5/2}$$

$$\phi_y = -cy(x^2+y^2+z^2)^{-3/2},\ \phi_{yy} = -c(x^2+y^2+z^2)^{-3/2} + 3cy^2(x^2+y^2+z^2)^{-5/2}$$

$$\phi_z = -cz(x^2+y^2+z^2)^{-3/2},\ \phi_{zz} = -c(x^2+y^2+z^2)^{-3/2} + 3cz^2(x^2+y^2+z^2)^{-5/2}$$

$$\rightarrow \ \nabla^2 \phi = \phi_{xx} + \phi_{yy} + \phi_{zz} = 0$$

6. $\boldsymbol{V} = \frac{x\boldsymbol{i} + y\boldsymbol{j} + z\boldsymbol{k}}{(x^2+y^2+z^2)^{3/2}}$;

$$\nabla \times \boldsymbol{V} = \begin{vmatrix} \boldsymbol{i} & \boldsymbol{j} & \boldsymbol{k} \\ \partial/\partial x & \partial/\partial y & \partial/\partial z \\ \frac{x}{(x^2+y^2+z^2)^{3/2}} & \frac{y}{(x^2+y^2+z^2)^{3/2}} & \frac{z}{(x^2+y^2+z^2)^{3/2}} \end{vmatrix}$$

$$= \left\{ \left[\frac{z}{(x^2+y^2+z^2)^{3/2}} \right]_y - \left[\frac{y}{(x^2+y^2+z^2)^{3/2}} \right]_z \right\} \boldsymbol{i}$$

$$- \left\{ \left[\frac{z}{(x^2+y^2+z^2)^{3/2}} \right]_x - \left[\frac{x}{(x^2+y^2+z^2)^{3/2}} \right]_z \right\} \boldsymbol{j}$$

$$+ \left\{ \left[\frac{y}{(x^2+y^2+z^2)^{3/2}} \right]_x - \left[\frac{x}{(x^2+y^2+z^2)^{3/2}} \right]_y \right\} \boldsymbol{k}$$

$$= \left\{ \frac{-3yz(x^2+y^2+z^2)^{1/2}}{(x^2+y^2+z^2)^3} - \frac{-3yz(x^2+y^2+z^2)^{1/2}}{(x^2+y^2+z^2)^{3/2}} \right\} \boldsymbol{i}$$
$$- \left\{ \frac{-3zx(x^2+y^2+z^2)^{1/2}}{(x^2+y^2+z^2)^3} - \frac{-3zx(x^2+y^2+z^2)^{1/2}}{(x^2+y^2+z^2)^{3/2}} \right\} \boldsymbol{j}$$
$$+ \left\{ \frac{-3xy(x^2+y^2+z^2)^{1/2}}{(x^2+y^2+z^2)^3} - \frac{-3xy(x^2+y^2+z^2)^{1/2}}{(x^2+y^2+z^2)^{3/2}} \right\} \boldsymbol{k}$$
$$= [0,0,0]$$

7. $\boldsymbol{U} = [y,z,x]$, $\boldsymbol{V} = [yz,zx,xy]$, $f = xyz$;

$$\nabla \times \boldsymbol{U} = \begin{vmatrix} \boldsymbol{i} & \boldsymbol{j} & \boldsymbol{k} \\ \partial/\partial x & \partial/\partial y & \partial/\partial z \\ y & z & x \end{vmatrix} = [-1,-1,-1], \quad \nabla \times \boldsymbol{V} = \begin{vmatrix} \boldsymbol{i} & \boldsymbol{j} & \boldsymbol{k} \\ \partial/\partial x & \partial/\partial y & \partial/\partial z \\ yz & zx & xy \end{vmatrix} = [0,0,0]$$

(1) $\boldsymbol{U} \times (\nabla \times \boldsymbol{V}) = \begin{vmatrix} \boldsymbol{i} & \boldsymbol{j} & \boldsymbol{k} \\ y & z & x \\ 0 & 0 & 0 \end{vmatrix} = [0,0,0]$

(2) $\boldsymbol{V} \times (\nabla \times \boldsymbol{U}) = \begin{vmatrix} \boldsymbol{i} & \boldsymbol{j} & \boldsymbol{k} \\ yz & zx & xy \\ -1 & -1 & -1 \end{vmatrix} = [x(y-z), y(z-x), z(x-y)]$

(3) $\nabla f = [yz,zx,xy] = \boldsymbol{V}$이므로 $\boldsymbol{V} \times \nabla f = [0,0,0]$

8. $\boldsymbol{V} = [x, y, -z]$;

$$\nabla \cdot \boldsymbol{V} = \frac{\partial}{\partial x}(x) + \frac{\partial}{\partial y}(y) + \frac{\partial}{\partial z}(-z) = 1+1-1 = 1 \neq 0 \quad \therefore \text{ 압축성}$$

$$\nabla \times \boldsymbol{V} = \begin{vmatrix} \boldsymbol{i} & \boldsymbol{j} & \boldsymbol{k} \\ \partial/\partial x & \partial/\partial y & \partial/\partial z \\ x & y & -z \end{vmatrix} = \left[\frac{\partial(-z)}{\partial y} - \frac{\partial(y)}{\partial z}, \frac{\partial(x)}{\partial z} - \frac{\partial(-z)}{\partial x}, \frac{\partial(y)}{\partial x} - \frac{\partial(x)}{\partial y} \right]$$
$$= [0,0,0] \therefore \text{ 비회전성}$$

$\boldsymbol{r}(t) = [x(t), y(t), z(t)]$로 놓으면 $\boldsymbol{V} = \boldsymbol{r}'(t) = [x'(t), y'(t), z'(t)] = [x, y, -z]$

$$x'(t) = x, \; y'(t) = y, \; z'(t) = -z \;\rightarrow\; x(t) = c_1 e^t, \; y(t) = c_2 e^t, \; z(t) = c_3 e^{-t}$$
$$\boldsymbol{r}(t) = [c_1 e^t, c_2 e^t, c_3 e^{-t}].$$

9. (ii) $\nabla \times (\boldsymbol{U} + \boldsymbol{V}) = \begin{vmatrix} \boldsymbol{i} & \boldsymbol{j} & \boldsymbol{k} \\ \partial/\partial x & \partial/\partial y & \partial/\partial z \\ u_1+v_1 & u_2+v_2 & u_3+v_3 \end{vmatrix}$

$$= [(u_3+v_3)_y - (u_2+v_2)_z, (u_1+v_1)_z - (u_3+v_3)_x, (u_2+v_2)_x - (u_1+v_1)_y]$$
$$= [u_{3y} + v_{3y} - u_{2z} - v_{2z}, u_{1z} + v_{1z} - u_{3x} - v_{3x}, u_{2x} + v_{2x} - u_{1y} - v_{1y}]$$
$$= [u_{3y} - u_{2z}, u_{1z} - u_{3x}, u_{2x} - u_{1y}] + [v_{3y} - v_{2z}, v_{1z} - v_{3x}, v_{2x} - v_{1y}]$$
$$= \nabla \times \boldsymbol{U} + \nabla \times \boldsymbol{V}$$

(iii) $\nabla \times (f\boldsymbol{V}) = \begin{vmatrix} \boldsymbol{i} & \boldsymbol{j} & \boldsymbol{k} \\ \partial/\partial x & \partial/\partial y & \partial/\partial z \\ fv_1 & fv_2 & fv_3 \end{vmatrix}$

$$= [(fv_3)_y - (fv_2)_z]\,\boldsymbol{i} - [(fv_3)_x - (fv_1)_z]\,\boldsymbol{j} + [(fv_2)_x - (fv_1)_y]\,\boldsymbol{k}$$
$$= [f_y v_3 + fv_{3y} - f_z v_2 - fv_{2z}]\boldsymbol{i} - [f_x v_3 + fv_{3x} - f_z v_1 - fv_{1z}]\boldsymbol{j}$$

$$
\begin{aligned}
&\quad + [f_x v_2 + f v_{2x} - f_y v_1 - f v_{1y}]\boldsymbol{k} \\
&= [f_y v_3 - f_z v_2]\boldsymbol{i} - [f_x v_3 - f_z v_1]\boldsymbol{j} + [f_x v_2 - f_y v_1]\boldsymbol{k} \\
&\quad + f\,[(v_{3y} - v_{2z})\boldsymbol{i} - (v_{3x} - v_{1z})\boldsymbol{j} + (v_{2x} - v_{1y})\boldsymbol{k}] \\
&= (\nabla f) \times \boldsymbol{V} + f\,(\nabla \times \boldsymbol{V})
\end{aligned}
$$

제9장 벡터 적분학

9.1 중적분(복습)

1. (1) $\int_{y=0}^{2}\int_{x=0}^{y}\sinh(x+y)dxdy=\int_{y=0}^{2}[\cosh(x+y)]_{x=0}^{y}dy=\int_{y=0}^{2}(\cosh 2y-\cosh y)dy$

$$=\left[\frac{1}{2}\sinh 2y-\sinh y\right]_{y=0}^{2}=\frac{1}{2}\sinh 4-\sinh 2$$

(2) $\int_{x=0}^{2}\int_{y=x}^{2}\sinh(x+y)dydx=\int_{x=0}^{2}[\cosh(x+y)]_{y=x}^{2}dx=\int_{x=0}^{2}[\cosh(x+2)-\cosh 2x]dx$

$$=\left[\sinh(x+2)-\frac{1}{2}\sinh 2x\right]_{x=0}^{2}=\sinh 4-\frac{1}{2}\sinh 4-\sinh 2=\frac{1}{2}\sinh 4-\sinh 2$$

2. (1) $A=\int_{0}^{1}(x-x^2)dx=\frac{1}{6}$

(2) $A=\iint_R dxdy=\int_0^1\int_{x^2}^{x}dydx=\int_0^1[y]_{x^2}^{x}dx=\int_0^1(x-x^2)dx=\frac{1}{6}$

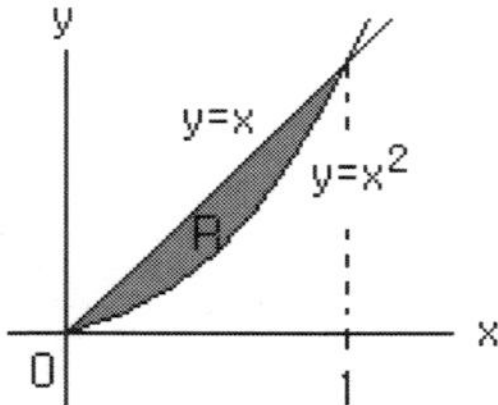

3. $\iint_R e^{x+3y}dxdy=\int_{y=1}^{2}\int_{x=y}^{5-y}e^{x+3y}dxdy=\int_{y=1}^{2}e^{3y}\int_{x=y}^{5-y}e^{x}dxdy$

$$=\int_{y=1}^{2}e^{3y}(e^{5-y}-e^{y})dy=\int_{y=1}^{2}(e^{5+2y}-e^{4y})dy=\left[\frac{1}{2}e^{5+2y}-\frac{1}{4}e^{4y}\right]_1^2$$

$$=\frac{1}{2}e^9-\frac{1}{4}e^8-\frac{1}{2}e^7+\frac{1}{4}e^4$$

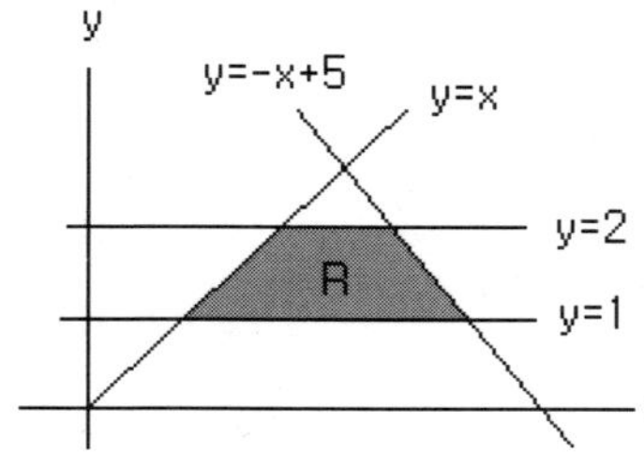

4. 영역 R은 $0\leq r\leq 2\sin 2\theta$, $0\leq\theta\leq\pi/2$ 이고 $dA=rdrd\theta$ 이므로

$$M=\iint_R\rho dA=\int_{r=0}^{2\sin 2\theta}\int_{\theta=0}^{\pi/2}(cr)rdrd\theta=c\int_{\theta=0}^{\pi/2}\int_{r=0}^{2\sin 2\theta}r^2drd\theta$$

$$= c\int_0^{\pi/2}\left[\frac{1}{3}r^3\right]_0^{2\sin2\theta} d\theta = \frac{8c}{3}\int_0^{\pi/2}\sin^3 2\theta d\theta = \frac{8c}{3}\int_0^{\pi/2}\sin^2 2\theta \cdot \sin2\theta d\theta$$

$$= \frac{8c}{3}\int_0^{\pi/2}(1-\cos^2 2\theta)\sin2\theta d\theta \ ; \ \cos2\theta = t \text{ 로 치환}$$

$$= \frac{4c}{3}\int_{-1}^{1}(1-t^2)dt = \frac{8c}{3}\int_0^1(1-t^2)dt = \frac{8c}{3}\cdot\frac{2}{3} = \frac{16c}{9}.$$

5. $\iint_R (2x^2 - xy - y^2)dxdy$

$$= \int_{x=2}^{7/3}\int_{y=4-2x}^{x-2}(2x^2-xy-y^2)dydx + \int_{x=7/3}^{8/3}\int_{y=x-3}^{x-2}(2x^2-xy-y^2)dydx$$

$$+ \int_{x=8/3}^{3}\int_{y=x-3}^{6-2x}(2x^2-xy-y^2)dydx$$

$$= \int_2^{7/3}\left(\frac{9}{2}x^3 - 30x + 24\right)dx + \int_{7/3}^{8/3}\left(\frac{15}{2}x - \frac{19}{3}\right)dx + \int_{8/3}^{3}\left(-\frac{9}{2}x^3 + \frac{135}{2}x - 81\right)dx$$

$$= \frac{121}{72} + \frac{149}{36} + \frac{181}{72} = \frac{25}{3}$$

6. (1) $\mathrm{erf}(\infty) = \frac{2}{\sqrt{\pi}}\int_0^\infty e^{-t^2}dt = \frac{2}{\sqrt{\pi}}\cdot\frac{\sqrt{\pi}}{2} = 1$: 본문 예제 11에서 $I = \int_0^\infty e^{-x^2}dx = \frac{\sqrt{\pi}}{2}$

(2) $I = \int_{-\infty}^{\infty} f(x)dx = \int_{-\infty}^{\infty}\frac{1}{\sqrt{2\pi}}e^{-\frac{x^2}{2}}dx$ 로 놓으면

$$I^2 = \int_{-\infty}^{\infty}\frac{1}{\sqrt{2\pi}}e^{-\frac{x^2}{2}}dx\int_{-\infty}^{\infty}\frac{1}{\sqrt{2\pi}}e^{-\frac{y^2}{2}}dy = \frac{1}{2\pi}\int_{-\infty}^{\infty}\int_{-\infty}^{\infty}e^{-\frac{1}{2}(x^2+y^2)}dxdy$$

$$= \frac{2}{\pi}\int_0^\infty\int_0^\infty e^{-\frac{1}{2}(x^2+y^2)}dxdy = \frac{2}{\pi}\int_{r=0}^{\infty}\int_{\theta=0}^{\frac{\pi}{2}}e^{-\frac{r^2}{2}}rdrd\theta = \frac{2}{\pi}\int_0^\infty e^{-\frac{r^2}{2}}rdr\int_0^{\frac{\pi}{2}}d\theta$$

$$= \frac{2}{\pi}\cdot 1\cdot\frac{\pi}{2} = 1 \qquad \therefore\ I = 1$$

7. $x = PV$, $y = PV^\gamma$ 로 치환하면 PV-평면의 영역 R은 xy-평면의 영역 R'이 되고

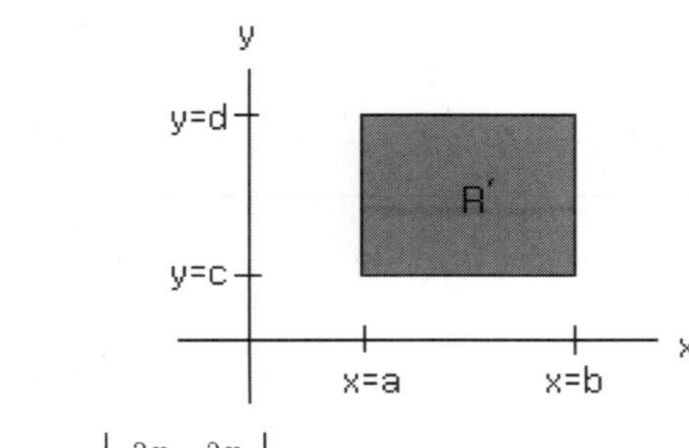

$$J(P,V) = \begin{vmatrix} \frac{\partial x}{\partial P} & \frac{\partial x}{\partial V} \\ \frac{\partial y}{\partial P} & \frac{\partial y}{\partial V} \end{vmatrix} = \begin{vmatrix} V & P \\ V^\gamma & \gamma P V^{\gamma-1} \end{vmatrix} = (\gamma-1)PV^\gamma = (\gamma-1)y$$

이므로 $J(x,y)=J(P,V)^{-1}=\dfrac{1}{(\gamma-1)y}$ 이고

$$A(R)=\iint_R dA=\int_{x=a}^{b}\int_{y=c}^{d}|J(x,y)|dydx=\int_{x=a}^{b}\int_{y=c}^{d}\frac{1}{(\gamma-1)y}dydx$$
$$=\frac{1}{\gamma-1}\int_a^b dx\int_c^d\frac{dy}{y}=\frac{b-a}{\gamma-1}\ln\left(\frac{d}{c}\right)$$

8. 극좌표계에서 $x=r\cos\theta$, $y=r\sin\theta$, $r^2=x^2+y^2$ 임을 이용하면 반구 $z=\sqrt{1-x^2-y^2}$ 는 $z=\sqrt{1-r^2}$, 원기둥은 $x^2+y^2-y=r^2-r\sin\theta=r(r-\sin\theta)=0$ 에서 $r=\sin\theta$ $(0\leqq\theta\leqq\pi)$이므로 ($r=0$ 은 $r=\sin\theta$ 에 포함.)

$$V=\iint_R zdA=\iint_R\sqrt{1-r^2}\,dA=2\int_{\theta=0}^{\pi/2}\int_{r=0}^{\sin\theta}\sqrt{1-r^2}\,rdrd\theta$$

이다. 여기서 r에 관한 적분을 계산하기 위해 $\sqrt{1-r^2}=t$로 치환하면

$$\int_{r=0}^{\sin\theta}\sqrt{1-r^2}\,rdr=\int_{\cos\theta}^{1}t^2dt=\frac{1}{3}(1-\cos^3\theta)$$

이므로

$$V=\frac{2}{3}\int_0^{\pi/2}(1-\cos^3\theta)d\theta=\frac{2}{3}\int_0^{\pi/2}d\theta-\frac{2}{3}\int_0^{\pi/2}\cos^2\theta\cdot\cos\theta d\theta$$
$$=\frac{2}{3}\cdot\frac{\pi}{2}-\frac{2}{3}\int_0^{\pi/2}(1-\sin^2\theta)\cos\theta d\theta \;;\; \sin\theta=s\text{ 로 치환}$$
$$=\frac{\pi}{3}-\frac{2}{3}\int_0^1(1-s^2)dt=\frac{\pi}{3}-\frac{2}{3}\cdot\frac{2}{3}=\frac{\pi}{3}-\frac{4}{9}.$$

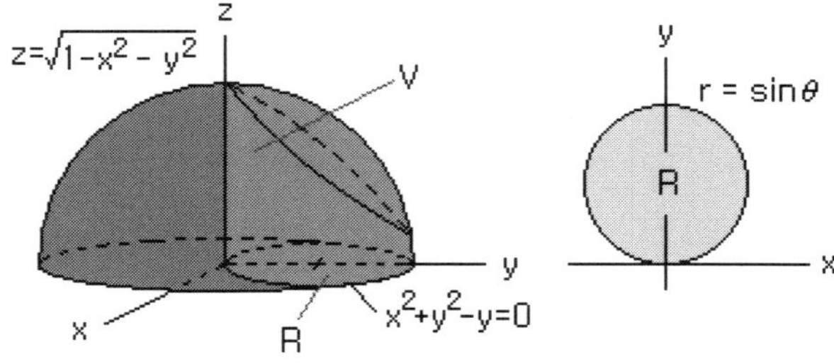

9. (1) $dzdydx$:$0\leqq x\leqq 1$, $0\leqq y\leqq 1-x$, $0\leqq z\leqq 1-x-y$ 이므로

$$M=\iiint_D\rho dV=\iiint_D 12xydV=\int_{x=0}^{1}\int_{y=0}^{1-x}\int_{z=0}^{1-x-y}12xy\,dzdydx$$
$$=12\int_{x=0}^{1}\int_{y=0}^{1-x}xy(1-x-y)dydx=12\int_{x=0}^{1}\left[\frac{1}{2}x(1-x)y^2-\frac{1}{3}xy^3\right]_{y=0}^{1-x}dx$$
$$=2\int_{x=0}^{1}x(1-x)^3dx=2\int_{x=0}^{1}(x-3x^2+3x^3-x^4)dx=2\left[\frac{1}{2}x^2-x^3+\frac{3}{4}x^3-\frac{1}{5}x^5\right]_0^1$$
$$=2\cdot\frac{1}{20}=\frac{1}{10}$$

(2) $dxdydz$: $0\leqq z\leqq 1$, $0\leqq y\leqq 1-z$, $0\leqq x\leqq 1-y-z$ 이므로

$$M=\int_{z=0}^{1}\int_{y=0}^{1-z}\int_{x=0}^{1-y-z}12xy\,dxdydz=12\int_{z=0}^{1}\int_{y=0}^{1-z}\left[\frac{1}{2}x^2y\right]_{x=0}^{1-y-z}dydz$$

$$=6\int_{z=0}^{1}\int_{y=0}^{1-z}(1-y-z)^2ydydz=6\int_{z=0}^{1}\int_{y=0}^{1-z}\left[(1-z)^2y-2(1-z)y^2+y^3\right]dydz$$

$$=6\int_{z=0}^{1}\left[\frac{1}{2}(1-z)^2y^2-\frac{2}{3}(1-z)y^3+\frac{1}{4}y^4\right]_{y=0}^{1-z}dz=\frac{1}{2}\int_{z=0}^{1}(1-z)^4dz$$

$$=\frac{1}{2}\cdot\frac{1}{5}=\frac{1}{10}$$

10. (1) $dzdydx$: $0\leqq x\leqq 1/2,\ 0\leqq y\leqq 2x,\ 0\leqq z\leqq 1-y^2,$

$1/2\leqq x\leqq 3,\ 0\leqq y\leqq 1,\ 0\leqq z\leqq 1-y^2$

$$V=\int_{x=0}^{1/2}\int_{y=0}^{2x}\int_{z=0}^{1-y^2}dzdydx+\int_{x=1/2}^{3}\int_{y=0}^{1}\int_{z=0}^{1-y^2}dzdydx=\frac{15}{8}$$

(2) $dxdzdy$: $0\leqq y\leqq 1,\ 0\leqq z\leqq 1-y^2,\ y/2\leqq x\leqq 3$

$$V=\int_{y=0}^{1}\int_{z=0}^{1-y^2}\int_{x=y/2}^{3}dxdzdy=\frac{15}{8}$$

(3) $dxdydz$: $0\leqq z\leqq 1,\ 0\leqq y\leqq\sqrt{1-z},\ y/2\leqq x\leqq 3$

$$V=\int_{z=0}^{1}\int_{y=0}^{\sqrt{1-z}}\int_{x=y/2}^{3}dxdydz=\frac{15}{8}$$

(4) $dydzdx$: $0\leqq x\leqq 1/2,\ 0\leqq z\leqq 1-4x^2,\ 0\leqq y\leqq 2x$

$0\leqq x\leqq 1/2,\ 1-4x^2\leqq z\leqq 1,\ 0\leqq y\leqq\sqrt{1-z}$

$1/2\leqq x\leqq 3,\ 0\leqq z\leqq 1,\ 0\leqq y\leqq\sqrt{1-z}$

$$V=\int_{x=0}^{1/2}\int_{z=0}^{1-4x^2}\int_{y=0}^{2x}dydzdx+\int_{x=0}^{1/2}\int_{z=1-4x^2}^{1}\int_{y=0}^{\sqrt{1-z}}dydzdx$$

$$+\int_{x=1/2}^{3}\int_{z=0}^{1}\int_{y=0}^{\sqrt{1-z}}dydzdx=\frac{15}{8}$$

11. (1) $$\int_{r=0}^{1}\int_{\theta=0}^{2\pi}\int_{z=r}^{1/\sqrt{2-r^2}}r\,dr\,d\theta\,dz=\int_{r=0}^{1}\int_{\theta=0}^{2\pi}\int_{z=r}^{1/\sqrt{2-r^2}}dzr\,dr\,d\theta$$

$$=\int_{\theta=0}^{2\pi}\int_{r=0}^{1}\left(\frac{1}{\sqrt{2-r^2}}-r\right)r\,dr\,d\theta=\int_{\theta=0}^{2\pi}\int_{r=0}^{1}\left(\frac{r}{\sqrt{2-r^2}}-r^2\right)dr\,d\theta$$

$$=\int_{0}^{2\pi}\left[-\sqrt{2-r^2}-\frac{1}{3}r^3\right]_{0}^{1}d\theta=\left(\sqrt{2}-\frac{4}{3}\right)\int_{0}^{2\pi}d\theta=2\pi\left(\sqrt{2}-\frac{4}{3}\right)$$

(2) $$\int_{\theta=0}^{2\pi}\int_{\phi=0}^{\pi}\int_{\rho=0}^{(1-\cos\phi)/2}\rho^2\sin\phi d\rho\,d\theta\,d\phi=\int_{\theta=0}^{2\pi}d\theta\int_{\phi=0}^{\pi}\sin\phi\int_{\rho=0}^{(1-\cos\phi)/2}\rho^2d\rho d\phi$$

$$=2\pi\int_{\phi=0}^{\pi}\sin\phi\left[\frac{\rho^3}{3}\right]_{0}^{(1-\cos\phi)/2}d\phi=\frac{\pi}{12}\int_{\phi=0}^{\pi}\sin\phi(1-\cos\phi)^3d\phi\ ;\ \cos\phi=t$$

$$=\frac{\pi}{12}\int_{-1}^{1}(1-t)^3dt=\frac{\pi}{12}\int_{-1}^{1}(1-3t+3t^2+t^3)dt=\frac{\pi}{6}\int_{0}^{1}(1+3t^2)dt=\frac{\pi}{3}$$

12. $J(\rho,\theta,\phi)=\begin{vmatrix} \frac{\partial x}{\partial \rho} & \frac{\partial x}{\partial \theta} & \frac{\partial x}{\partial \phi} \\ \frac{\partial y}{\partial \rho} & \frac{\partial y}{\partial \theta} & \frac{\partial y}{\partial \phi} \\ \frac{\partial z}{\partial \rho} & \frac{\partial z}{\partial \theta} & \frac{\partial z}{\partial \phi} \end{vmatrix}=\begin{vmatrix} \sin\phi\cos\theta & -\rho\sin\phi\sin\theta & \rho\cos\phi\cos\theta \\ \sin\phi\sin\theta & \rho\sin\phi\cos\theta & \rho\cos\phi\sin\theta \\ \cos\phi & 0 & -\rho\sin\phi \end{vmatrix}$

$$=\cos\phi[(-\rho\sin\phi\sin\theta)(\rho\cos\phi\sin\theta)-(\rho\sin\phi\cos\theta)(\rho\cos\phi\cos\theta)]$$
$$+(-\rho\sin\phi)[(\sin\phi\cos\theta)(\rho\sin\phi\cos\theta)-(\sin\phi\sin\theta)(-\rho\sin\phi\sin\theta)]$$
$$=-\rho^2\sin\phi\cos^2\phi(\sin^2\theta+\cos^2\theta)-\rho^2\sin^3\phi(\cos^2\theta+\sin^2\theta)$$
$$=-\rho^2\sin\phi(\cos^2\phi+\sin^2\phi)=-\rho^2\sin\phi$$
$$\therefore\ |J(\rho,\theta,\phi)|=\rho^2\sin\phi$$

13. 제1 팔분공간의 영역을 8배하여 나타낸다.

(1) $8\int_{x=0}^{a}\int_{y=0}^{\sqrt{a^2-x^2}}\int_{z=0}^{\sqrt{a^2-x^2-y^2}}dz\,dy\,dx$

(2) $8\int_{r=0}^{a}\int_{\theta=0}^{\frac{\pi}{2}}\int_{z=0}^{\sqrt{a^2-r^2}}r\,dr\,d\theta\,dz=8\int_{\theta=0}^{\frac{\pi}{2}}d\theta\int_{r=0}^{a}r\left(\int_{z=0}^{\sqrt{a^2-r^2}}dz\right)dr$

(3) $8\int_{\rho=0}^{a}\int_{\theta=0}^{\frac{\pi}{2}}\int_{\phi=0}^{\frac{\pi}{2}}\rho^2\sin\phi\,d\rho\,d\theta\,d\phi=8\int_{\rho=0}^{a}\rho^2d\rho\int_{\theta=0}^{\frac{\pi}{2}}d\theta\int_{\phi=0}^{\frac{\pi}{2}}\sin\phi\,d\phi$

14. $u=\frac{x}{a}$, $v=\frac{y}{b}$, $w=\frac{z}{c}$ 로 놓으면

$$J(u,v,w)=\begin{vmatrix} \frac{\partial x}{\partial u} & \frac{\partial x}{\partial v} & \frac{\partial x}{\partial w} \\ \frac{\partial y}{\partial u} & \frac{\partial y}{\partial v} & \frac{\partial y}{\partial w} \\ \frac{\partial z}{\partial u} & \frac{\partial z}{\partial v} & \frac{\partial z}{\partial w} \end{vmatrix}=\begin{vmatrix} a & 0 & 0 \\ 0 & b & 0 \\ 0 & 0 & c \end{vmatrix}=abc$$

또는

$$J(x,y,z)=\begin{vmatrix} \frac{\partial u}{\partial x} & \frac{\partial u}{\partial y} & \frac{\partial u}{\partial z} \\ \frac{\partial v}{\partial x} & \frac{\partial v}{\partial y} & \frac{\partial v}{\partial z} \\ \frac{\partial w}{\partial x} & \frac{\partial w}{\partial y} & \frac{\partial w}{\partial z} \end{vmatrix}=\begin{vmatrix} \frac{1}{a} & 0 & 0 \\ 0 & \frac{1}{b} & 0 \\ 0 & 0 & \frac{1}{c} \end{vmatrix}=\frac{1}{abc}$$ 에서 $J(u,v,w)=J(x,y,z)^{-1}=abc$

이고 xyz-공간에서 타원체 D는 uvw-공간에서 반지름이 1인 구 D' : $u^2+v^2+w^2=1$ 이 되므로

$$V(D)=\iiint_D dx\,dy\,dz=\iiint_{D'}|J(u,v,w)|du\,dv\,dw=abc\iiint_{D'}du\,dv\,dw$$
$$=abc\cdot\frac{4\pi}{3}=\frac{4\pi}{3}abc$$

9.2 선적분

1. (1) $\int_C G(x,y)dx = \int_C (3x^2+6y^2)dx$; $y=2x+1$, $-1 \leqq x \leqq 0$

$$= \int_{x=-1}^{0} [3x^2+6(2x+1)^2]dx = 3$$

(2) $\int_C G(x,y)dy = \int_C (3x^2+6y^2)dy$; $y=2x+1$, $dy=2dx$

$$= \int_{x=-1}^{0} [3x^2+6(2x+1)^2] \cdot 2dx = 6$$

(3) $\int_C G(x,y)dl = \int_C (3x^2+6y^2)dl$; $dl = \sqrt{dx^2+dy^2} = \sqrt{5}\,dx$

$$= \int_{x=-1}^{0} [3x^2+6(2x+1)^2] \cdot \sqrt{5}\,dx = 3\sqrt{5}$$

2. $dx = -\sin t\,dt$, $dy = \cos t\,dt$, $dz = dt$, $dl = \sqrt{dx^2+dy^2+dz^2} = \sqrt{2}\,dt$ 이므로

(1) $\int_C G(x,y,z)dx = \int_C zdx = \int_{t=0}^{\pi/2} t(-\sin t dt) = -1$

(2) $\int_C G(x,y,z)dy = \int_C zdy = \int_{t=0}^{\pi/2} t(\cos t dt) = \pi/2 - 1$

(3) $\int_C G(x,y,z)dz = \int_C zdx = \int_{t=0}^{\pi/2} t\,dt = \pi^2/8$

(4) $\int_C G(x,y,z)dl = \int_C zdl = \int_{t=0}^{\pi/2} t(\sqrt{2}\,dt) = \sqrt{2}\,\pi^2/8$

3. $x=t$, $y=\cosh t$, $dx=dt$, $dy=\sinh t\,dt$, $dl=\sqrt{dx^2+dy^2}=\sqrt{1+\sinh^2 t}\ dt = \cosh t\ dt$

$$\int_C f\,dl = \int_{t=0}^{2} (1-\sinh^2 t)\cosh t\,dt \ : \ \sinh t = u,\ \cosh t dt = du$$

$$= \int_{u=0}^{\sinh 2} (1-u^2)du = \sinh 2 - \frac{1}{3}\sinh^3 2.$$

4.

(1) $\int_C \boldsymbol{F} \cdot d\boldsymbol{r} = \int_C F_1 dx + F_2 dy = \int_C y^2 dx - x^2 dy = \int_{x=0}^{1} (4x)^2 dx - x^2(4dx) = \int_0^1 12x^2 dx = 4$

(2) $\boldsymbol{F} = [y,x]$, $y = \ln x$, $dy = dx/x$ 이므로

$$\int_C \boldsymbol{F} \cdot d\boldsymbol{r} = \int_C F_1 dx + F_2 dy = \int_C ydx + xdy = \int_{x=1}^{e} \ln x dx + x\left(\frac{dx}{x}\right) = \int_1^e (\ln x + 1)dx = e$$

(3) $d\boldsymbol{r} = [-\sin t, \cos t, 2]dt$, $\boldsymbol{F} = [2z, x, -y] = [4t, \cos t, -\sin t]$ 이므로

$$\int_C \boldsymbol{F} \cdot d\boldsymbol{r} = \int_{t=0}^{2\pi} [4t, \cos t, -\sin t] \cdot [-\sin t, \cos t, 2]dt$$

$$= \int_{t=0}^{2\pi} (-4t\sin t + \cos^2 t - 2\sin t)dt = 9\pi$$

5. $W = \oint_C \boldsymbol{F} \cdot d\boldsymbol{r} = \oint_C (x+2y)dx + (6y-2x)dy$ 이고 $C = C_1 \cup C_2 \cup C_3$이므로 각 구간별 일은

$$C_1 : y=1,\ 1 \leqq x \leqq 3 : \int_{x=1}^{3} (x+2\cdot 1)dx + (6\cdot 1 - 2x)0 = \left[\frac{x^2}{2} + 2x\right]_1^3 = 8$$

$$C_2 : x=3,\ 1 \leqq y \leqq 2 : \int_{y=1}^{2} (3+2y)0 + (6y - 2\cdot 3)dy = \left[3y^2 - 6y\right]_1^2 = 3$$

$$C_3 : y = \frac{1}{2}x + \frac{1}{2},\ 3 \geqq x \geqq 1 : \int_{x=3}^{1} (x+x+1)dx + (3x+3-2x)\frac{1}{2}dx$$

$$= \int_{x=3}^{1} \left(\frac{5}{2}x + \frac{5}{2}\right)dx = \left[\frac{5}{4}x^2 + \frac{5}{2}x\right]_3^1 = -15$$

$$\therefore W = 8 + 3 + (-15) = -4$$

6. (1) $C_1 : y = \frac{4}{3}x,\ 0 \leqq x \leqq 6,\ z=0,\ C_2 : x=6,\ y=8,\ 0 \leqq z \leqq 5$ 이므로

$$\int_C ydx + zdy + xdz = \int_{C_1} ydx + zdy + xdz + \int_{C_2} ydx + zdy + xdz$$

$$= \int_{x=0}^{6} \left(\frac{4}{3}x \cdot dx + 0\cdot 0 + x\cdot 0\right) + \int_{z=0}^{5} (8\cdot 0 + z\cdot 0 + 6dz)$$

$$= \int_0^6 \frac{4}{3}xdx + \int_0^5 6dz = 24 + 30 = 54$$

(2) $C_1 : 0 \leqq x \leqq 6,\ y=0,\ z=0,\ C_2 : x=6,\ y=0,\ 0 \leqq z \leqq 5,$

$C_3 : x=6,\ 0 \leqq y \leqq 8,\ z=5$ 이므로

$$\int_C (ydx + zdy + xdz) = \int_{C_1} (ydx + zdy + xdz) + \int_{C_2} (ydx + zdy + xdz) + \int_{C_3} (ydx + zdy + xdz)$$

$$= \int_{x=0}^{6} (0\cdot dx + 0\cdot 0 + 0\cdot 0) + \int_{z=0}^{5} (0\cdot 0 + z\cdot 0 + 6dz) + \int_{y=0}^{8} (y\cdot 0 + 5dy + 6\cdot 0)$$

$$= \int_0^5 6dz + \int_0^8 5dy = 30 + 40 = 70$$

7. 예제 8에서 $x = 1 + \cos t,\ y = \sin t,\ dl = dt,\ m = k\pi$ 이므로

$$\bar{x} = \frac{1}{m}\int_C x\rho dl = \frac{1}{k\pi}\int_C x \cdot kx dl = \frac{1}{\pi}\int_0^{\pi} (1+\cos t)^2 dt = \frac{1}{\pi}\int_0^{\pi} (1 + 2\cos t + \cos^2 t)dt$$

$$= \frac{1}{\pi}\int_0^{\pi} \left(\frac{3}{2} + 2\cos t + \frac{1}{2}\cos 2t\right)dt = \frac{1}{\pi} \cdot \frac{3\pi}{2} = \frac{3}{2}$$

$$\bar{y} = \frac{1}{m}\int_C y\rho dl = \frac{1}{k\pi}\int_C y \cdot kx dl = \frac{1}{\pi}\int_0^{\pi} \sin t(1+\cos t)dt = \frac{1}{\pi}\int_0^{\pi} \left(\sin t + \frac{1}{2}\sin 2t\right)dt$$

$$= \frac{1}{\pi} \cdot 2 = \frac{2}{\pi}$$

9.3 경로에 무관한 선적분

1. (1) $\dfrac{\partial F_1}{\partial y} = \dfrac{\partial F_2}{\partial x} = 2$ 이므로 적분은 경로에 무관하다. 따라서,

$$\frac{\partial \phi}{\partial x} = x + 2y \quad \text{--- (a)}, \quad \frac{\partial \phi}{\partial y} = 2x - y \quad \text{--- (b)}$$

을 만족하는 ϕ를 구하면, 식(a)에서

$$\phi = \int (x+2y)dx = \frac{1}{2}x^2 + 2xy + g(y) \quad \text{--- (c)}$$

이다. 식(c)를 y로 미분하여 식(b)와 비교하면

$$g'(y) = -y \quad \text{또는} \quad g(y) = -\frac{1}{2}y^2 + c$$

이므로 식(c)는

$$\phi = \frac{1}{2}x^2 + 2xy - \frac{1}{2}y^2 + c \quad \text{--- (d)}$$

이므로

$$\int_{(1,0)}^{(3,2)} (x+2y)dx + (2x-y)dy = \int_{(1,0)}^{(3,2)} d\phi = \phi(x,y)\Big|_{(3,2)}^{(1,0)} = 14$$

이다. 두 점을 연결하는 적분경로 C를 $y = x - 1$, $1 \leq x \leq 3$로 택하여도

$$\int_{(1,0)}^{(3,2)} (x+2y)dx + (2x-y)dy = \int_1^3 \{[x + 2(x-1)]dx + [2x - (x-1)]dx\} = \int_1^3 (4x-1)dx = 14$$

로 같다.

(2) $\dfrac{\partial F_1}{\partial y} = \dfrac{\partial F_2}{\partial x} = \dfrac{1}{y^2}$ 이므로 적분은 경로에 무관하다. 따라서,

$$\frac{\partial \phi}{\partial x} = -\frac{1}{y} \quad \text{--- (a)}, \quad \frac{\partial \phi}{\partial y} = \frac{x}{y^2} \quad \text{--- (b)}$$

을 만족하는 ϕ를 구하면, 식(a)에서

$$\phi = \int \left(-\frac{1}{y}\right)dx = -\frac{x}{y} + g(y) \quad \text{--- (c)}$$

이다. 식(c)를 y로 미분하여 식(b)와 비교하면

$$g'(y) = 0 \quad \text{또는} \quad g(y) = c$$

이므로 식(c)는

$$\phi = -\frac{x}{y} + c \quad \text{--- (d)}$$

이므로

$$\int_{(4,1)}^{(4,4)} \frac{-ydx + xdy}{y^2} = -\frac{x}{y}\Big|_{(4,1)}^{(4,4)} = 3$$

이다. 두 점을 연결하는 적분경로 C를 $x = 4$, $1 \leq y \leq 4$로 택하여도

$$\int_{(4,1)}^{(4,4)} \frac{-ydx+xdy}{y^2} = \int_{y=1}^{4} \frac{4}{y^2}dy = -\frac{4}{y}\Big|_1^4 = 3$$

로 같다.

2. (1) $F_1 = e^x \cos y$, $F_2 = e^x \sin y$ 에서

$$\frac{\partial F_1}{\partial y} = \frac{\partial F_2}{\partial x} = -e^x \sin y$$

이므로 피적분함수는 완전미분이다. 따라서,

$$\frac{\partial \phi}{\partial x} = e^x \cos y \quad \text{--- (a)}, \quad \frac{\partial \phi}{\partial y} = -e^x \sin y \quad \text{--- (b)}$$

를 만족하는 ϕ를 구한다. 식(a)에서

$$\phi = \int e^x \cos y dx = e^x \cos y + g(y) \quad \text{--- (c)}$$

이고 식(c)를 y로 미분하여 식(b)와 비교하면

$$g'(y) = 0 \quad 또는 \quad g(y) = c$$

에서 $c = 0$을 택하면 식(c)에서

$$\phi = e^x \cos y$$

이므로

$$I = \int_{(0,\pi)}^{(3,\pi/2)} d\phi = \phi(3,\pi/2) - \phi(0,\pi) = e^3 \cos(\pi/2) - e^0 \cos(\pi) = 1$$

(2) $\boldsymbol{F} = e^{x-y+z^2}[1,-1,2z]$ 에서

$$\text{curl}\boldsymbol{F} = \nabla \times \boldsymbol{F} = \begin{vmatrix} \boldsymbol{i} & \boldsymbol{j} & \boldsymbol{k} \\ \partial/\partial x & \partial/\partial y & \partial/\partial z \\ e^{x-y+z^2} & -e^{x-y+z^2} & 2z e^{x-y+z^2} \end{vmatrix} = [0,0,0]$$

이므로 완전미분이다. 따라서,

$$\frac{\partial \phi}{\partial x} = e^{x-y+z^2} \quad \text{--- (a)}, \quad \frac{\partial \phi}{\partial y} = -e^{x-y+z^2} \quad \text{--- (b)}, \quad \frac{\partial \phi}{\partial z} = 2z e^{x-y+z^2} \quad \text{--- (c)}$$

를 만족하는 ϕ를 구한다. 식(a)에서

$$\phi = \int e^{x-y+z^2} dx = e^{x-y+z^2} + g(y,z) \quad \text{--- (d)}$$

이고 y로 미분하여 식(b)와 비교하면

$$\frac{\partial g}{\partial y} = 0 \quad 또는 \quad g(y,z) = h(z)$$

이다. 따라서, 식(d)에서

$$\phi = e^{x-y+z^2} + h(z) \quad \text{--- (e)}$$

이고, 식(e)를 z로 미분하여 식(c)와 비교하면

$$h'(z) = 0 \quad 또는 \quad h(z) = c$$

이다. $c = 0$을 택하면

$$\phi = e^{x-y+z^2}$$

이므로

$$\int_{(0,-1,1)}^{(2,4,0)} d\phi = \phi(2,4,0) - \phi(0,-1,1) = e^{2-4+0^2} - e^{0-(-1)+1^2} = e^{-2} - e^2 = -2\sinh 2$$

(3) $\boldsymbol{F}=[yz\sinh xz, \cosh xz, xy\sinh xz]$ 에서

$$\nabla\times\boldsymbol{F}=\begin{vmatrix} \boldsymbol{i} & \boldsymbol{j} & \boldsymbol{k} \\ \partial/\partial x & \partial/\partial y & \partial/\partial z \\ yz\sinh xz & \cosh xz & xy\sinh xz \end{vmatrix}$$

$=[x\sinh xz - x\sinh xz, y\sinh xz + xyz\cosh xz - y\sinh xz - xyz\sinh xz, z\sinh xz - z\sinh xz]$
$=[0,0,0]$

이므로 완전미분이다. 따라서

$$\frac{\partial\phi}{\partial x}= yz\sinh xz \text{ --- (a)},\quad \frac{\partial\phi}{\partial y}=\cosh xz \text{ --- (b)},\quad \frac{\partial\phi}{\partial z}= xy\sinh xz \text{ --- (c)}$$

를 만족하는 ϕ를 구한다. 식(a)에서

$$\phi=\int yz\sinh xz dx= y\cosh xz + g(y,z) \text{ --- (d)}$$

이고, 이를 y로 미분하여 식(b)와 비교하면

$$\frac{\partial g}{\partial y}=0 \text{ 또는 } g(y,z)=h(z)$$

에서

$$\phi= y\cosh xz + h(z) \text{ --- (e)}$$

이다. 식(e)를 z로 미분하여 식(c)와 비교하면

$$h'(z)=0 \text{ 또는 } h(z)=c$$

에서 $c=0$을 택하면

$$\phi= y\cosh xz$$

이므로

$$\int_{(1,1,1)}^{(0,2,3)} d\phi=\phi(1,1,1)-\phi(0,2,3)=1\cosh(1\cdot 1)-2\cosh(0\cdot 3)=\cosh 1-2$$

3. (1) $\boldsymbol{F}=[z\sinh xz,\ 0,\ -x\sinh xz]$

$$\nabla\times\boldsymbol{F}=\begin{vmatrix} \boldsymbol{i} & \boldsymbol{j} & \boldsymbol{k} \\ \partial/\partial x & \partial/\partial y & \partial/\partial z \\ z\sinh xz & 0 & -x\sinh xz \end{vmatrix}=[0,\ 2\sinh xz+2xz\cosh xz,\ 0]\neq[0,0,0]$$

이므로 적분은 경로에 유관하다.

(2) $\boldsymbol{F}=[\cos(x+yz),\ z\cos(x+yz),\ y\cos(x+yz)]$

$$\nabla\times\boldsymbol{F}=\begin{vmatrix} \boldsymbol{i} & \boldsymbol{j} & \boldsymbol{k} \\ \partial/\partial x & \partial/\partial y & \partial/\partial z \\ \cos(x+yz) & z\cos(x+yz) & y\cos(x+yz) \end{vmatrix}=[0,0,0]$$

이므로 적분은 경로에 무관하다. 따라서

$$\frac{\partial\phi}{\partial x}=\cos(x+yz) \text{ --- (a)},\quad \frac{\partial\phi}{\partial y}= z\cos(x+yz) \text{ -- (b)},\quad \frac{\partial\phi}{\partial z}= y\cos(x+yz) \text{ --- (c)}$$

을 만족하는 ϕ를 구하면, 식(a)에서

$$\phi=\int\cos(x+yz)dx=\sin(x+yz)+g(y,z) \text{ --- (d)}$$

이다. 식(d)를 y로 미분하여 식(b)와 비교하면

$$\frac{\partial g}{\partial y}=0 \text{ 또는 } g(y,z)=h(z)$$

이므로

$$\phi = \sin(x+yz) + h(z) \quad \text{---} \ (\text{e})$$

이다. 식(e)를 다시 z로 미분하여 식(c)와 비교하면

$$h'(z) = 0 \quad 또는 \quad h(z) = c$$

인데, $c=0$을 택하면

$$\phi = \sin(x+yz)$$

이다. 따라서,

$$\int_{(0,0,0)}^{(a,b,c)} d\phi = \phi(a,b,c) - \phi(0,0,0) = \sin(a+bc) - \sin(0+0 \cdot 0) = \sin(a+bc)$$

4. (1) 벡터내적에 대해 교환법칙이 성립하므로

$$\frac{d}{dt}(\boldsymbol{V} \cdot \boldsymbol{V}) = \frac{d\boldsymbol{V}}{dt} \cdot \boldsymbol{V} + \boldsymbol{V} \cdot \frac{d\boldsymbol{V}}{dt} = 2\frac{d\boldsymbol{V}}{dt} \cdot \boldsymbol{V}$$

이고, 따라서

$$\frac{d\boldsymbol{V}}{dt} \cdot \boldsymbol{V} = \frac{1}{2}\frac{d}{dt}(\boldsymbol{V} \cdot \boldsymbol{V}) = \frac{1}{2}\frac{d}{dt}(|\boldsymbol{V}|^2).$$

(2) $\nabla p \cdot \frac{d\boldsymbol{r}}{dt} = \left[\frac{\partial p}{\partial x}, \frac{\partial p}{\partial y}, \frac{\partial p}{\partial z}\right] \cdot \left[\frac{dx}{dt}, \frac{dy}{dt}, \frac{dz}{dt}\right] = \frac{\partial p}{\partial x}\frac{dx}{dt} + \frac{\partial p}{\partial y}\frac{dy}{dt} + \frac{\partial p}{\partial z}\frac{dz}{dt} = \frac{dp}{dt}$

(3) $-\nabla p \cdot \frac{d\boldsymbol{r}}{dt} = m\frac{d\boldsymbol{V}}{dt} \cdot \boldsymbol{V}$에 (1), (2)의 결과를 대입하면 $\frac{dp}{dt} + \frac{1}{2}m\frac{d}{dt}|\boldsymbol{V}|^2 = 0$이고 양변을 t로 적분하면

$$\int \frac{dp}{dt}dt + \frac{1}{2}m\int \frac{d}{dt}|\boldsymbol{V}|^2 dt = c \quad 또는 \quad p + \frac{1}{2}m|\boldsymbol{V}|^2 = c.$$

9.4 Green의 정리

1. $F_1 = x+2y$, $F_2 = 6y-2x$, $\frac{\partial F_1}{\partial y} = 2$, $\frac{\partial F_2}{\partial x} = -2$

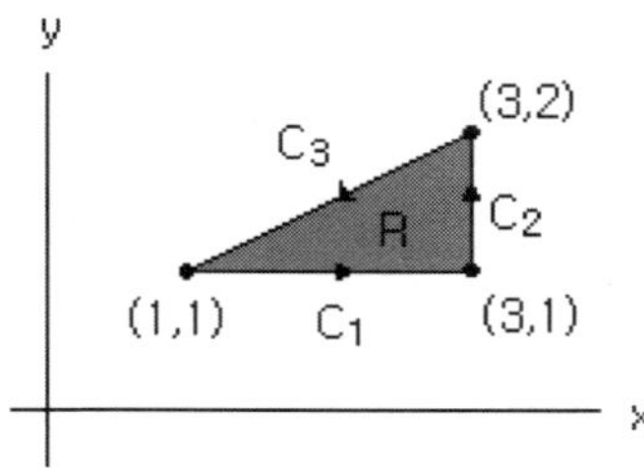

$$W = \oint_C \boldsymbol{F} \cdot d\boldsymbol{r} = \iint_R \left(\frac{\partial F_2}{\partial x} - \frac{\partial F_1}{\partial y}\right) dA = \iint_R (-2-2)dA = -4\iint_R dA = -4 \cdot 1 = -4$$

2. (1) $F_1 = x^2+3y$, $F_2 = 2x - e^y$, $\frac{\partial F_1}{\partial y} = 3$, $\frac{\partial F_2}{\partial x} = 2$

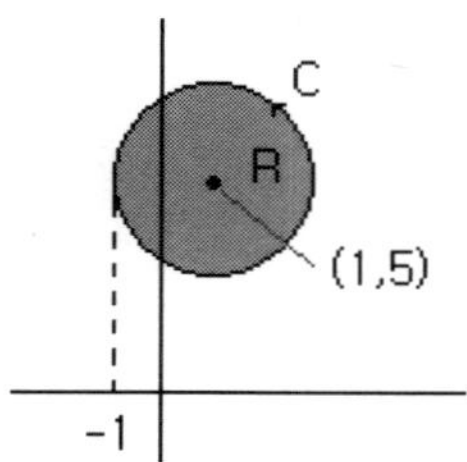

$$\oint_C \boldsymbol{F} \cdot d\boldsymbol{r} = \oint_C F_1 dx + F_2 dy = \iint_R \left(\frac{\partial F_2}{\partial x} - \frac{\partial F_1}{\partial y} \right) dA = \iint_R (2-3) dA = -\iint_R dA = -4\pi$$

(2) $\boldsymbol{F} = [x^2 e^y, y^2 e^x]$, $\dfrac{\partial F_1}{\partial y} = x^2 e^y$, $\dfrac{\partial F_2}{\partial x} = y^2 e^x$

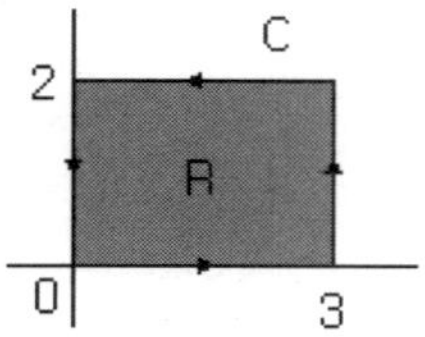

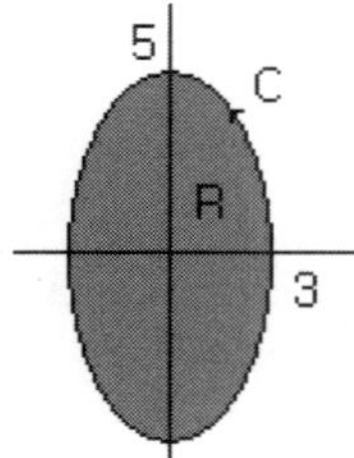

$$\oint_C \boldsymbol{F} \cdot d\boldsymbol{r} = \iint_R \left(\frac{\partial F_2}{\partial x} - \frac{\partial F_1}{\partial y} \right) dx dy = \int_{x=0}^{2} \int_{y=0}^{3} (y^2 e^x - x^2 e^y) dy dx$$

$$= \int_{x=0}^{2} \left[e^x \frac{y^3}{3} - x^2 e^y \right]_{y=0}^{3} dx = \int_{x=0}^{2} [9e^x + (1-e^3)x^2] dx = 9e^2 - \frac{8}{3}e^3 - \frac{19}{3}$$

(3) $\boldsymbol{F} = \nabla(\sin x \cos y) = [\cos x \cos y, -\sin x \sin y]$, $\dfrac{\partial F_1}{\partial y} = \dfrac{\partial F_2}{\partial x} = -\cos x \sin y$

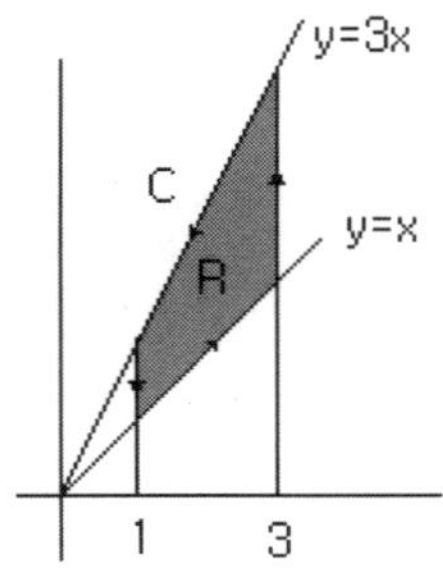

$$\oint_C \boldsymbol{F} \cdot d\boldsymbol{r} = \iint_R \left(\frac{\partial F_2}{\partial x} - \frac{\partial F_1}{\partial y} \right) dx dy = 0$$

(4) $\boldsymbol{F} = [\cosh y, -\sinh x]$, $\dfrac{\partial F_1}{\partial y} = \sinh y$, $\dfrac{\partial F_2}{\partial x} = -\cosh x$

$$\oint_C \boldsymbol{F}\cdot d\boldsymbol{r} = \iint_R \left(\frac{\partial F_2}{\partial x} - \frac{\partial F_1}{\partial y}\right)dxdy = \int_{x=1}^{3}\int_{y=x}^{3x}(-\cosh x - \sinh y)dydx$$

$$= \int_{x=1}^{3}[-\cosh x \cdot y - \cosh y]_{y=x}^{3x}\,dx = \int_{x=1}^{3}[(1-2x)\cosh x - \cosh 3x]dx$$

$$= (1-2x)\sinh x\,|_{x=1}^{3} - \int_{x=1}^{3}(-2)\sinh x dx - \int_{x=1}^{3}\cosh 3x dx$$

$$= -5\sinh 3 + \sinh 1 + 2(\cosh 3 - \cosh 1) - \frac{1}{3}(\sinh 9 - \sinh 3)$$

$$= \sinh 1 - \frac{14}{3}\sinh 3 - \frac{1}{3}\sinh 9 + 2(\cosh 3 - \cosh 1)$$

(5) $\boldsymbol{F} = [xy, x^2]$, $\dfrac{\partial F_1}{\partial y} = x$, $\dfrac{\partial F_2}{\partial x} = 2x$

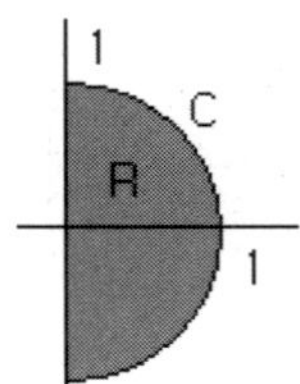

$$\oint_C \boldsymbol{F}\cdot d\boldsymbol{r} = \iint_R \left(\frac{\partial F_2}{\partial x} - \frac{\partial F_1}{\partial y}\right)dxdy = \iint_R (2x - x)dxdy = \iint_R xdxdy$$

$$= \int_{\theta=-\pi/2}^{\pi/2}\int_{r=0}^{1} r\cos\theta r dr d\theta = \int_{-\pi/2}^{\pi/2}\cos\theta d\theta \int_0^1 r^2 dr = 2\cdot\frac{1}{3} = \frac{2}{3}$$

3. (1) 선적분 : $x-1 = 2\cos t$, $y-1 = 2\sin t$ → $x = 2\cos t + 1$, $y = 2\sin t + 1$ 에서

$$\oint_C \boldsymbol{F}\cdot d\boldsymbol{r} = \oint_C (x+y)dx + 2xdy$$

$$= \int_{t=0}^{2\pi}(2\cos t + 1 + 2\sin t + 1)(-2\sin t dt) + 2(2\cos t + 1)(2\cos t dt)$$

$$= \int_{t=0}^{2\pi}(-4\cos t\sin t - 4\sin^2 t - 4\sin t + 8\cos^2 t + 4\cos t)dt$$

$$= \int_{t=0}^{2\pi}\left[-2(\sin 2t) - 4\left(\frac{1-\cos 2t}{2}\right) - 4\sin t + 8\left(\frac{1+\cos 2t}{2}\right) + 4\cos t\right]dt$$

$$= \int_{t=0}^{2\pi}(2 - \sin 2t + 6\cos 2t - 4\sin t + 4\cos t)dt = 4\pi$$

(2) Green의 정리 : $F_1 = x + y$, $F_2 = 2x$, $\dfrac{\partial F_1}{\partial y} = 1$, $\dfrac{\partial F_2}{\partial x} = 2$ 이므로

$$\oint_C \boldsymbol{F}\cdot d\boldsymbol{r} = \oint_C F_1 dx + F_2 dy = \iint_R \left(\frac{\partial F_2}{\partial x} - \frac{\partial F_1}{\partial y}\right)dA$$

$$= \iint_R (2-1)dA = \iint_R dA = 4\pi$$

4. $F_1 = \cos x^2 - y$, $F_2 = \sqrt{y^2+1}$, $\dfrac{\partial F_1}{\partial y} = -1$, $\dfrac{\partial F_2}{\partial x} = 0$ 이므로

$$\oint_C (\cos x^2 - y)dx + \sqrt{y^2+1}\,dy = \iint_R [0-(-1)]\,dA = \iint_R dA$$
$$= (6\sqrt{2})^2 - \pi \cdot 2 \cdot 4 = 72 - 8\pi$$

5. $\mathrm{curl}\boldsymbol{F} = \begin{vmatrix} \boldsymbol{i} & \boldsymbol{j} & \boldsymbol{k} \\ \frac{\partial}{\partial x} & \frac{\partial}{\partial y} & \frac{\partial}{\partial z} \\ F_1 & F_2 & F_3 \end{vmatrix} = \left(\frac{\partial F_3}{\partial y} - \frac{\partial F_2}{\partial z}\right)\boldsymbol{i} + \left(\frac{\partial F_1}{\partial z} - \frac{\partial F_3}{\partial x}\right)\boldsymbol{j} + \left(\frac{\partial F_2}{\partial x} - \frac{\partial F_1}{\partial y}\right)\boldsymbol{k}$

에서

$$\iint_R \nabla \times \boldsymbol{F} \cdot \boldsymbol{k}\, dxdy = \iint_R \left(\frac{\partial F_2}{\partial x} - \frac{\partial F_1}{\partial y}\right) dxdy$$

이므로 Green의 정리와 같다.

6. 식(3) : $A(R) = \oint_C x\,dy = \int_{t=0}^{2\pi} a\cos t \cdot b\cos t\,dt = ab\int_0^{2\pi} \cos^2 t\,dt$

$$= ab\int_0^{2\pi} \frac{1+\cos 2t}{2} dt = ab\left[\frac{t}{2} + \frac{1}{4}\sin 2t\right]_0^{2\pi} = \pi ab$$

식(4) : $A(R) = -\oint_C y\,dx = -\int_{t=0}^{2\pi} b\sin t(-a\sin t\,dt) = ab\int_0^{2\pi} \sin^2 t\,dt$

$$= ab\int_0^{2\pi} \frac{1-\cos 2t}{2} dt = ab\left[\frac{t}{2} - \frac{1}{4}\sin 2t\right]_0^{2\pi} = \pi ab$$

7. (1) $C = C_1 \cup C_2$: C_1 : $\boldsymbol{r} = [t - \sin t, 1 - \cos t]$, $0 \leq t \leq 2\pi$: 굴렁쇠선(cycloid), C_2 : $y = 0$

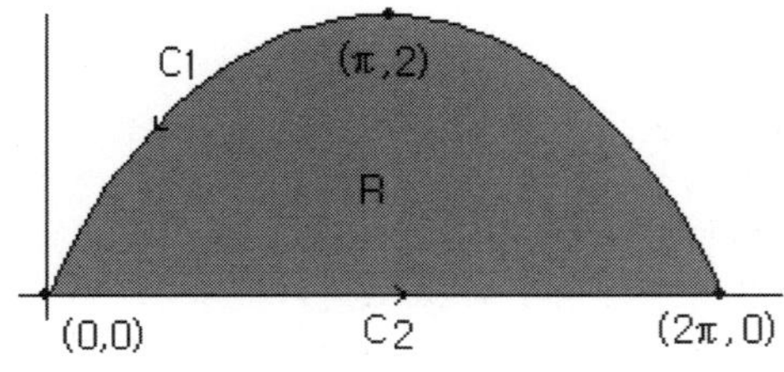

$x = t - \sin t$, $y = 1 - \cos t$ 에서 $dx = (1-\cos t)dt$, $dy = \sin t\,dt$ 이다. 따라서

$$A(R) = \frac{1}{2}\oint_C (x\,dy - y\,dx) = \frac{1}{2}\left\{\int_{C_1}(x\,dy - y\,dx) + \int_{C_2}(x\,dy - y\,dx)\right\}$$
$$= \frac{1}{2}\left[\int_{t=2\pi}^{0} [(t-\sin t)\sin t\,dt - (1-\cos t)(1-\cos t)dt] + \int_{x=0}^{2\pi} x \cdot 0 + 0 \cdot dx\right]$$
$$= -\frac{1}{2}\int_0^{2\pi}(t\sin t - \sin^2 t - 1 + 2\cos t - \cos^2 t)dt = -\frac{1}{2}\int_0^{2\pi}(t\sin t + 2\cos t - 2)dt$$
$$= -\frac{1}{2}\left[t(-\cos t)|_0^{2\pi} - \int_0^{2\pi} 1 \cdot (-\cos t)dt + 2\int_0^{2\pi}\cos t\,dt - 2\int_0^{2\pi} dt\right]$$
$$= -\frac{1}{2}(-2\pi + 0 + 0 - 4\pi) = 3\pi.$$

(2) C : $r = 1 + 2\cos\theta$, $0 \leq \theta \leq \pi/2$: 달팽이곡선(limacon, 리마숑)

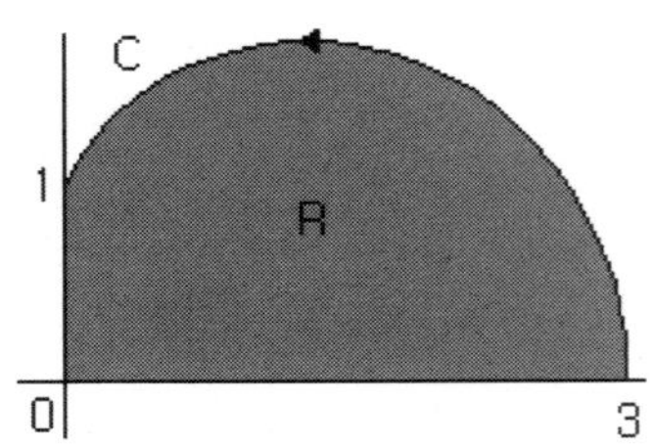

$$A=\frac{1}{2}\int_C r^2 d\theta=\frac{1}{2}\int_{\theta=0}^{\pi/2}(1+2\cos\theta)^2 d\theta=\frac{1}{2}\int_{\theta=0}^{\pi/2}(1+4\cos\theta+4\cos^2\theta)d\theta$$
$$=\frac{1}{2}\int_{\theta=0}^{\pi/2}[1+4\cos\theta+2(1+\cos2\theta)]d\theta=\frac{1}{2}[3\theta+4\sin\theta+\sin2\theta]_0^{\pi/2}=2+\frac{3}{4}\pi$$

8. 9.3절에서 $\int_C F_1dx+F_2dy$ 가 경로에 무관하면 $\frac{\partial F_1}{\partial y}=\frac{\partial F_2}{\partial x}$ 이므로 Green의 정리에서

$$\oint_C F_1dx+F_2dy=\iint_R\left(\frac{\partial F_1}{\partial y}-\frac{\partial F_2}{\partial x}\right)dxdy=\iint_R 0dxdy=0.$$

9.5 면적분

1. (1) $\boldsymbol{n}=\frac{\nabla g}{|\nabla g|}=\frac{[4,-4,7]}{\sqrt{4^2+(-4)^2+7^2}}=\frac{1}{9}[4,-4,7]$

(2) $\boldsymbol{n}=\frac{\nabla g}{|\nabla g|}=\frac{[0,2y,2z]}{\sqrt{0^2+(2y)^2+(2z)^2}}=\frac{1}{a}[0,y,z]$

2. (1) $x=u$, $y=v$ 로 놓으면 $z=\frac{1}{6}(24-3u-4v)$ 이므로 $\boldsymbol{r}(u,v)=[u,v,(24-3u-4v)/6]$.

$\boldsymbol{r}_u=[1,0,-1/2]$, $\boldsymbol{r}_v=[0,1,-2/3]$ 이므로

$$\boldsymbol{N}=\boldsymbol{r}_u\times\boldsymbol{r}_v=\begin{vmatrix}\boldsymbol{i} & \boldsymbol{j} & \boldsymbol{k}\\ 1 & 0 & -1/2\\ 0 & 1 & -2/3\end{vmatrix}=[1/2,2/3,1]$$

(2) 반지름이 1인 구 $x^2+y^2+z^2=1$ 의 매개변수형이 $\boldsymbol{r}(u,v)=[\cos v\cos u,\cos v\sin u,\sin v]$ 이므로 타원체 $x^2+y^2+\left(\frac{z}{2}\right)^2=1$ 의 매개변수형은 $\boldsymbol{r}(u,v)=[\cos v\cos u,\cos v\sin u,2\sin v]$.

$$\boldsymbol{r}_u=[-\cos v\sin u,\cos v\cos u,0],\ \boldsymbol{r}_v=[-\sin v\cos u,-\sin v\sin u,2\cos v]$$

$$\boldsymbol{N}=\boldsymbol{r}_u\times\boldsymbol{r}_v=\begin{vmatrix}\boldsymbol{i} & \boldsymbol{j} & \boldsymbol{k}\\ -\cos v\sin u & \cos v\cos u & 0\\ -\sin v\cos u & -\sin v\sin u & 2\cos v\end{vmatrix}$$
$$=[2\cos^2 v\cos u,\ 2\cos^2 v\sin u,\ \sin v\cos v]$$

3. $\boldsymbol{r}_u=[-(a+b\cos v)\sin u,(a+b\cos v)\cos u,0]$,

$\boldsymbol{r}_v=[-b\sin v\cos u,-b\sin v\sin u,b\cos v]$

$\boldsymbol{N}=\boldsymbol{r}_u\times\boldsymbol{r}_v=b(a+b\cos v)[\cos u\cos v,\sin u\cos v,\sin v]$,

$|\boldsymbol{N}| = b(a + b\cos v)$.

$$A(S) = \iint_s ds = \iint_R |\boldsymbol{N}| du dv = \int_{u=0}^{2\pi} \int_{v=0}^{2\pi} b(a + b\cos v) du dv$$
$$= b\int_0^{2\pi} du \int_0^{2\pi} (a + b\cos v) dv = b \cdot 2\pi \cdot 2\pi a = 4\pi^2 ab.$$

4. (1) (i) $G = ye^{-xy}$, S : $z = f(x,y) = 3x + 4y$, $x \geq 1$, $y \geq 1$

$f_x = 3$, $f_y = 4$ 에서 $\sqrt{1 + f_x^2 + f_y^2} = \sqrt{26}$

$$\iint_S G ds = \iint_R G\sqrt{1 + f_x^2 + f_y^2}\, dx dy = \int_{x=1}^{\infty} \int_{y=1}^{\infty} ye^{-xy} \sqrt{26}\, dy dx$$
$$= \sqrt{26} \int_{y=1}^{\infty} y \int_{x=1}^{\infty} e^{-xy} dx dy = \sqrt{26} \int_{y=1}^{\infty} y \left[-\frac{1}{y} e^{-xy} \right]_{x=1}^{\infty} dy$$
$$= \sqrt{26} \int_{y=1}^{\infty} e^{-y} dy = \frac{\sqrt{26}}{e}$$

(ii) $x = u$, $y = v$ 로 놓으면 $z = 3u + 4v$ 이므로 $\boldsymbol{r}(u,v) = [u, v, 3u + 4v]$, $G = ve^{-uv}$.

$\boldsymbol{r}_u = [1,0,3]$, $\boldsymbol{r}_v = [0,1,4]$ 이므로

$$\boldsymbol{N} = \boldsymbol{r}_u \times \boldsymbol{r}_v = \begin{vmatrix} \boldsymbol{i} & \boldsymbol{j} & \boldsymbol{k} \\ 1 & 0 & 3 \\ 0 & 1 & 4 \end{vmatrix} = [-3, -4, 1], \quad |\boldsymbol{N}| = |\boldsymbol{r}_u \times \boldsymbol{r}_v| = \sqrt{26}$$

$$\iint_S G ds = \iint_R G |\boldsymbol{N}| du dv = \int_{u=1}^{\infty} \int_{v=1}^{\infty} ve^{-uv} \sqrt{26}\, dv du = \frac{\sqrt{26}}{e}$$

(2) (i) $G = (1 + 9xz)^{3/2}$, S : $z = f(x,y) = x^3$, $0 \leq x \leq 1$, $-2 \leq y \leq 2$

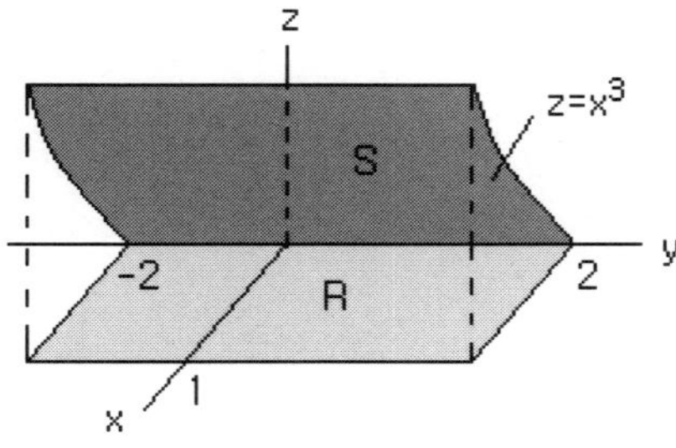

$f_x = 3x^2$, $f_y = 0$ 에서 $\sqrt{1 + f_x^2 + f_y^2} = \sqrt{1 + 9x^4}$ 이므로

$$\iint_s G ds = \iint_R G\sqrt{1 + f_x^2 + f_y^2}\, dx dy = \int_{x=0}^{1} \int_{y=-2}^{2} (1 + 9x \cdot x^3)^{3/2} (1 + 9x^4)^{1/2} dx dy$$
$$= \int_{-2}^{2} dy \int_0^1 (1 + 9x^4)^2 dx = 4 \cdot \frac{68}{5} = \frac{272}{5}$$

(ii) $G(u,v) = (1 + 9u \cdot u^3)^{3/2} = (1 + 9u^4)^{3/2}$; $\boldsymbol{r}_u = [1, 0, 3u^2]$, $\boldsymbol{r}_v = [0,1,0]$

$$\boldsymbol{N} = \boldsymbol{r}_u \times \boldsymbol{r}_v = \begin{vmatrix} \boldsymbol{i} & \boldsymbol{j} & \boldsymbol{k} \\ 1 & 0 & 3u^2 \\ 0 & 1 & 0 \end{vmatrix} = [-3u^2, 0, 1], \quad |\boldsymbol{N}| = |\boldsymbol{r}_u \times \boldsymbol{r}_v| = \sqrt{1 + 9u^4}$$

$$\iint_s Gds = \iint_R G|\boldsymbol{N}|dudv = \int_{u=0}^{1}\int_{v=-2}^{2}(1+9u^4)^{3/2} \cdot (1+9u^4)^{1/2}dvdu$$
$$= \int_{-2}^{2}dv\int_0^1(1+9u^4)^2du = \frac{272}{5}$$

5. (i) S: $g(x,y,z) = x^2 - y = 0$

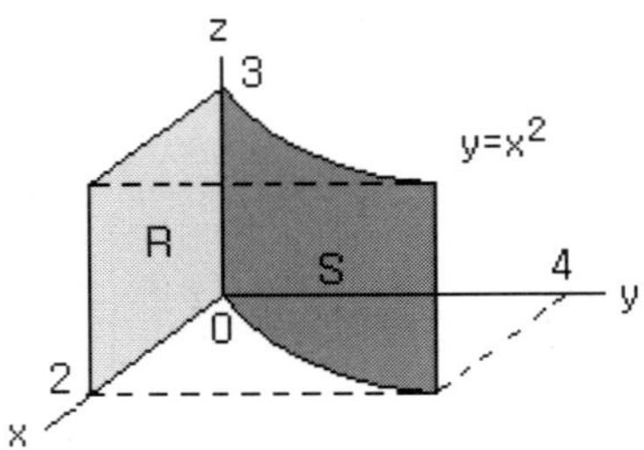

$$\boldsymbol{n} = \nabla g/|\nabla g| = \frac{[2x,-1,0]}{\sqrt{4x^2+1}}$$ 이므로

$$\boldsymbol{F}\cdot\boldsymbol{n} = [3z^2,6,6xz]\cdot\frac{1}{\sqrt{4x^2+1}}[2x,-1,0] = \frac{6(xz^2-1)}{\sqrt{4x^2+1}}$$

S는 또한 $y = f(x,z) = x^2$ 이므로 $f_x = 2x$, $f_z = 0$ $\rightarrow$ $\sqrt{1+f_x^2+f_z^2} = \sqrt{4x^2+1}$

$$\iint_S \boldsymbol{F}\cdot\boldsymbol{n}ds = \iint_R \boldsymbol{F}\cdot\boldsymbol{n}\sqrt{1+f_x^2+f_z^2}\,dxdz = 6\iint_R\frac{xz^2-1}{\sqrt{4x^2+1}}\sqrt{4x^2+1}\,dxdz$$
$$= 6\iint_R(xz^2-1)dxdz = 6\int_{x=0}^{2}\int_{z=0}^{3}(xz^2-1)dzdx$$
$$= 6\int_{x=0}^{2}\left[\frac{xz^3}{3}-z\right]_{z=0}^{3}dx = 6\int_{x=0}^{2}(9x-3)dx = 72$$

(ii) $x = u$, $z = v$로 놓으면 $y = u^2$ 이므로 $\boldsymbol{r}(u,v) = [u,u^2,v]$, $0 \leqq u \leqq 2$, $0 \leqq v \leqq 3$

$$\boldsymbol{r}_u = [1,2u,0],\ \boldsymbol{r}_v = [0,0,1]$$

$$\boldsymbol{N} = \boldsymbol{r}_u \times \boldsymbol{r}_v = \begin{vmatrix} \boldsymbol{i} & \boldsymbol{j} & \boldsymbol{k} \\ 1 & 2u & 0 \\ 0 & 0 & 1 \end{vmatrix} = [2u,-1,0]$$

$$\boldsymbol{F}\cdot\boldsymbol{N} = [3v^2,6,6uv]\cdot[2u,-1,0] = 6uv^2-6$$

$$\iint_S \boldsymbol{F}\cdot\boldsymbol{n}ds = \iint_R \boldsymbol{F}\cdot\boldsymbol{N}dudv = 6\int_{u=0}^{2}\int_{v=0}^{3}(uv^2-1)dvdu = 72$$

6. 곡면 S를 $g(x,y,z) = x^2+y^2+z^2 = a^2$로 놓으면

$$\boldsymbol{n} = \frac{\nabla g}{|\nabla g|} = \frac{[2x,2y,2z]}{\sqrt{(2x)^2+(2y)^2+(2z)^2}} = \frac{[x,y,z]}{\sqrt{x^2+y^2+z^2}} = \frac{1}{a}[x,y,z]$$

이다. $\boldsymbol{q} = -k\nabla T = -k[2x,2y,2z] = -2k[x,y,z]$ 이므로

$$\boldsymbol{q}\cdot\boldsymbol{n} = -2k[x,y,z]\cdot\frac{1}{a}[x,y,z] = -\frac{2k}{a}(x^2+y^2+z^2)$$

이 되는데, 구면에서는 $x^2+y^2+z^2 = a^2$ 이므로 $\boldsymbol{q}\cdot\boldsymbol{n} = -2ka$ 이다. 따라서

$$\iint_S \boldsymbol{q} \cdot \boldsymbol{n} ds = \iint_S (-2ka) ds = -2ka \iint_S ds = -2ka \cdot 4\pi a^2 = -8\pi k a^3$$

이다. '-' 기호는 열속이 곡면의 안쪽으로 유입됨을 의미한다. (원점에서 멀어질수록 온도가 높으므로)

9.6 발산정리

1. $\boldsymbol{F} = [xy, yz, zx]$

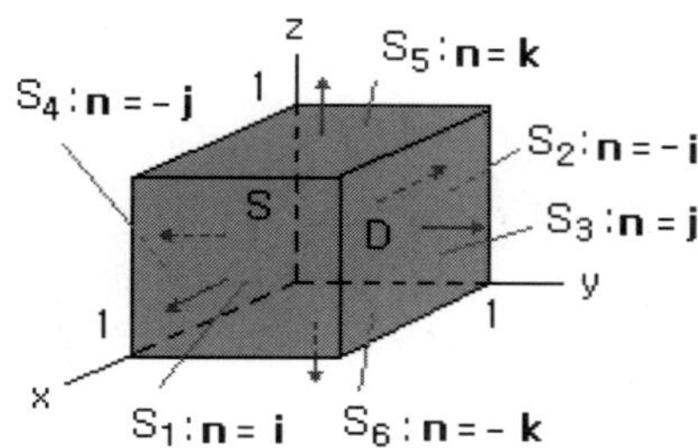

S1 : $x = 1$, $\boldsymbol{n} = \boldsymbol{i}$, $ds = dydz$

$$\iint_{S1} \boldsymbol{F} \cdot \boldsymbol{n} ds = \iint_{S1} y ds = \int_{y=0}^{1} \int_{z=0}^{1} y dy dz = \int_0^1 y dy \int_0^1 dz = \frac{1}{2}$$

S2 : $x = 0$, $\boldsymbol{n} = -\boldsymbol{i}$, $ds = dydz$

$$\iint_{S2} \boldsymbol{F} \cdot \boldsymbol{n} ds = \iint_{S2} 0 ds = 0$$

S3 : $y = 1$, $\boldsymbol{n} = \boldsymbol{j}$, $ds = dzdx$

$$\iint_{S3} \boldsymbol{F} \cdot \boldsymbol{n} ds = \iint_{S3} z ds = \int_{x=0}^{1} \int_{z=0}^{1} z dz dx = \int_0^1 z dz \int_0^1 dx = \frac{1}{2}$$

S4 : $y = 0$, $\boldsymbol{n} = -\boldsymbol{j}$, $ds = dzdx$

$$\iint_{S4} \boldsymbol{F} \cdot \boldsymbol{n} ds = \iint_{S4} 0 ds = 0$$

S5 : $z = 1$, $\boldsymbol{n} = \boldsymbol{k}$, $ds = dydx$

$$\iint_{S5} \boldsymbol{F} \cdot \boldsymbol{n} ds = \iint_{S5} x ds = \int_{x=0}^{1} \int_{y=0}^{1} x dy dx = \int_0^1 x dx \int_0^1 dy = \frac{1}{2}$$

S6 : $z = 0$, $\boldsymbol{n} = -\boldsymbol{k}$, $ds = dydx$

$$\iint_{S6} \boldsymbol{F} \cdot \boldsymbol{n} ds = \iint_{S6} 0 ds = 0$$

따라서

$$\iint_S \boldsymbol{F} \cdot \boldsymbol{n} ds = \iint_{S1} \boldsymbol{F} \cdot \boldsymbol{n} ds + \iint_{S2} \boldsymbol{F} \cdot \boldsymbol{n} ds + \iint_{S3} \boldsymbol{F} \cdot \boldsymbol{n} ds + \iint_{S4} \boldsymbol{F} \cdot \boldsymbol{n} ds + \iint_{S5} \boldsymbol{F} \cdot \boldsymbol{n} ds + \iint_{S6} \boldsymbol{F} \cdot \boldsymbol{n} ds$$

$$= \frac{1}{2} + 0 + \frac{1}{2} + 0 + \frac{1}{2} + 0 = \frac{3}{2}$$

로 예제 2의 결과와 같다.

2. (1) $\mathrm{div}\boldsymbol{F} = \nabla \cdot \boldsymbol{F} = e^x + e^y + e^z$ 이므로

$$\iint_S \boldsymbol{F} \cdot \boldsymbol{n} ds = \iiint_D \nabla \cdot \boldsymbol{F} dV = \iiint_D (e^x + e^y + e^z) dV$$

$$= \int_{x=-1}^{1} \int_{y=-1}^{1} \int_{z=-1}^{1} (e^x + e^y + e^z) dz dy dx = \int_{x=-1}^{1} \int_{y=-1}^{1} [(e^x + e^y)z + e^z]_{z=-1}^{1} dy dx$$

$$= \int_{x=-1}^{1} \int_{y=-1}^{1} [2(e^x + e^y) + e - e^{-1}] dy dx = \int_{x=-1}^{1} [(2e^x + e - e^{-1})y + 2e^y]_{y=-1}^{1} dx$$

$$= 4\int_{x=-1}^{1} (e^x + e - e^{-1}) dx = 4\left[e^x + (e - e^{-1})x\right]_{-1}^{1} = 12(e - e^{-1})$$

(2) $\nabla \cdot \boldsymbol{F} = 2(z-1)$ 이므로

$$\iint_S \boldsymbol{F} \cdot \boldsymbol{n} ds = \iiint_D \nabla \cdot \boldsymbol{F} dV = 2\iiint_D (z-1) dV$$

$$= 2\int_{r=0}^{4} \int_{\theta=0}^{2\pi} \int_{z=1}^{5} (z-1) r dr d\theta dz = 2\int_0^4 r dr \int_0^{2\pi} d\theta \int_1^5 (z-1) dz$$

$$= 2 \cdot 8 \cdot 2\pi \cdot 8 = 256\pi$$

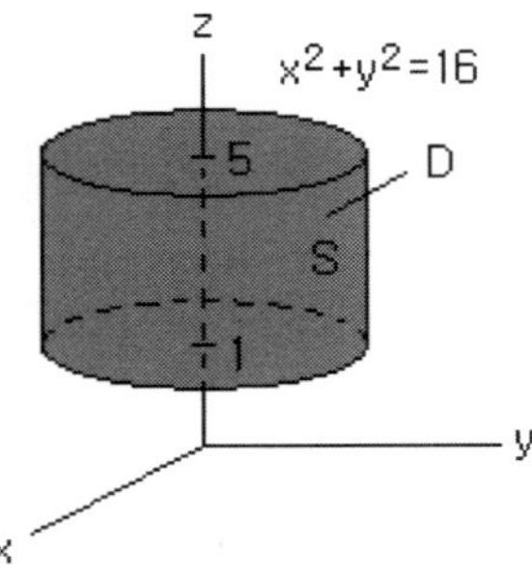

(3) $$\nabla \cdot \boldsymbol{F} = \frac{\partial}{\partial x}\left(\frac{x}{x^2+y^2+z^2}\right) + \frac{\partial}{\partial y}\left(\frac{y}{x^2+y^2+z^2}\right) + \frac{\partial}{\partial z}\left(\frac{z}{x^2+y^2+z^2}\right)$$

$$= \frac{(x^2+y^2+z^2) - 2x^2 + (x^2+y^2+z^2) - 2y^2 + (x^2+y^2+z^2) - 2z^2}{(x^2+y^2+z^2)^2}$$

$$= \frac{1}{x^2+y^2+z^2}$$

이므로

$$\iint_S \boldsymbol{F} \cdot \boldsymbol{n} ds = \iiint_D \nabla \cdot \boldsymbol{F} dV = \iiint_D \frac{1}{x^2+y^2+z^2} dV$$

$$= \int_{\rho=a}^{b} \int_{\theta=0}^{2\pi} \int_{\phi=0}^{\pi} \frac{1}{\rho^2} \rho^2 \sin\phi d\rho d\theta d\phi = \int_a^b d\rho \int_0^{2\pi} d\theta \int_0^{\pi} \sin\phi d\phi$$

$$= (b-a) \cdot 2\pi \cdot 2 = 4\pi(b-a)$$

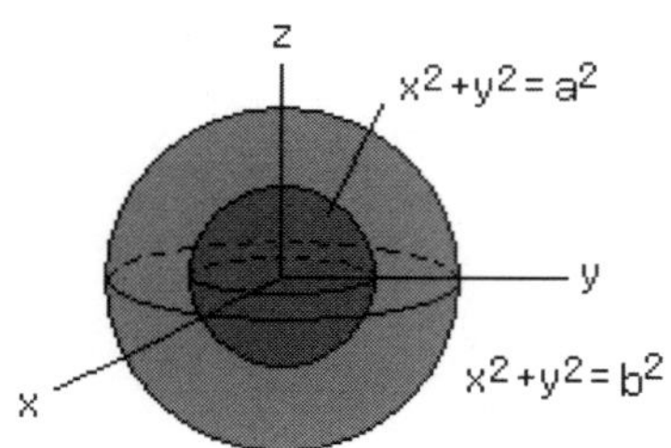

3. $\boldsymbol{F}$가 상수일 때 $\nabla \cdot \boldsymbol{F}=0$ 이므로

$$\iint_S \boldsymbol{F}\cdot \boldsymbol{n}ds = \iiint_D \nabla \cdot \boldsymbol{F}dV = \iiint_D 0dV = 0$$

4. (1) 전하분포 $q(x,y,z)$에 대한 Gauss 법칙은 $\iint_S \boldsymbol{E}\cdot \boldsymbol{n}ds = \iiint_D \frac{q(x,y,z)}{\epsilon_0}dV$ 이므로 앞 식의 좌변에 발산정리 $\iint_S \boldsymbol{E}\cdot \boldsymbol{n}ds = \iiint_D \nabla \cdot \boldsymbol{E}dV$ 를 적용하면 $\iiint_D \nabla \cdot \boldsymbol{E}dV = \iiint_D \frac{q}{\epsilon_0}dV$ 이 되고, 따라서, $\nabla \cdot \boldsymbol{E} = \frac{q}{\epsilon_0}$ 이다.

(2) $\boldsymbol{E}$가 비회전성, 즉 $\nabla \times \boldsymbol{E} = \boldsymbol{0}$ 이면 임의의 스칼라 함수 ϕ에 대해 항등식 $\nabla \times \nabla\phi = \boldsymbol{0}$ 이 성립하므로[8.5절 참조] $\boldsymbol{E} = \nabla\phi$ 를 만족하는 potential ϕ가 존재한다. 따라서 (1)의 결과에서 $\nabla \cdot \boldsymbol{E} = \nabla \cdot \nabla\phi = \nabla^2\phi = q/\epsilon_0$, 즉 Poisson 방정식

$$\nabla^2\phi = q/\epsilon_0$$

를 만족한다.

5. $\boldsymbol{q} = -k\nabla T = -k[2x, 2y, 2z]$ 에서 $\nabla \cdot \boldsymbol{q} = \frac{\partial q_1}{\partial x} + \frac{\partial q_2}{\partial y} + \frac{\partial q_3}{\partial z} = -6k$ 이므로

$$\begin{aligned}\iint_S \boldsymbol{q}\cdot \boldsymbol{n}ds &= \iiint_D \nabla \cdot \boldsymbol{q}dV \\ &= \iiint_D (-6k)dV = -6k\iiint_D dV = -6k \cdot \frac{4}{3}\pi a^3 = -8\pi k a^3\end{aligned}$$

6. 경계면 S를 갖는 영역 D를 생각한다. D에 포함된 총 열의 시간변화율이 S를 통한 열유출율과 같아야 하므로

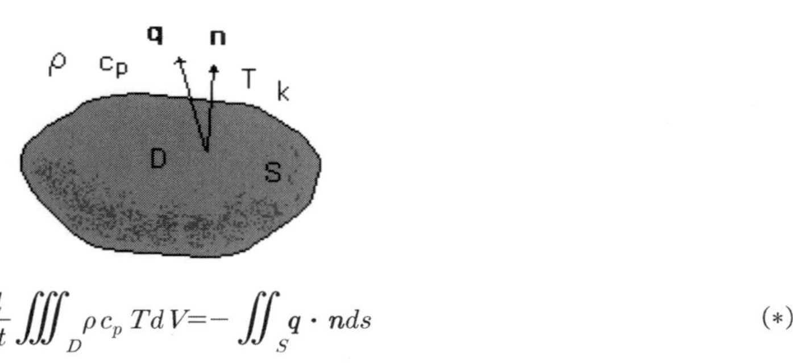

$$\frac{d}{dt}\iiint_D \rho c_p T dV = -\iint_S \boldsymbol{q}\cdot \boldsymbol{n}ds \qquad (*)$$

이다. 식(⋆)의 좌변의 ρ, c_p는 시간에 무관하고 우변에 발산정리를 적용하면

$$\iiint_D \rho c_p \frac{\partial T}{\partial t} dV = -\iiint_D \nabla \cdot \boldsymbol{q} dV$$

이므로

$$\rho c_p \frac{\partial T}{\partial t} = -\nabla \cdot \boldsymbol{q} \qquad (**)$$

이다. 식(⋆⋆)에 $\boldsymbol{q} = -k\nabla T$를 대입하면 열전도방정식

$$\rho c_p \frac{\partial T}{\partial t} = k\nabla^2 T$$

을 얻는다.

9.7 Stokes 정리

1. (i) 선적분

$\oint_C \boldsymbol{F} \cdot d\boldsymbol{r} = \oint_C xydx + yzdy + zxdz$ 을 C_1, C_2, C_3, C_4 에 적용하면

C_1 : $x = 1$, $z = 0$ 에서 $dx = dz = 0$

$$\int_{C_1} \boldsymbol{F} \cdot d\boldsymbol{r} = \int_{C_1} 0 + 0 + 0 = 0$$

C_2 : $y = 2$, $z = 1 - x^2$ 에서 $dy = 0$, $dz = -2xdx$

$$\int_{C_2} \boldsymbol{F} \cdot d\boldsymbol{r} = \int_{C_2} 2xdx + 0 + x(1-x^2)(-2xdx) = \int_{x=1}^{0} (2x - 2x^2 + 2x^4)dx = -\frac{11}{15}$$

C_3 : $x = 0$, $z = 1$ 에서 $dx = dz = 0$

$$\int_{C_3} \boldsymbol{F} \cdot d\boldsymbol{r} = \int_{C_3} 0 + ydy + 0 = \int_{y=2}^{-2} ydy = 0$$

C_4 : $y = -2$, $z = 1 - x^2$ 에서 $dy = 0$, $dz = -2xdx$

$$\int_{C_4} \boldsymbol{F} \cdot d\boldsymbol{r} = \int_{C_4} -2xdx + 0 + x(1-x^2)(-2xdx) = \int_{x=0}^{1} (-2x - 2x^2 + 2x^4)dx = -\frac{19}{15}$$

이므로

$$\oint_C \boldsymbol{F} \cdot d\boldsymbol{r} = \int_{C_1} \boldsymbol{F} \cdot d\boldsymbol{r} + \int_{C_2} \boldsymbol{F} \cdot d\boldsymbol{r} + \int_{C_3} \boldsymbol{F} \cdot d\boldsymbol{r} + \int_{C_4} \boldsymbol{F} \cdot d\boldsymbol{r} = 0 - \frac{11}{15} + 0 - \frac{19}{15} = -2$$

(ii) 면적분

$\boldsymbol{F} = [xy, yz, zx]$ 에서

$$\text{curl}\boldsymbol{F} = \nabla \times \boldsymbol{F} = \begin{vmatrix} \boldsymbol{i} & \boldsymbol{j} & \boldsymbol{k} \\ \dfrac{\partial}{\partial x} & \dfrac{\partial}{\partial y} & \dfrac{\partial}{\partial z} \\ xy & yz & zx \end{vmatrix} = -[y, z, x]$$

이다. 곡면 S의 법선벡터가 위를 향하도록 S를 $g(x,y,z) = x^2 + z = 1$ 로 놓아

$$\boldsymbol{n} = \frac{\nabla g}{|\nabla g|} = \frac{[2x, 0, 1]}{\sqrt{(2x)^2 + (0)^2 + (1)^2}} = \frac{[2x, 0, 1]}{\sqrt{1 + 4x^2}}$$

을 구한다. 또한 S를 $z=f(x,y)=1-x^2$으로 놓으면 $f_x=-2x$, $f_y=0$에서 $\sqrt{1+f_x^2+f_y^2}=\sqrt{1+4x^2}$ 이다. 따라서

$$\iint_S \nabla\times\boldsymbol{F}\cdot\boldsymbol{n}\,ds=\iint_R \nabla\times\boldsymbol{F}\cdot\boldsymbol{n}\sqrt{1+f_x^2+f_y^2}\,dxdy$$

$$=\iint_R -[y,z,x]\cdot\frac{[2x,0,1]}{\sqrt{1+4x^2}}\cdot\sqrt{1+4x^2}\,dxdy=\iint_R(-2xy-x)dxdy$$

$$=\int_{x=0}^{1}\int_{y=-2}^{2}(-2xy-x)dydx=\int_0^1\left[-xy^2-xy\right]_{y=-2}^{2}dx=-\int_0^1 4xdx=-2$$

이다. 이는 (i)의 결과와 같다.

2. $\nabla\times\boldsymbol{F}=\begin{vmatrix}\boldsymbol{i} & \boldsymbol{j} & \boldsymbol{k}\\ \partial/\partial x & \partial/\partial y & \partial/\partial z\\ 4z & -2x & 2x\end{vmatrix}=[0,2,-2]$

(1) S : $g(x,y,z)=-y+z-1=0$, $\boldsymbol{n}=\nabla g/|\nabla g|=\frac{1}{\sqrt{2}}[0,-1,1]$

한편, $z=f(x,y)=y+1$에서 $f_x=0$, $f_y=1$. 따라서 $\sqrt{1+f_x^2+f_y^2}=\sqrt{2}$.

$$\oint_C\boldsymbol{F}\cdot d\boldsymbol{r}=\iint_S\nabla\times\boldsymbol{F}\cdot\boldsymbol{n}ds=\frac{1}{\sqrt{2}}\iint_R[0,2,-2]\cdot[0,-1,1]ds$$

$$=-2\sqrt{2}\iint_S ds=-2\sqrt{2}\iint_R\sqrt{1+f_x^2+f_y^2}\,dA=-4\iint_R dA=-4\cdot\pi=-4\pi$$

(2) $\boldsymbol{r}_u=[\cos v,\sin v,\sin v]$, $\boldsymbol{r}_v=[-u\sin v,u\cos v,u\cos v]$

$$\boldsymbol{N}=\boldsymbol{r}_u\times\boldsymbol{r}_v=\begin{vmatrix}\boldsymbol{i} & \boldsymbol{j} & \boldsymbol{k}\\ \cos v & \sin v & \sin v\\ -u\sin v & u\cos v & u\cos v\end{vmatrix}=[0,-u,u]$$

$$\nabla\times\boldsymbol{F}\cdot\boldsymbol{N}=[0,2,-2]\cdot[0,-u,u]=-4u$$

$$\oint_C\boldsymbol{F}\cdot d\boldsymbol{r}=\iint_S\nabla\times\boldsymbol{F}\cdot\boldsymbol{n}ds=\iint_R\nabla\times\boldsymbol{F}\cdot\boldsymbol{N}\,dudv$$

$$=\int_{u=0}^{1}\int_{v=0}^{2\pi}(-4u)dudv=-4\int_{u=0}^{1}udu\int_{v=0}^{2\pi}dv=-4\cdot\frac{1}{2}\cdot 2\pi=-4\pi$$

3. $\boldsymbol{F}=[z^2e^{x^2},xy^2,\tan^{-1}y]$로 놓으면

$$\nabla\times\boldsymbol{F}=\begin{vmatrix}\boldsymbol{i} & \boldsymbol{j} & \boldsymbol{k}\\ \frac{\partial}{\partial x} & \frac{\partial}{\partial y} & \frac{\partial}{\partial z}\\ z^2e^{x^2} & xy^2 & \tan^{-1}y\end{vmatrix}=\left[\frac{1}{1+y^2},\ 2ze^{x^2},\ y^2\right]$$

이다. C로 둘러싸인 곡면으로 $z=0$으로 택하면 $\boldsymbol{n}=[0,0,1]$이므로

$$\nabla\times\boldsymbol{F}\cdot\boldsymbol{n}=\left[1+y^2,\ 2ze^{x^2},\ y^2\right]\cdot[0,0,1]=y^2$$

$$\oint_C\boldsymbol{F}\cdot d\boldsymbol{r}=\iint_S\nabla\times\boldsymbol{F}\cdot\boldsymbol{n}\,ds=\iint_S y^2ds=\iint_R y^2dA$$

$$=\int_{r=0}^{3}r^3dr\int_{\theta=0}^{2\pi}\sin^2\theta d\theta=\frac{81}{4}\cdot\pi=\frac{81}{4}\pi$$

4. (1) $\nabla \times \boldsymbol{F} = \begin{vmatrix} \boldsymbol{i} & \boldsymbol{j} & \boldsymbol{k} \\ \dfrac{\partial}{\partial x} & \dfrac{\partial}{\partial y} & \dfrac{\partial}{\partial z} \\ \dfrac{-y}{x^2+y^2} & \dfrac{x}{x^2+y^2} & z \end{vmatrix} = [0, 0, 0]$

(2) $C: \boldsymbol{r}(t) = [\cos t, \sin t]$, $0 \leqq t \leqq 2\pi$로 놓으면

$$\oint_C \boldsymbol{F} \cdot d\boldsymbol{r} = \oint_C \frac{-y}{x^2+y^2} dx + \frac{x}{x^2+y^2} dy + z dz$$

$$= \int_{t=0}^{2\pi} \frac{-\sin t}{1}(-\sin t\, dt) + \frac{\cos t}{1}(\cos t\, dt) + 0 = \int_{t=0}^{2\pi} dt = 2\pi$$

(3) $\boldsymbol{F}$의 정의역에 원점이 포함되지 않아 단순연결영역이 아니다.

제10장 Fourier 해석

10.1 직교함수

10.2 Fourier 급수

10.3 Fourier 코사인급수와 Fourier 사인급수

10.4 복소 Fourier 급수

10.5 Fourier 적분

10.6 Fourier 변환

10.1 직교함수

1. (1) $\phi_1 = e^x$, $\phi_2 = xe^{-x} - e^{-x}$, $[0,2]$

$$\int_0^2 \phi_1 \phi_2 \, dx = \int_0^2 e^x (xe^{-x} - e^{-x}) \, dx = \int_0^2 (x-1) dx = 0$$

(2) $\phi_1 = \cos x$, $\phi_2 = \sin^2 x$: $[0,\pi]$

$$\int_0^\pi \phi_1 \phi_2 \, dx = \int_0^\pi \cos x \sin^2 x \, dx = \int_0^{\pi/2} \cos x \sin^2 x \, dx + \int_{\pi/2}^\pi \cos x \sin^2 x \, dx \ : \ \sin x = t\text{로 치환}$$

$$= \int_0^1 t^2 dt + \int_1^0 t^2 dt = 0$$

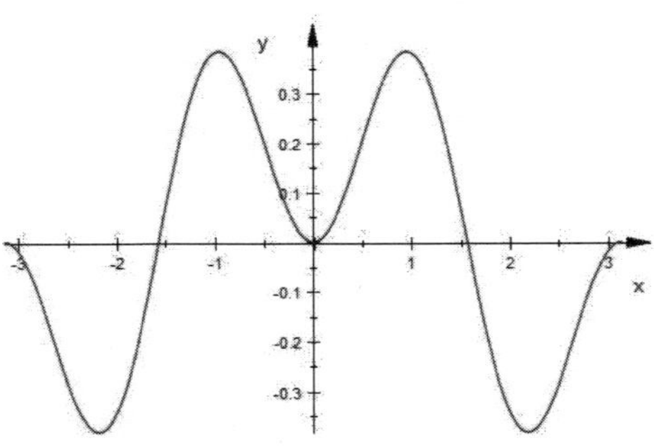

$y = \cos x \sin^2 x$

별해(1) : $\int_0^\pi \cos x \sin^2 x \, dx = \int_0^\pi \cos x \dfrac{1-\cos 2x}{2} dx = \dfrac{1}{2}\left[\int_0^\pi \cos x \, dx - \int_0^\pi \cos x \cos 2x \, dx\right]$

$$= \frac{1}{2}\left[\int_0^\pi \cos x \, dx - \frac{1}{2}\int_0^\pi (\cos 3x + \cos x) dx\right] = 0$$

별해(2) : $\int_0^\pi \cos x \sin^2 x \, dx = \left[\dfrac{1}{3}\sin^3 x\right]_0^\pi = 0$

별해(3) : $\int_0^\pi \cos x \sin^2 x \, dx = \sin x \cdot \sin^2 x \Big|_0^\pi - \int_0^\pi \sin x \cdot 2\sin x \cos x \, dx$: 부분적분

$$= 0 - 2\int_0^\pi \sin^2 x \cos x \, dx \quad \therefore \quad \int_0^\pi \cos x \sin^2 x \, dx = 0$$

2. (1) $\{\sin x, \sin 3x, \sin 5x, \cdots\}$, $[0,\pi/2]$;

Orthogonality: $m \neq n$일 때

$$\int_0^{\pi/2} \sin(2m+1)x \sin(2n+1)x dx = -\frac{1}{2}\int_0^{\pi/2} [\cos 2(m+n+1)x - \cos 2(m-n)x] \, dx$$

$$= -\frac{1}{2}\left[\frac{1}{2(m+n+1)}\sin 2(m+n+1)x - \frac{1}{2(m-n)}\sin 2(m-n)x\right]_0^{\pi/2} = 0$$

$m = n$일 때는

$$\int_0^{\pi/2} \sin^2(2n+1)x dx = \frac{1}{2}\int_0^{\pi/2}[1-\cos 2(2n+1)x]dx$$

$$= \frac{1}{2}\left[x - \frac{1}{2(2n+1)}\sin 2(2n+1)x\right]_0^{\pi/2} = \frac{\pi}{4}$$

$$\therefore \ \| \sin(2n+1)x \| = \frac{\sqrt{\pi}}{2}$$

(2) $\left\{1, \cos\frac{n\pi x}{L}, \sin\frac{n\pi x}{L}\right\}$: $[-L, L]$

Orthogonality:

$$\int_{-L}^{L} 1 \cdot \cos\frac{n\pi x}{L}dx = 2\int_0^L 1 \cdot \cos\frac{n\pi x}{L}dx = 2\left[\frac{L}{n\pi}\sin\frac{n\pi x}{L}\right]_0^L = 0$$

$$\int_{-L}^{L} 1 \cdot \sin\frac{n\pi x}{L}dx = 0 \ \text{(odd)}$$

$$\int_{-L}^{L} \cos\frac{m\pi x}{L}\sin\frac{n\pi x}{L}dx = 0 \ \text{(odd)}$$

For $m \neq n$

$$\int_{-L}^{L}\cos\frac{m\pi x}{L}\cos\frac{n\pi x}{L}dx = 2\int_0^L \cos\frac{m\pi x}{L}\cos\frac{n\pi x}{L}dx$$

$$= \int_0^L\left[\cos\frac{(m+n)\pi x}{L} + \cos\frac{(m-n)\pi x}{L}\right]dx$$

$$= \left[\frac{L}{(m+n)\pi}\sin\frac{(m+n)\pi x}{L} + \frac{L}{(m-n)\pi}\sin\frac{(m-n)\pi x}{L}\right]_0^L = 0$$

$$\int_{-L}^{L}\sin\frac{m\pi x}{L}\sin\frac{n\pi x}{L}dx = 2\int_0^L \sin\frac{m\pi x}{L}\sin\frac{n\pi x}{L}dx$$

$$= -\int_0^L\left[\cos\frac{(m+n)\pi x}{L} - \cos\frac{(m-n)\pi x}{L}\right]dx$$

$$= -\left[\frac{L}{(m+n)\pi}\sin\frac{(m+n)\pi x}{L} - \frac{L}{(m-n)\pi}\sin\frac{(m-n)\pi x}{L}\right]_0^L = 0$$

Norm:

$$\int_{-L}^{L} 1^2 dx = 2L \ \therefore \ \| 1 \| = \sqrt{2L}$$

$$\int_{-L}^{L}\cos^2\frac{n\pi x}{L}dx = \frac{1}{2}\int_{-L}^{L}\left[1+\cos\frac{2n\pi x}{L}\right]dx = \frac{1}{2}\left[x + \frac{L}{2n\pi}\sin\frac{2n\pi x}{L}\right]_{-L}^{L} = L$$

$$\therefore \ \left\| \cos\frac{n\pi x}{L} \right\| = \sqrt{L}$$

$$\int_{-L}^{L}\sin^2\frac{n\pi x}{L}dx = \frac{1}{2}\int_{-L}^{L}\left[1-\cos\frac{2n\pi x}{L}\right]dx = \frac{1}{2}\left[x - \frac{L}{2n\pi}\sin\frac{2n\pi x}{L}\right]_{-L}^{L} = L$$

$$\therefore \ \left\| \sin\frac{n\pi x}{L} \right\| = \sqrt{L}$$

3. (1) $\int_{-\infty}^{\infty} \omega(x)H_1(x)H_2(x)dx = \int_{-\infty}^{\infty} e^{-x^2} \cdot 1 \cdot 2x dx = 0$ ($\because$ Integration of odd function)

(2) $\int_{-\infty}^{\infty}\omega(x)H_1(x)H_3(x)dx=\int_{-\infty}^{\infty}e^{-x^2}\cdot 1\cdot(4x^2-2)dx=4\left[\int_0^{\infty}(2x^2-1)e^{-x^2}dx\right]$

$$=4\left[\int_0^{\infty}2x^2e^{-x^2}dx-\int_0^{\infty}e^{-x^2}dx\right]$$

한편, 부분적분에 의해

$$\int_0^{\infty}2x^2e^{-x^2}dx=\int_0^{\infty}x(2xe^{-x^2})dx=x\left(-e^{-x^2}\right)\Big|_0^{\infty}-\int_0^{\infty}(-e^{-x^2})dx=\int_0^{\infty}e^{-x^2}dx$$

이므로 $\int_{-\infty}^{\infty}\omega(x)H_1(x)H_3(x)dx=0$.

(3) $\int_{-\infty}^{\infty}\omega(x)H_2(x)H_3(x)dx=\int_{-\infty}^{\infty}e^{-x^2}\cdot 2x\cdot(4x^2-2)dx=0$ ($\because$ Integration of odd function)

4. $\int_a^b(\alpha x+\beta)\phi_n(x)dx=\alpha\int_a^b x\,\phi_n(x)dx+\beta\int_a^b 1\cdot\phi_n(x)dx$

$$=\alpha\int_a^b\phi_2(x)\phi_n(x)dx+\beta\int_a^b\phi_1(x)\phi_n(x)dx=\alpha\cdot 0+\beta\cdot 0=0 \text{ for } n=3,4,5\cdots.$$

5. $\int_{-\pi}^{\pi}(1)(\sin nx)dx=0$. since $\sin nx$ is odd.

So, $f(x)=1$ is orthogonal to every member of $\{\sin nx\}$. Thus, $\{\sin nx\}$ is not complete. Other examples are $f(x)=x^2$, $f(x)=\cos x$, etc.

10.2 Fourier 급수

1.

y

π

−π 0 π x

$$f(x)=\begin{cases}0 & -\pi<x<0\\ \pi-x & 0\leqq x<\pi\end{cases}$$

$$a_0=\frac{1}{2\pi}\int_{-\pi}^{\pi}f(x)dx=\frac{1}{2\pi}\int_0^{\pi}(\pi-x)\,dx=\frac{\pi}{4}$$

$$a_n=\frac{1}{\pi}\int_{-\pi}^{\pi}f(x)\cos nx\,dx=\frac{1}{\pi}\int_0^{\pi}(\pi-x)\cos nx\,dx=\frac{1-(-1)^n}{n^2\pi}$$

$$b_n=\frac{1}{\pi}\int_{-\pi}^{\pi}f(x)\sin nx\,dx=\frac{1}{\pi}\int_0^{\pi}(\pi-x)\sin nx\,dx=\frac{1}{n}$$

$$\therefore\ f(x)=\frac{\pi}{4}+\sum_{n=1}^{\infty}\left[\frac{1-(-1)^n}{n^2\pi}\cos nx+\frac{1}{n}\sin nx\right]$$

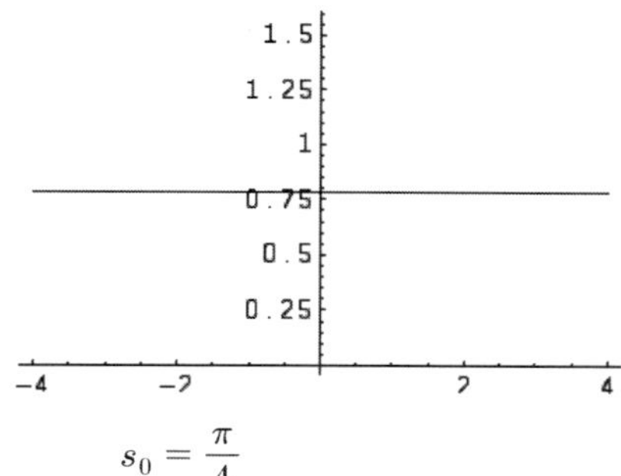

$s_0 = \dfrac{\pi}{4}$

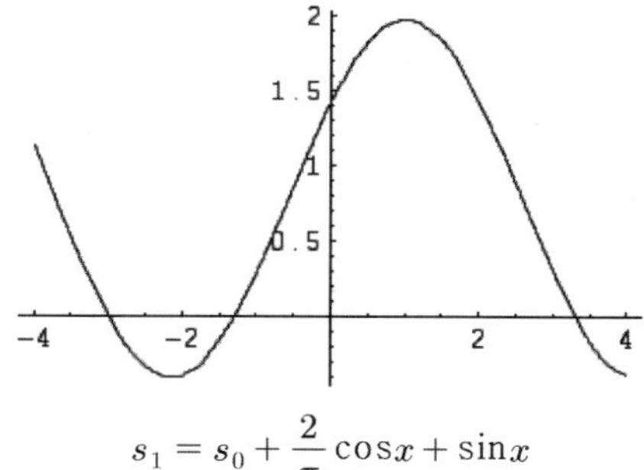

$s_1 = s_0 + \dfrac{2}{\pi}\cos x + \sin x$

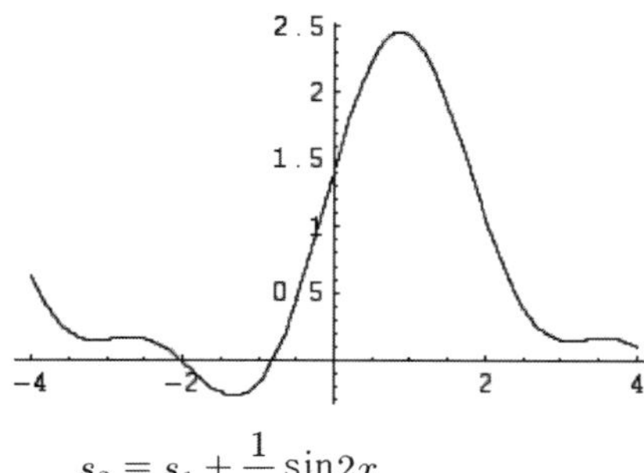

$s_2 = s_1 + \dfrac{1}{2}\sin 2x$

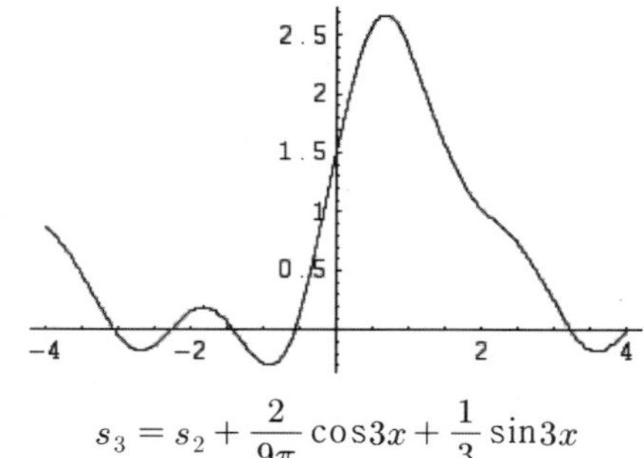

$s_3 = s_2 + \dfrac{2}{9\pi}\cos 3x + \dfrac{1}{3}\sin 3x$

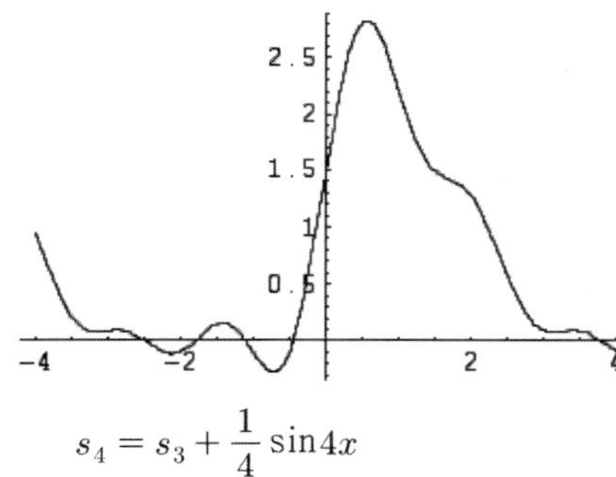

$s_4 = s_3 + \dfrac{1}{4}\sin 4x$

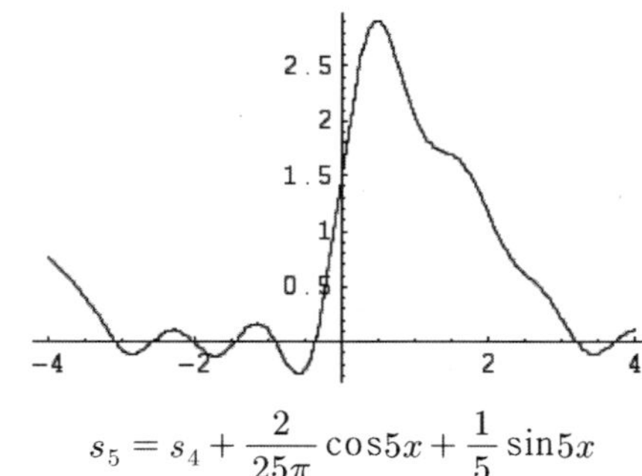

$s_5 = s_4 + \dfrac{2}{25\pi}\cos 5x + \dfrac{1}{5}\sin 5x$

2. $f(x) = \begin{cases} 0 & -\pi < x < 0 \\ x^2 & 0 \leqq x < \pi \end{cases}$

(1) $$a_0 = \frac{1}{2\pi}\int_{-\pi}^{\pi} f(x)dx = \frac{1}{2\pi}\int_0^{\pi} x^2 dx = \frac{\pi^2}{6}$$

$$a_n = \frac{1}{\pi}\int_{-\pi}^{\pi} f(x)\cos nx dx = \frac{1}{\pi}\int_0^{\pi} x^2 \cos nx dx = \cdots = \frac{2(-1)^n}{n^2}$$

$$b_n = \frac{1}{\pi}\int_{-\pi}^{\pi} f(x)\sin nx dx = \frac{1}{\pi}\int_0^{\pi} x^2 \sin nx dx = \cdots = \frac{\pi}{n}(-1)^{n+1} + \frac{2}{n^3\pi}[(-1)^n - 1]$$

$$\therefore\ f(x) = \frac{\pi^2}{6} + \sum_{n=1}^{\infty}\left[\frac{2(-1)^n}{n^2}\cos nx + \left\{\frac{\pi}{n}(-1)^{n+1} + \frac{2}{n^3\pi}[(-1)^n - 1]\right\}\sin nx\right]$$

(2) The $f(x)$ is discontinuous at $x=\pi$, so the F.S. converges to $\dfrac{\pi^2}{2}$ at $x=\pi$.

$$\frac{\pi^2}{2}=\frac{\pi^2}{6}+\sum_{n=1}^{\infty}\left[\frac{2(-1)^n}{n^2}\cos n\pi+\left\{\frac{\pi}{n}(-1)^{n+1}+\frac{2}{n^3\pi}[(-1)^n-1]\right\}\sin n\pi\right]$$
$$=\frac{\pi^2}{6}+\sum_{n=1}^{\infty}\frac{2(-1)^n}{n^2}(-1)^n$$
$$=\frac{\pi^2}{6}+\sum_{n=1}^{\infty}\frac{2}{n^2}=\frac{\pi^2}{6}+2\left(1+\frac{1}{2^2}+\frac{1}{3^2}+\cdots\right)$$
$$\therefore\ \frac{\pi^2}{6}=1+\frac{1}{2^2}+\frac{1}{3^2}+\cdots$$

At $x=0$ the F.S. converges to 0.

$$0=\frac{\pi^2}{6}+\sum_{n=1}^{\infty}\frac{2(-1)^n}{n^2}=\frac{\pi^2}{6}+2\left(-1+\frac{1}{2^2}-\frac{1}{3^2}+\frac{1}{4^2}-\cdots\right)$$
$$\therefore\ \frac{\pi^2}{12}=1-\frac{1}{2^2}+\frac{1}{3^2}-\frac{1}{4^2}+\cdots$$

3.

$$a_0=\frac{1}{2\pi}\int_{-\pi}^{\pi}e^x dx=\frac{e^{\pi}-e^{-\pi}}{2\pi}=\frac{\sinh\pi}{\pi}$$
$$a_n=\frac{1}{\pi}\int_{-\pi}^{\pi}e^x\cos nx dx=\frac{1}{\pi}\left\{e^x\cos nx|_{-\pi}^{\pi}+n\int_{-\pi}^{\pi}e^x\sin nx dx\right\}$$
$$=\frac{1}{\pi}\left\{2\sinh\pi(-1)^n+n\left[e^x\sin nx|_{-\pi}^{\pi}-n\int_{-\pi}^{\pi}e^x\cos nx dx\right]\right\}$$
$$=\frac{1}{\pi}\left\{2\sinh\pi(-1)^n-n^2\pi a_n\right\},\ \therefore\ a_n=\frac{2\sinh\pi(-1)^n}{\pi(1+n^2)}$$
$$b_n=\frac{1}{\pi}\int_{-\pi}^{\pi}e^x\sin nx dx=\frac{1}{\pi}\left\{e^x\sin nx|_{-\pi}^{\pi}-n\int_{-\pi}^{\pi}e^x\cos nx dx\right\}$$
$$=-\frac{n}{\pi}\left\{e^x\cos nx|_{-\pi}^{\pi}+n\int_{-\pi}^{\pi}e^x\sin nx dx\right\}$$
$$=-\frac{n}{\pi}\left\{2\sinh\pi(-1)^n-n\pi b_n\right\},\ \therefore\ b_n=-\frac{2\sinh\pi(-1)^n\cdot n}{\pi(1+n^2)}$$
$$\therefore\ f(x)=\frac{2\sinh\pi}{\pi}\left\{\frac{1}{2}+\sum_{n=1}^{\infty}\frac{(-1)^n}{1+n^2}[\cos nx-n\sin nx]\right\}$$

10.3 Fourier 코사인 급수와 Fourier 사인급수

1. (1) odd (2) odd (3) neither (4) odd (5) even
(6) even (7) odd (8) even (9) odd (10) even

2. (1) $f(x)=x$, $[-\pi,\pi]$ f is odd → Sine series

$$b_n = \frac{2}{\pi}\int_0^{\pi} x\sin x\,dx = \frac{2}{n}(-1)^{n+1} \quad \therefore\ f(x) = \sum_{n=1}^{\infty}\frac{2}{n}(-1)^{n+1}\sin nx$$

(2) $f(x) = x^2$, $[-1,1]$ f is even → Cosine series

$$a_0 = \frac{2}{2\cdot 1}\int_0^1 x^2 dx = \frac{1}{3},\quad a_n = \frac{2}{1}\int_0^1 x^2\cos n\pi x\,dx = \cdots = \frac{4}{n^2\pi^2}(-1)^n$$

$$\therefore\ f(x) = \frac{1}{3} + \sum_{n=1}^{\infty}\frac{4}{n^2\pi^2}(-1)^n\cos n\pi x$$

3. $f(x) = \begin{cases} 1, & 0 < x < 1/2 \\ 0, & 1/2 < x < 1 \end{cases}$

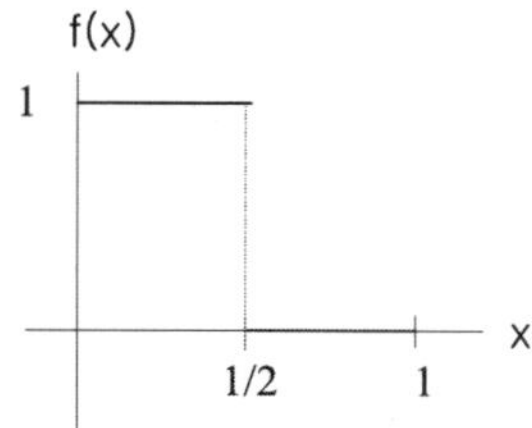

(a) Fourier series : $p = 2L = 1$, $L = 1/2$

$$a_0 = \frac{1}{2\cdot 1/2}\int_0^1 f(x)dx = \int_0^{1/2} 1dx + \int_{1/2}^1 0dx = 1/2,$$

$$a_n = \frac{1}{1/2}\int_0^1 f(x)\cos\frac{n\pi x}{1/2}dx = 2\int_0^{1/2}\cos 2n\pi x dx = 0,$$

$$b_n = \frac{1}{1/2}\int_0^1 f(x)\sin\frac{n\pi x}{1/2}dx = 2\int_0^{1/2}\sin 2n\pi x dx = \frac{1}{n\pi}[1-(-1)^n]$$

$$\therefore\ f(x) = \frac{1}{2} + \frac{1}{\pi}\sum_{n=1}^{\infty}\frac{1-(-1)^n}{n}\sin 2n\pi x = \frac{1}{2} + \frac{2}{\pi}\sin 2\pi x + \frac{2}{3\pi}\sin 6\pi x + \cdots$$

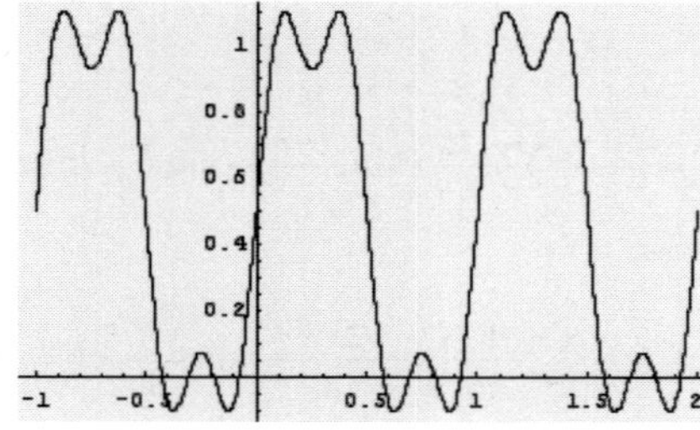

(b) Cosine series : $p = 2L = 2$, $L = 1$

$$a_0 = \frac{1}{1}\int_0^1 f(x)dx = \int_0^{1/2} 1dx = 1/2,$$

$$a_n = \frac{2}{1}\int_0^1 f(x)\cos\frac{n\pi x}{1}dx = 2\int_0^{1/2}\cos n\pi x dx = \frac{2}{n\pi}\sin\frac{n\pi}{2},$$

$$\therefore\ f(x) = \frac{1}{2} + \frac{2}{\pi}\sum_{n=1}^{\infty}\frac{\sin n\pi/2}{n}\cos n\pi x = \frac{1}{2} + \frac{2}{\pi}\cos\pi x - \frac{2}{3\pi}\cos 3\pi x + \cdots$$

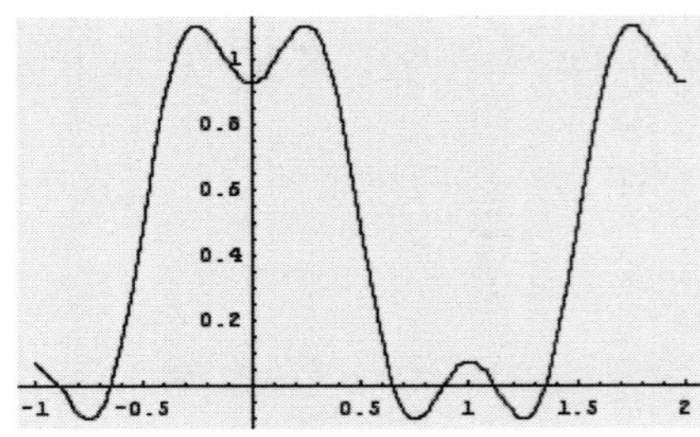

(c) Sine series : $p=2L=2$, $L=1$

$$b_n=\frac{2}{1}\int_0^1 f(x)\sin\frac{n\pi x}{1}dx=2\int_0^{1/2}\sin n\pi x dx=\frac{2}{n\pi}(1-\cos n\pi/2)$$

$$\therefore\ f(x)=\frac{2}{\pi}\sum_{n=1}^{\infty}\frac{1-\cos n\pi/2}{n}\sin n\pi x=\frac{2}{\pi}\sin\pi x+\frac{2}{\pi}\sin 2\pi x+\frac{2}{3\pi}\sin 3\pi x+\cdots$$

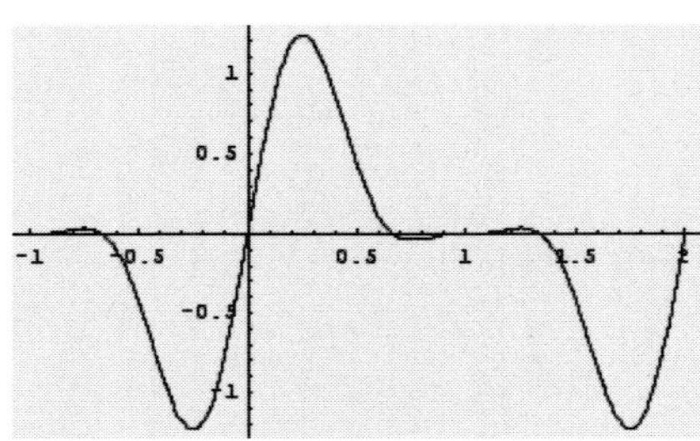

4. $W(x)$의 Cosine 급수를 구하면

$$a_0=\int_0^1 W(x)dx=\int_{1/3}^{2/3}dx=\frac{1}{3},$$

$$a_n=2\int_0^1 W(x)\cos n\pi x dx=2\int_{1/3}^{2/3}\cos n\pi x dx=\frac{2}{n\pi}\left(\sin\frac{2n\pi}{3}-\sin\frac{n\pi}{3}\right)$$

이므로

$$W(x)=\frac{1}{3}+\sum_{n=1}^{\infty}\frac{2}{n\pi}\left(\sin\frac{2n\pi}{3}-\sin\frac{n\pi}{3}\right)\cos n\pi x$$

이다. 따라서 미분방정식은

$$\frac{d^4y}{dx^4}=8+\sum_{n=1}^{\infty}\frac{48}{n\pi}\left(\sin\frac{2n\pi}{3}-\sin\frac{n\pi}{3}\right)\cos n\pi x$$

이다. 제차해는 예제 3의 경우와 같으므로 제자해와의 중복성을 고려하여 특수해를 $y_p=Ax^4+\sum_{n=1}^{\infty}A_n\cos n\pi x$로 가정하여 미분방정식에 대입하면

$$A=\frac{1}{3},\quad A_n=\frac{48}{(n\pi)^5}\left(\sin\frac{2n\pi}{3}-\sin\frac{n\pi}{3}\right)$$

이다. 따라서 일반해는

$$y=y_h+y_p=c_1+c_2x+c_3x^2+c_4x^3+\frac{1}{3}x^4+\sum_{n=1}^{\infty}\frac{48}{(n\pi)^5}\left(\sin\frac{2n\pi}{3}-\sin\frac{n\pi}{3}\right)\cos n\pi x$$

이다. 경계조건을 적용하기 위해 해를 미분하면

$$y' = c_2 + 2c_3x + 3c_4x^2 + \frac{4}{3}x^3 - \sum_{n=1}^{\infty}\frac{48}{(n\pi)^4}\left(\sin\frac{2n\pi}{3} - \sin\frac{n\pi}{3}\right)\sin n\pi x$$

이다. 경계조건 $y(0)=0$을 적용하면 $c_1 = -\alpha$이고, 여기서

$$\alpha = \sum_{n=1}^{\infty}\frac{48}{(n\pi)^5}\left(\sin\frac{2n\pi}{3} - \sin\frac{n\pi}{3}\right) = \sum_{n=2(\text{even } n)}^{\infty}\frac{48}{(n\pi)^5}\left(\sin\frac{2n\pi}{3} - \sin\frac{n\pi}{3}\right) \simeq -0.00823$$

이다. n이 홀수일 때 $\sin\frac{2n\pi}{3} - \sin\frac{n\pi}{3} = 0$이 됨을 주목해야 한다. $y'(0)=0$에서 $c_2 = 0$이고, $y(1) = 0$에서

$$-\alpha + c_3 + c_4 + \frac{1}{3} + \sum_{n=1}^{\infty}\frac{48(-1)^n}{(n\pi)^5}\left(\sin\frac{2n\pi}{3} - \sin\frac{n\pi}{3}\right) = 0 \tag{1}$$

을 얻는데

$$\sum_{n=1}^{\infty}\frac{48(-1)^n}{(n\pi)^5}\left(\sin\frac{2n\pi}{3} - \sin\frac{n\pi}{3}\right)$$
$$= -\sum_{n=1(\text{odd } n)}^{\infty}\frac{48}{(n\pi)^5}\left(\sin\frac{2n\pi}{3} - \sin\frac{n\pi}{3}\right) + \sum_{n=2(\text{even } n)}^{\infty}\frac{48}{(n\pi)^5}\left(\sin\frac{2n\pi}{3} - \sin\frac{n\pi}{3}\right)$$
$$= 0 + \alpha = \alpha$$

이므로 식(1)은

$$c_3 + c_4 + \frac{1}{3} = 0 \tag{2}$$

과 같다. $y'(1) = 0$에서

$$2c_3 + 3c_4 + \frac{4}{3} = 0 \tag{3}$$

이므로, 식(2)와 식(3)에서 $c_3 = 1/3$, $c_4 = -2/3$를 얻는다. 따라서 최종해는

$$y = -\alpha + \frac{1}{3}x^2 - \frac{2}{3}x^3 + \frac{1}{3}x^4 + \sum_{n=1}^{\infty}\frac{48}{(n\pi)^5}\left(\sin\frac{2n\pi}{3} - \sin\frac{n\pi}{3}\right)\cos n\pi x$$
$$= -\alpha + \frac{1}{3}x^2(x-1)^2 + \sum_{n=1}^{\infty}\frac{48}{(n\pi)^5}\left(\sin\frac{2n\pi}{3} - \sin\frac{n\pi}{3}\right)\cos n\pi x$$

이다. 그래프는 예제 3의 경우와 동일하다.

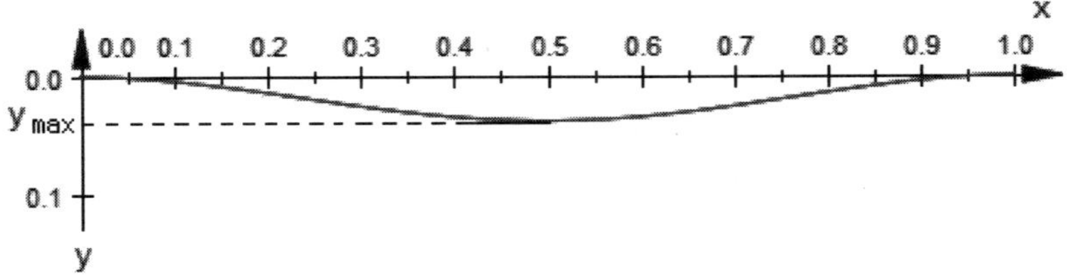

한편 $x = 1/2$에서 $y' = 0$이고 이때

$$y_{\max} = 0.00823 + \frac{1}{3}\left(\frac{1}{2}\right)^2\left(\frac{1}{2} - 1\right)^2 + \sum_{n=1}^{\infty}\frac{48}{(n\pi)^5}\left(\sin\frac{2n\pi}{3} - \sin\frac{n\pi}{3}\right)\cos\frac{n\pi}{2} \simeq 0.0378$$

이다.

5. $m = 1$, $k = 10$ $\quad\rightarrow\quad$ $\dfrac{d^2y}{dt^2} + 10y = f(t)$

$f(t)$ is odd → sine series with (minimum, 주기는 보통 최소주기를 말함.) period $p=2L=2$

$$b_n = \frac{2}{1}\int_0^1 (1-t)\sin n\pi t\,dt = \frac{2}{n\pi} \quad \therefore\ f(t) = \sum_{n=1}^{\infty}\frac{2}{n\pi}\sin n\pi t$$

Assume $y_p(t) = \sum_{n=1}^{\infty} A_n \sin n\pi t$ then

$$y_p{}'(t) = \sum_{n=1}^{\infty} n\pi A_n \cos n\pi t \text{ and } y_p{}''(t) = \sum_{n=1}^{\infty}(-n^2\pi^2)A_n \sin n\pi t$$

$$\therefore\ y_p{}'' + 10y_p = \sum_{n=1}^{\infty}(10-n^2\pi^2)A_n \sin n\pi t = \sum_{n=1}^{\infty}\frac{2}{n\pi}\sin n\pi t$$

$$\to A_n = \frac{2}{n\pi(10-n^2\pi^2)} \quad \therefore\ y_p(t) = \sum_{n=1}^{\infty}\frac{2}{n\pi(10-n^2\pi^2)}\sin n\pi t$$

When $10-n^2\pi^2=0$, $n=\frac{\sqrt{10}}{\pi}\approx 1$. So, the maximum amplitude is

$$A_1 = \frac{2}{\pi(10-\pi^2)} \approx 4.8822.$$

(note) $p=2L=4$인 경우, $b_n = \frac{2}{2}\int_0^2 (1-t)\sin\frac{n\pi t}{2}dt = \cdots = \frac{2}{n\pi}[1+(-1)^n]$

$\therefore\ f(t) = \sum_{n=1}^{\infty}\frac{2}{n\pi}[1+(-1)^n]\sin\frac{n\pi t}{2}$ 로 위와 동일.$(n=2m)$

10.4 복소 Fourier 급수

1. (1) 2π, π (2) 2π (3) 2π

2. (1) $f(x)=x$, $[-\pi,\pi]$

$$c_n = \frac{1}{2L}\int_{-L}^{L} f(x)e^{-in\pi x/L}dx = \frac{1}{2\pi}\int_{-\pi}^{\pi} xe^{-inx}dx$$

$$n=0:\ c_0 = \frac{1}{2\pi}\int_{-\pi}^{\pi} x\,dx = 0$$

$$n\neq 0:\ c_n = \frac{1}{2\pi}\int_{-\pi}^{\pi} xe^{-inx}dx = \frac{1}{2\pi}\left[x\left(-\frac{1}{in}e^{-inx}\right)\Big|_{-\pi}^{\pi} + \frac{1}{in}\int_{-\pi}^{\pi} e^{-inx}dx\right] = \cdots = \frac{i}{n}(-1)^n$$

Here, we use $e^{in\pi} = e^{-in\pi} = (-1)^n$ $\therefore\ f(x) = i\sum_{\substack{n=-\infty \\ n\neq 0}}^{\infty}\frac{(-1)^n}{n}e^{inx}$

(2) $c_n = \frac{1}{2\pi}\int_{-\pi}^{\pi} e^{-x}\cdot e^{-inx}dx = \frac{1}{2\pi}\int_{-\pi}^{\pi} e^{-(1+in)x}dx$

$$= \frac{1}{2\pi}\left[-\frac{1}{1+in}e^{-(1+in)x}\right]_{-\pi}^{\pi} = -\frac{1}{2(1+in)\pi}\left[e^{-(1+in)\pi} - e^{(1+in)\pi}\right]$$

에서

$$e^{in\pi} = e^{-in\pi} = (-1)^n, \quad \frac{1}{1+in} = \frac{1-in}{1+n^2}$$

이므로

$$c_n = \frac{(-1)^n(1-in)}{2(1+n^2)\pi}(e^{\pi} - e^{-\pi}) = \frac{\sinh\pi\,(-1)^n(1-in)}{\pi(1+n^2)}.$$

따라서

$$f(x) = \frac{\sinh\pi}{\pi}\sum_{n=-\infty}^{\infty}\frac{(-1)^n(1-in)}{1+n^2}e^{inx}.$$

3. (1) $c_n = \dfrac{1}{2L}\displaystyle\int_{-L}^{L} f(x)e^{-in\pi x/L}dx$ 이므로

$$c_0 = \frac{1}{4}\left[\int_{-2}^{0}(-1)dx + \int_{0}^{2}(1)dx\right] = 0$$

$$c_n(n \neq 0) = \frac{1}{4}\left[\int_{-2}^{0}(-1)e^{-in\pi x/2}dx + \int_{0}^{2}(1)e^{-in\pi x/2}dx\right] = \frac{1}{in\pi}\left[1 - e^{-in\pi}\right] = \frac{1-(-1)^n}{in\pi}$$

$$\therefore\ f(x) = \sum_{\substack{n=-\infty \\ n\neq 0}}^{\infty}\frac{1-(-1)^n}{in\pi}e^{in\pi x/2}$$

(2) (1)에서 $c_0 = 0$, $c_n = \dfrac{1-(-1)^n}{in\pi}$ 이므로 $c_{-n} = -\dfrac{1-(-1)^n}{in\pi}$.

$$\begin{aligned}
f(x) &= \sum_{n=-\infty}^{\infty} c_n e^{in\pi x/2} = \sum_{n=-\infty}^{-1} c_n e^{in\pi x/2} + \sum_{n=1}^{\infty} c_n e^{in\pi x/2} \\
&= \sum_{n=1}^{\infty} c_{-n} e^{-in\pi x/2} + \sum_{n=1}^{\infty} c_n e^{in\pi x/2} \\
&= -\sum_{n=1}^{\infty}\frac{1-(-1)^n}{in\pi}e^{-in\pi x/2} + \sum_{n=1}^{\infty}\frac{1-(-1)^n}{in\pi}e^{in\pi x/2} \\
&= \sum_{n=1}^{\infty}\frac{1-(-1)^n}{in\pi}\left(e^{in\pi x/2} - e^{-in\pi x/2}\right) = \sum_{n=1}^{\infty}\frac{1-(-1)^n}{in\pi}\left(2i\sin\frac{n\pi x}{2}\right) \\
&= \sum_{n=1}^{\infty}\frac{2[1-(-1)^n]}{n\pi}\sin\frac{n\pi x}{2}
\end{aligned}$$

(3) $b_n = \dfrac{2}{L}\displaystyle\int_0^L f(x)\sin\frac{n\pi x}{L}dx = \int_0^2 \sin\frac{n\pi x}{2}dx = \frac{2[1-(-1)^n]}{n\pi}$

$$f(x) = \sum_{n=1}^{\infty} b_n \sin\frac{n\pi x}{L} = \sum_{n=1}^{\infty}\frac{2[1-(-1)^n]}{n\pi}\sin\frac{n\pi x}{2} \quad \therefore \text{ 같다.}$$

(4) $c_n = \dfrac{1-(-1)^n}{in\pi}$ 에서 $|c_n| = \dfrac{1-(-1)^n}{n\pi}$:

n	−5	−3	−1	1	3	5
$\lvert c_n\rvert$	$2/5\pi$	$2/3\pi$	$2/\pi$	$2/\pi$	$2/3\pi$	$2/5\pi$

(5) $b_n = \dfrac{2[1-(-1)^n]}{n\pi}$:

n	1	3	5
b_n	$4/\pi$	$4/3\pi$	$4/5\pi$

(6) 문제 (4)의 두 항 $\pm n$이 문제 (5)의 하나의 항 n과 같다.

4. When $f(x)$ is even

$$c_n = \frac{1}{2L}\int_{-L}^{L} f(x)e^{-in\pi x/L}dx = \frac{1}{2L}\int_{-L}^{L} f(x)\left[\cos\frac{n\pi x}{L} - i\sin\frac{n\pi x}{L}\right]dx$$

$$= \frac{1}{L}\int_{0}^{L} f(x)\cos\frac{n\pi x}{L}dx \quad : \text{real}$$

When $f(x)$ is odd

$$c_n = \frac{1}{2L}\int_{-L}^{L} f(x)e^{-in\pi x/L}dx = \frac{1}{2L}\int_{-L}^{L} f(x)\left[\cos\frac{n\pi x}{L} - i\sin\frac{n\pi x}{L}\right]dx$$

$$= -\frac{i}{L}\int_{0}^{L} f(x)\sin\frac{n\pi x}{L}dx \quad : \text{pure imaginary}$$

5. $a_0 = \frac{1}{2L}\int_{-L}^{L} f(x)dx = c_0$

$$a_n = \frac{1}{L}\int_{-L}^{L} f(x)\cos\frac{n\pi x}{L}dx = \frac{1}{2L}\int_{-L}^{L} f(x)\left(e^{-in\pi x/L} + e^{in\pi x/L}\right)dx$$

$$= \frac{1}{2L}\int_{-L}^{L} f(x)e^{-in\pi x/L}dx + \frac{1}{2L}\int_{-L}^{L} f(x)e^{in\pi x/L}dx$$

$$= c_n + c_{-n}$$

$$b_n = \frac{1}{L}\int_{-L}^{L} f(x)\sin\frac{n\pi x}{L}dx = \frac{i}{2L}\int_{-L}^{L} f(x)\left(e^{-in\pi x/L} - e^{in\pi x/L}\right)dx$$

$$= i\left[\frac{1}{2L}\int_{-L}^{L} f(x)e^{-in\pi x/L}dx - \frac{1}{2L}\int_{-L}^{L} f(x)e^{in\pi x/L}dx\right]$$

$$= i\,(c_n - c_{-n})$$

6. (1) 10.4절의 예제 1의 결과에서

$$f(x) = \frac{\sinh\pi}{\pi}\sum_{n=-\infty}^{\infty}\frac{(-1)^n(1+in)}{1+n^2}e^{inx}$$

$$= \frac{\sinh\pi}{\pi}\left[1 + \sum_{n=-\infty}^{-1}\frac{(-1)^n(1+in)}{1+n^2}e^{inx} + \sum_{n=1}^{\infty}\frac{(-1)^n(1+in)}{1+n^2}e^{inx}\right]$$

$$= \frac{\sinh\pi}{\pi}\left[1 + \sum_{n=1}^{\infty}\frac{(-1)^{-n}(1-in)}{1+n^2}e^{-inx} + \sum_{n=1}^{\infty}\frac{(-1)^n(1+in)}{1+n^2}e^{inx}\right]$$

$$= \frac{\sinh\pi}{\pi}\left\{1 + \sum_{n=1}^{\infty}\frac{(-1)^n}{1+n^2}\left[(1-in)e^{-inx} + (1+in)e^{inx}\right]\right\}$$

$$= \frac{\sinh\pi}{\pi}\left\{1 + \sum_{n=1}^{\infty}\frac{(-1)^n}{1+n^2}\left[(1-in)(\cos nx - i\sin nx) + (1+in)(\cos nx + i\sin nx)\right]\right\}$$

$$= \frac{\sinh\pi}{\pi}\left[1 + \sum_{n=1}^{\infty}\frac{(-1)^n}{1+n^2}(\cos nx - i\sin nx - in\cos nx - n\sin nx \right.$$

$$\left. + \cos nx + i\sin nx + in\cos nx - n\sin nx)\right]$$

$$= \frac{\sinh\pi}{\pi}\left[1 + 2\sum_{n=1}^{\infty}\frac{(-1)^n}{1+n^2}(\cos nx - n\sin nx)\right]$$

∴ 연습문제 10.2, 문제 3의 결과와 같다.

(2) 10.4절 예제 1에서 $c_n = \frac{(-1)^n(1+in)}{\pi(1+n^2)}\sinh\pi$이므로 $c_{-n} = \frac{(-1)^n(1-in)}{\pi(1+n^2)}\sinh\pi$.

$$a_0 = c_0 = \frac{(-1)^0(1+i\cdot 0)}{\pi(1+0^2)}\sinh\pi = \frac{\sinh\pi}{\pi}$$

$$a_n = c_n + c_{-n} = \frac{(-1)^n(1+in)}{\pi(1+n^2)}\sinh\pi + \frac{(-1)^n(1-in)}{\pi(1+n^2)}\sinh\pi = \frac{2\sinh\pi}{\pi}\frac{(-1)^n}{(1+n^2)}$$

$$b_n = i(c_n - c_{-n}) = i\left[\frac{(-1)^n(1+in)}{\pi(1+n^2)}\sinh\pi - \frac{(-1)^n(1-in)}{\pi(1+n^2)}\sinh\pi\right] = -\frac{2\sinh\pi}{\pi}\frac{(-1)^n\cdot n}{(1+n^2)}$$

∴ 연습문제 10.2, 문제 3의 결과와 같다.

10.5 Fourier 적분

1. (1) $A(\alpha) = \int_{-\infty}^{\infty} f(x)\cos\alpha x\,dx = \int_0^2 (1)\cos\alpha x\,dx = \frac{\sin 2\alpha}{\alpha}$,

$$B(\alpha) = \int_{-\infty}^{\infty} f(x)\sin\alpha x dx = \int_0^2 (1)\sin\alpha x dx = \frac{1-\cos 2\alpha}{\alpha}$$

이므로

$$f(x) = \frac{1}{\pi}\int_0^{\infty}[A(\alpha)\cos\alpha x + B(\alpha)\sin\alpha x]d\alpha = \frac{1}{\pi}\int_0^{\infty}\left[\frac{\sin 2\alpha}{\alpha}\cos\alpha x + \frac{1-\cos 2\alpha}{\alpha}\sin\alpha x\right]d\alpha$$

이고, 삼각함수 공식을 이용하여 정리하면

$$f(x) = \frac{2}{\pi}\int_0^{\infty}\frac{\sin\alpha\cos[\alpha(1-x)]}{\alpha}d\alpha.$$

(2) $$A(\alpha) = \int_0^{\pi} x\cos\alpha x dx = \frac{1}{\alpha^2}(\pi\alpha\sin\pi\alpha + \cos\pi\alpha - 1)$$

$$\therefore\ f(x) = \frac{2}{\pi}\int_0^{\infty}\frac{1}{\alpha^2}(\pi\alpha\sin\pi\alpha + \cos\pi\alpha - 1)\cos\alpha x d\alpha$$

2. (1) $f(2) = (1+0)/2 = 1/2$이므로 $\frac{1}{2} = \frac{2}{\pi}\int_0^{\infty}\frac{\sin\alpha\cos\alpha}{\alpha}d\alpha = \frac{1}{\pi}\int_0^{\infty}\frac{\sin 2\alpha}{\alpha}d\alpha$

$$\therefore \int_0^{\infty}\frac{\sin 2t}{t}dt = \frac{\pi}{2}$$

(2) $2t = kx\ (k>0)$로 치환하면 $2dt = kdx$, (1)의 결과에서

$$\frac{\pi}{2} = \int_0^\infty \frac{\sin 2t}{t} dt = \int_0^\infty \frac{\sin kx}{kx/2}(kdx/2) = \int_0^\infty \frac{\sin kx}{x} dx$$

$$\therefore \int_0^\infty \frac{\sin kt}{t} dt = \frac{\pi}{2}$$

3. $f(x) = e^{-|x|},\ -\infty < x < \infty$

$$C(\alpha) = \int_{-\infty}^\infty f(x) e^{-i\alpha x} dx = \int_{-\infty}^\infty e^{-|x|} e^{-i\alpha x} dx = \int_{-\infty}^\infty e^{-|x|}(\cos\alpha x - i\sin\alpha x) dx$$

$$= 2\int_0^\infty e^{-x}\cos\alpha x dx = \frac{2}{1+\alpha^2}$$

$$f(x) = \frac{1}{2\pi}\int_{-\infty}^\infty C(\alpha) e^{i\alpha x} d\alpha = \frac{1}{2\pi}\int_{-\infty}^\infty \frac{2}{1+\alpha^2} e^{i\alpha x} d\alpha = \frac{1}{\pi}\int_{-\infty}^\infty \frac{1}{1+\alpha^2}(\cos\alpha x + i\sin\alpha x) d\alpha$$

$$= \frac{2}{\pi}\int_0^\infty \frac{\cos\alpha x}{1+\alpha^2} d\alpha$$

로 예제 4 문제 (1)의 결과와 같다.

4. (1) Fourier 코사인적분에서 $A(\alpha) = \int_0^\infty f(x)\cos\alpha x dx = e^{-\alpha}$ 이므로

$$f(x) = \frac{2}{\pi}\int_0^\infty A(\alpha)\cos\alpha x d\alpha = \frac{2}{\pi}\int_0^\infty e^{-\alpha}\cos\alpha x\, d\alpha = \frac{2}{\pi}\frac{1}{1+x^2}$$

(2) Fourier 사인적분에서 $B(\alpha) = \int_0^\infty f(x)\sin\alpha x dx = \begin{cases} 1-\alpha, & 0 < \alpha < 1 \\ 0, & \alpha > 1 \end{cases}$ 이므로

$$f(x) = \frac{2}{\pi}\int_0^\infty B(\alpha)\sin\alpha x d\alpha = \frac{2}{\pi}\int_0^1 (1-\alpha)\sin\alpha x\, d\alpha$$

$$= \frac{2}{\pi}\left[(1-\alpha)\frac{-\cos\alpha x}{x}\Big|_0^1 - \int_0^1 (-1)\frac{-\cos\alpha x}{x} d\alpha\right]$$

$$= \frac{2}{\pi}\left(\frac{1}{x} - \frac{1}{x^2}\sin\alpha x\right)\Bigg|_{\alpha=0}^1 = \frac{2}{\pi}\left(\frac{1}{x} - \frac{\sin x}{x^2}\right) \qquad (0 < x < \infty)$$

10.6 Fourier 변환

1. $\mathcal{F}[c_1 f(x) + c_2 g(x)] = \int_{-\infty}^\infty [c_1 f(x) + c_2 g(x)] e^{-i\alpha x} dx$

$$= c_1\int_{-\infty}^\infty f(x) e^{-i\alpha x} dx + c_2\int_{-\infty}^\infty g(x) e^{-i\alpha x} dx = c_1\mathcal{F}[f(x)] + c_2\mathcal{F}[g(x)]$$

2. $x < 0$ 에서 $f(x) = g(x) = 0$ 이므로 $f(\tau) = f(\tau)U(\tau)$, $g(x-\tau) = g(x-\tau)U(x-\tau)$로 놓으면

$$f(x) * g(x) = \int_{\tau=-\infty}^\infty f(\tau) g(x-\tau) d\tau = \int_{\tau=-\infty}^\infty f(\tau)U(\tau) g(x-\tau)U(x-\tau) d\tau$$

이다. 그런데

$$U(\tau)U(x-\tau)=\begin{cases}1, & 0<\tau<x\\ 0, & \text{otherwise}\end{cases}$$

이므로 $f(x)*g(x)=\int_{\tau=0}^{t} f(\tau)g(x-\tau)d\tau$, 즉

$$f(t)*g(t)=\int_{\tau=0}^{t} f(\tau)g(t-\tau)d\tau.$$

3. $F(\alpha)=\dfrac{1}{1+i\alpha}$, $G(\alpha)=\dfrac{1}{2+i\alpha}$ 이므로

$$F(\alpha)G(\alpha)=\frac{1}{1+i\alpha}\cdot\frac{1}{2+i\alpha}=\frac{1}{1+i\alpha}-\frac{1}{2+i\alpha}$$

따라서

$$\begin{aligned}f(x)*g(x)&=\mathscr{F}^{-1}[F(\alpha)G(\alpha)]=\mathscr{F}^{-1}\left[\frac{1}{1+i\alpha}-\frac{1}{2+i\alpha}\right]\\&=e^{-x}U(x)-e^{-2x}U(x)=(e^{-x}-e^{-2x})U(x)\end{aligned}$$

4. 합성곱에 대해 교환법칙 $x(t)*h(t)=h(t)*x(t)$ 이 성립함을 보여라.

$$\begin{aligned}x(t)*h(t)&=\int_{\tau=-\infty}^{\infty} x(\tau)h(t-\tau)d\tau \ :\ u=t-\tau,\ du=-d\tau\\&=\int_{u=\infty}^{-\infty} x(t-u)h(u)(-du)=\int_{u=-\infty}^{\infty} h(u)x(t-u)du=h(t)*x(t)\end{aligned}$$

5. $f(x)$가 구간 $(-\infty,\infty)$에서 절대적분가능하므로 Fourier 변환이 존재한다. $\alpha\neq0$일 때

$$F(\alpha)=\mathscr{F}[f(x)]=\int_{-\infty}^{\infty} f(x)e^{-i\alpha x}dx=\int_{-1}^{1} 1\cdot e^{-i\alpha x}dx=\left.\frac{e^{-i\alpha x}}{-i\alpha}\right|_{-1}^{1}=\frac{1}{i\alpha}(e^{i\alpha}-e^{-i\alpha})=\frac{2\sin\alpha}{\alpha}.$$

$\alpha=0$일 때 $F(0)=\int_{-\infty}^{\infty} f(x)e^{-i\cdot0\cdot x}dx=\int_{-\infty}^{\infty} f(x)dx=\int_{-1}^{1} 1\,dx=2.$

☞ $F(\alpha)$에 로피탈 정리를 사용하여 $F(0)=\lim_{\alpha\to0}F(\alpha)=\lim_{\alpha\to0}\dfrac{2\sin\alpha}{\alpha}=2$로 계산해도 된다.

$$\therefore\ F(\alpha)=\begin{cases}\dfrac{2\sin\alpha}{\alpha}, & \alpha\neq0\\ 2, & \alpha=0\end{cases}.$$

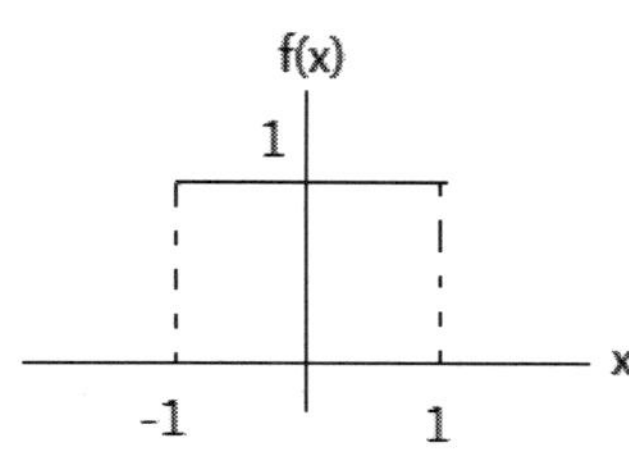

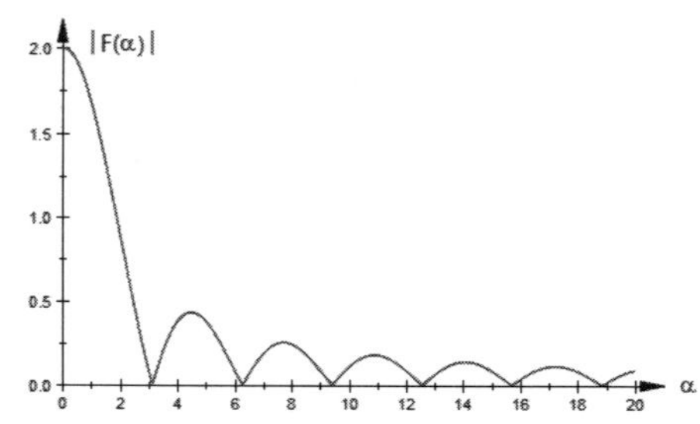

6. (1) 예제 3의 (1)에서 $\mathcal{F}[\delta(x)]=1$임을 안다. 따라서 이의 Fourier 역변환은

$$\delta(x)=\mathcal{F}^{-1}[1]=\frac{1}{2\pi}\int_{-\infty}^{\infty}1\cdot e^{i\alpha x}d\alpha=\frac{1}{2\pi}\int_{-\infty}^{\infty}e^{i\alpha x}d\alpha \qquad \text{(a)}$$

이다.

(2) Fourier 변환의 정의에서

$$\mathcal{F}[1]=\int_{-\infty}^{\infty}1\cdot e^{-i\alpha x}dx=\int_{-\infty}^{\infty}e^{-i\alpha x}dx=2\pi\cdot\frac{1}{2\pi}\int_{-\infty}^{\infty}e^{-i\alpha x}dx \qquad \text{(b)}$$

이다. (a)를 $\delta(x)=\frac{1}{2\pi}\int_{u=-\infty}^{\infty}e^{iux}du$로 쓸 수 있으므로

$$\delta(-\alpha)=\frac{1}{2\pi}\int_{u=-\infty}^{\infty}e^{iu(-\alpha)}du=\frac{1}{2\pi}\int_{u=-\infty}^{\infty}e^{-i\alpha u}du=\frac{1}{2\pi}\int_{x=-\infty}^{\infty}e^{-i\alpha x}dx$$

이다. 따라서 (b)에서 $\mathcal{F}[1]=2\pi\delta(-\alpha)$이고, $\delta(x)$의 성질(3)에 의해 $\delta(-\alpha)=\delta(\alpha)$이므로

$$\mathcal{F}[1]=2\pi\delta(\alpha).$$

제11장 편미분방정식

11.1 고유값 문제
11.2 편미분방정식의 기초
11.3 열전도방정식
11.4 파동방정식
11.5 Laplace 방정식
11.6 비제차 편미분방정식과 비제차 경계조건
11.7 이중 Fourier 급수
11.8 기타 직교함수를 이용한 풀이

11.1 고유값 문제

1. (1) $y''+ky=0$, $y(0)=0$, $y(\pi)=0$

(i) $k=-\lambda^2<0$: $y=c_1\cosh\lambda x+c_2\sinh\lambda x$

$y(0)=0 \rightarrow c_1=0$, $y(\pi)=0 \rightarrow c_2=0 \quad \therefore y=0$

(ii) $k=0$: $y=c_1+c_2x$

$y(0)=0 \rightarrow c_1=0$, $y(\pi)=0 \rightarrow c_2=0 \quad \therefore y=0$

(iii) $k=\lambda^2>0$: $y=c_1\cos\lambda x+c_2\sin\lambda x$

$y(0)=0$: $c_1=0$

$y(\pi)=0$: $c_2\sin\lambda\pi=0 \quad \therefore \lambda\pi=n\pi$, $n=1,2,3,\cdots$

$$k_n=n^2,\ y_n=\sin nx$$

(2) $y''+ky=0$, $y(0)+y'(0)=0$, $y(1)=0$

(i) $k=-\lambda^2<0$: $y=c_1\cosh\lambda x+c_2\sinh\lambda x$, $y'=c_1\lambda\sinh\lambda x+c_2\lambda\cosh\lambda x$

$y(0)+y'(0)=c_1+\lambda c_2=0$ --- (a), $y(1)=c_1\cosh\lambda+c_2\sinh\lambda=0$ --- (b)

(a)에서 $c_1=-\lambda c_2$이고 이를 (b)에 대입하면 $c_2(\sinh\lambda-\lambda\cosh\lambda)=0$이다. 다음 그래프에 의하면 $\sinh\lambda=\lambda\cosh\lambda$는 $\lambda=0$에서만 성립하는데 여기서 $\lambda\neq 0$이므로 $c_1=c_2=0$이 되어 $y=0$이다.

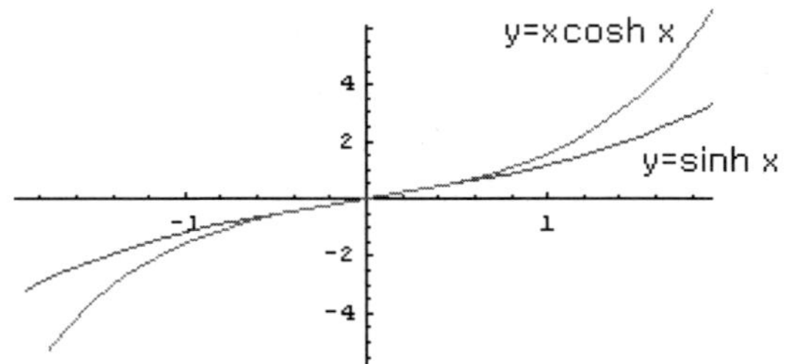

(ii) $k=0$: $y=c_1+c_2x$, $y'=c_2$

$$y(0)+y'(0)=c_1+c_2=0,\ y(1)=c_1+c_2=0$$

에서 $c_2=-c_1$이므로 $y=c_1(1-x)$. 따라서, 고유값은 $k=0$이고 고유함수는 $y=1-x$.

(iii) $k=\lambda^2>0$: $y=c_1\cos\lambda x+c_2\sin\lambda x$, $y'=-c_1\lambda\sin\lambda x+c_2\lambda\cos\lambda x$

$y(0)+y'(0)=c_1+c_2\lambda=0$ -- (a), $y(1)=c_1\cos\lambda+c_2\sin\lambda=0$ -- (b)

(a)에서 $c_1=-c_2\lambda$이므로 이를 (b)에 대입하면 $c_2(\sin\lambda-\lambda\cos\lambda)=0$이다. $c_2=0$이면 $c_1=0$이므로 $c_2\neq 0$이기 위해서는 $\sin\lambda-\lambda\cos\lambda=0$, 즉 $\tan\lambda=\lambda$이어야 한다. 따라서 x_n $(n=1,2,3,\cdots)$을 $\tan x=x$를 만족하는 양의 근이라 할 때 고유값은 $k_n=x_n^2$, 고유함수는 $y_n=x_n\cos x_n x-\sin x_n x$이다.

2. $y''+ky=0$, $y(-L)=y(L)$, $y'(-L)=y'(L)$

(i) $k=0$: $y=c_1+c_2x$, $y'=c_2$

$y(-L)=y(L)$: $c_1-c_2L=c_1+c_2L$, $2c_2L=0 \quad \therefore c_2=0$

$y'(-L)=y'(L)$: $c_2=c_2$

$k=0$: 고유값, $y=1$: 고유함수

(ii) $k=-\lambda^2<0$: $y=c_1\cosh\lambda x+c_2\sinh\lambda x$, $y'=c_1\lambda\sinh\lambda x+c_2\lambda\cosh\lambda x$

$y(-L)=y(L)$: $c_1\cosh\lambda L-c_2\sinh\lambda L=c_1\cosh\lambda L+c_2\sinh\lambda L$,

$2c_2\sinh\lambda L=0$, $c_2=0$

$y'(-L)=y'(L)$: $-c_1\lambda\sinh\lambda L+c_2\lambda\cosh\lambda L=c_1\lambda\sinh\lambda L+c_2\lambda\cosh\lambda L$,

$2c_1\lambda\sinh\lambda L=0$, $c_1=0$ $\therefore$ $y=0$

(iii) $k=\lambda^2>0$: $y=c_1\cos\lambda x+c_2\sin\lambda x$,

$y(-L)=y(L)$: $c_1\cos\lambda L-c_2\sin\lambda L=c_1\cos\lambda L+c_2\sin\lambda L$, $2c_2\sin\lambda L=0$

$$c_2=0 \text{ 또는 } \lambda_n=\frac{n\pi}{L}$$

(1) $c_2=0$일 때

$y=c_1\cos\lambda x$, $y'=-c_1\lambda\sin\lambda x$이므로

$y'(-L)=y'(L)$: $c_1\lambda\sin\lambda L=-c_1\lambda\sin\lambda L$, $2c_1\sin\lambda L=0$에서 $c_1\neq 0$이려면 $\lambda_n=\frac{n\pi}{L}$.

$\rightarrow$ $k_n=\frac{n^2\pi^2}{L^2}$: 고유값, $y_n=\cos\frac{n\pi x}{L}$, $n=1,2,3,\cdots$: 고유함수

(2) $\lambda_n=\frac{n\pi}{L}$일 때 : $n=1,2,3,\cdots$

$y=c_1\cos\frac{n\pi x}{L}+c_2\sin\frac{n\pi x}{L}$이므로 $y'=-c_1\frac{n\pi}{L}\sin\frac{n\pi x}{L}+c_2\frac{n\pi}{L}\cos\frac{n\pi x}{L}$

$y'(-L)=y'(L)$: $c_2\frac{n\pi}{L}\cos n\pi=c_2\frac{n\pi}{L}\cos(-n\pi)$은 임의의 c_2에 대해 성립한다. 따라서 고유함수는 $y_n=c_1\cos\frac{n\pi x}{L}+c_2\sin\frac{n\pi x}{L}$인데 $\cos\frac{n\pi x}{L}$는 이미 (1)에서 구한 고유함수이므로 중첩의 원리에 의해

$$k_n=\frac{n^2\pi^2}{L^2}\text{: 고유값, } y_n=\sin\frac{n\pi x}{L},\ n=1,2,3,\cdots \text{ : 고유함수}$$

(i)과 (iii)의 (1), (2)에 의해 고유함수 집합은 $\left\{1,\cos\frac{n\pi x}{L},\sin\frac{n\pi x}{L}\right\}$, $n=1,2,3,\cdots$이다.

3. $T(x)=x^2$; $x^2y''+2xy'+\rho\omega^2y=0$: Cauchy-Euler Eq.

$$m^2+m+\rho\omega^2=0 \rightarrow m=\frac{-1\pm\sqrt{1-4\rho\omega^2}}{2}$$

Since $4\rho\omega^2>1$, $y=x^{-1/2}[c_1\cos(\beta\ln x)+c_2\sin(\beta\ln x)]$, where $\beta=\frac{1}{2}\sqrt{4\rho\omega^2-1}$, $(\beta>0)$

From $y(1)=0$ and $y(e)=0$, $c_1=0$ and $\sin\beta=0$ or $\beta=n\pi$ $(n=1,2,\cdots$, since $\beta>0)$

Solving for ω, we have $\omega_n=\frac{1}{2}\sqrt{\frac{4n^2\pi^2+1}{\rho}}$.

Hence, the first eigenvalue and the corresponding eigenfunction are

$$\omega_1=\frac{1}{2}\sqrt{\frac{4\pi^2+1}{\rho}},\quad y_1(x)=x^{-1/2}\sin(\pi\ln x)$$

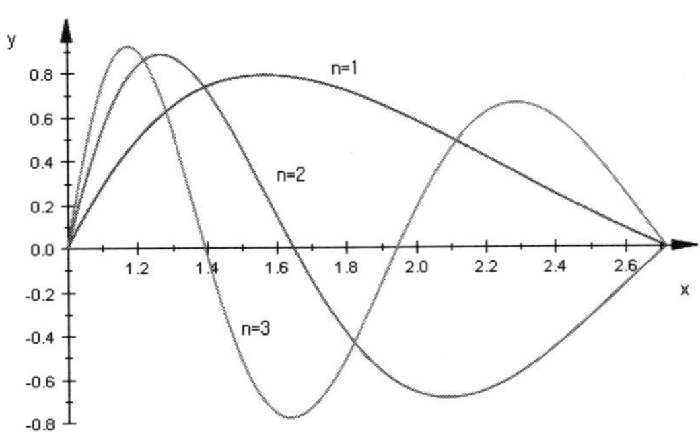

4. $\dfrac{d^2\phi}{dx^2}+B^2\phi=0 \rightarrow \phi(x)=c_1\cos Bx+c_2\sin Bx$, $\dfrac{d\phi}{dx}=-Bc_1\sin Bx+Bc_2\cos Bx$

$\left.\dfrac{d\phi}{dx}\right|_{x=0}=Bc_2=0$ 에서 $c_2=0$. $\phi(a)=c_1\cos Ba=0$ 에서 $Ba=\dfrac{n\pi}{2}$, $n=1,3,\cdots$

또는 $B_n^2=\left(\dfrac{n\pi}{2a}\right)^2$. 따라서 $B_1^2=\left(\dfrac{\pi}{2a}\right)^2$ 이고 $\phi_1(x)=\cos\left(\dfrac{\pi x}{2a}\right)$.

5. $x^2y''+xy'+ky=0$, $y(1)=0$, $y(e^{\pi})=0$

(i) $k\leqq 0$: $y=0$

(ii) $k=\lambda^2>0$: $y=c_1\cos(\lambda\ln x)+c_2\sin(\lambda\ln x)$

$y(1)=c_1\cos(\lambda\ln 1)+c_2\sin(\lambda\ln 1)=c_1=0$

$y(e^{\pi})=c_2\sin(\lambda\ln e^{\pi})=c_2\sin(\lambda\pi)=0$

$\therefore\ \lambda_n=n\ (n=1,2,3,\cdots) \Rightarrow k_n=n^2$, $y_n=\sin(n\ln x)$

Multiplying the integrating factor $\dfrac{1}{x^2}e^{\int 1/x\,dx}=\dfrac{1}{x}$ to the equation gives

$$xy''+y'+\frac{k}{x}y=0 \quad \text{or} \quad \frac{d}{dx}[xy']+\frac{k}{x}=0$$

This is the S-L equation with $p=x$, $\omega=\dfrac{1}{x}$, $q=0$, so the orthogonality relation is

$$\int_1^{e^{\pi}}\frac{1}{x}\sin(n\ln x)\sin(m\ln x)dx=0 \quad m\neq n.$$

6. $xy''+(1-x)y'+ny=0,\quad n=0,1,2,\cdots$

Multiplying I.F.$=\dfrac{1}{x}e^{\int(1-x)/x\,dx}=\dfrac{1}{x}e^{\ln x-x}=e^{-x}$ gives

$$xe^{-x}y''+(1-x)e^{-x}y'+ne^{-x}y=0 \ \text{or}\ \frac{d}{dx}[xe^{-x}y']+ne^{-x}y=0.$$

Here, the weighting function is $\omega(x)=e^{-x}$ and $p(x)=xe^{-x}$.

Since $p(0)=0$ and $\lim\limits_{x\to\infty}p(x)=0$, the orthogonality of Laguerre function is

$$\int_0^{\infty}e^{-x}L_n(x)L_m(x)dx=0,\ m\neq n.$$

7. $y'' - 2xy' + 2ny = 0$, $n = 0, 1, 2, \cdots$

Multiplying the integrating factor $e^{\int(-2x)dx} = e^{-x^2}$ gives

$$e^{-x^2}y'' - 2xe^{-x^2}y' + 2ne^{-x^2}y = 0 \text{ or } \frac{d}{dx}[e^{-x^2}y'] + 2ne^{-x^2}y = 0$$

with $\omega(x) = 2e^{-x^2}$, $p(x) = e^{-x^2}$. Since $\lim_{x\to-\infty} p(x) = \lim_{x\to+\infty} p(x) = 0$, the orthogonality of Hermite function is $\int_{-\infty}^{\infty} e^{-x^2} H_n(x) H_m(x) dx = 0$, $m \neq n$.

8. From Eq.(11.1.8)

$$\begin{aligned}
&(\lambda_m - \lambda_n)\int_a^b \omega(x) y_m y_n dx \\
&= p(b)[y_m(b)y_n'(b) - y_n(b)y_m'(b)] - p(a)[y_m(a)y_n'(a) - y_n(a)y_m'(a)] \\
&= p(b)[y_m(b)y_n'(b) - y_n(b)y_m'(b) - y_m(a)y_n'(a) + y_n(a)y_m'(a)] = 0
\end{aligned}$$

$$\therefore \int_a^b \omega(x) y_m(x) y_n(x) dx = 0, \ m \neq n$$

9. 풀이 추가

11.2 편미분방정식 기초

1. (1) $\frac{dy}{dx} + y = 0$: 상미분방정식, 1변수 함수 (2) $\frac{\partial u}{\partial x} + \frac{\partial u}{\partial y} = 0$: 편미분방정식, 2변수 함수

2. $A\frac{\partial^2 u}{\partial x^2} + B\frac{\partial^2 u}{\partial x \partial y} + C\frac{\partial^2 u}{\partial y^2} + D\frac{\partial u}{\partial x} + E\frac{\partial u}{\partial y} + Fu = G(x,y)$의 형태로 나타내면

1차원 열전도방정식 :

$$\alpha\frac{\partial^2 u}{\partial x^2} - \frac{\partial u}{\partial t} = 0 \ : \ A = \alpha, \ B = C = 0$$

$$\Gamma = B^2 - 4AC = 0^2 - 4 \cdot \alpha \cdot 0 = 0 \ \therefore \text{ 포물형(parabolic)}$$

1차원 파동방정식:

$$c^2\frac{\partial^2 u}{\partial x^2} - \frac{\partial^2 u}{\partial t^2} = 0 \ : \ A = c^2, \ B = 0, \ C = -1$$

$$\Gamma = B^2 - 4AC = 0^2 - 4(c^2)(-1) = 4c^2 > 0 \ \therefore \text{쌍곡형(hyperbolic)}$$

2차원 Laplace 방정식 :

$$\frac{\partial^2 u}{\partial x^2} + \frac{\partial^2 u}{\partial y^2} = 0 \ : \ A = C = 1, \ B = 0$$

$$\Gamma = B^2 - 4AC = 0^2 - 4 \cdot 1 \cdot 1 = -4 < 0 \ \therefore \text{ 타원형(elliptic)}$$

3. $u(0,t) = 0$: Dirichlet 경계조건, $\left.\frac{\partial u}{\partial x}\right|_{x=L} = 0$: Neumann 경계조건, $u(x,0) = f(x)$: 초기조건

4. $u(0,t)=u_0$: Dirichlet 경계조건, $\left.\dfrac{\partial u}{\partial x}\right|_{x=a}=-hu(a,0)$: Robin 경계조건,

$\left.\dfrac{\partial u}{\partial y}\right|_{y=0}=0$: Neumann 경계조건, $\left.\dfrac{\partial u}{\partial y}\right|_{y=b}=0$ Neumann 경계조건. 초기조건은 없음.

11.3 열전도방정식

1. (1) 경계조건을 만족하도록

$$u(x,t)=\sum_{n=1}^{\infty}b_n(t)\sin\frac{n\pi x}{L}$$

와 같이 Fourier Sine 급수로 나타내어 편미방에 대입하면

$$b_n'(t)+\alpha\left(\frac{n\pi}{L}\right)^2 b_n(t)=0 \rightarrow b_n(t)=A_n e^{-\alpha(n\pi/L)^2 t}$$

$$\therefore\ u(x,t)=\sum_{n=1}^{\infty}A_n e^{-\alpha(n\pi/L)^2 t}\sin\frac{n\pi x}{L}$$

초기조건을 적용하면 $u(x,0)=\sum_{n=1}^{\infty}A_n\sin\dfrac{n\pi x}{L}$ 에서

$$A_n=\frac{2}{L}\int_0^L u(x,0)\sin\frac{n\pi x}{L}dx=\frac{2}{L}\int_0^{L/2}1\cdot\sin\frac{n\pi x}{L}dx=\frac{2}{n\pi}[1-\cos(n\pi/2)]$$

(2) $u(x,t)=\dfrac{2}{\pi}\sum_{n=1}^{\infty}\dfrac{1}{n}[1-\cos(n\pi/2)]e^{-n^2 t}\sin nx$

$$=\frac{2}{\pi}\left(e^{-t}\sin x+e^{-4t}\sin 2x+\frac{1}{3}e^{-9t}\sin 3x+0+\frac{1}{5}e^{-25t}\sin 5x+\cdots\right)$$

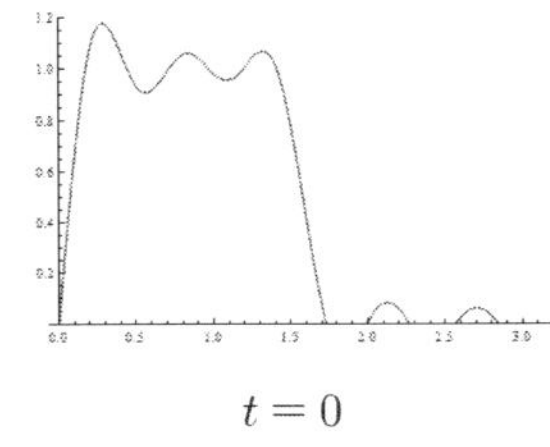
$t=0$

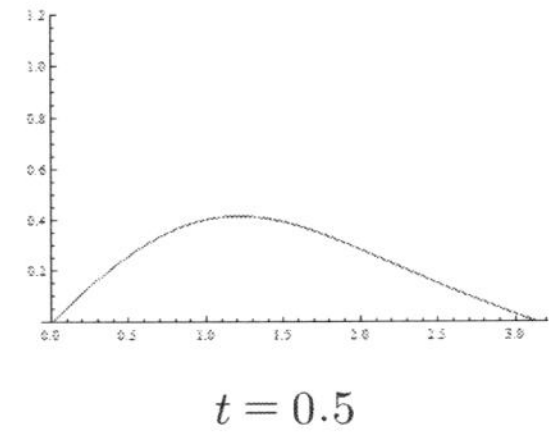
$t=0.5$

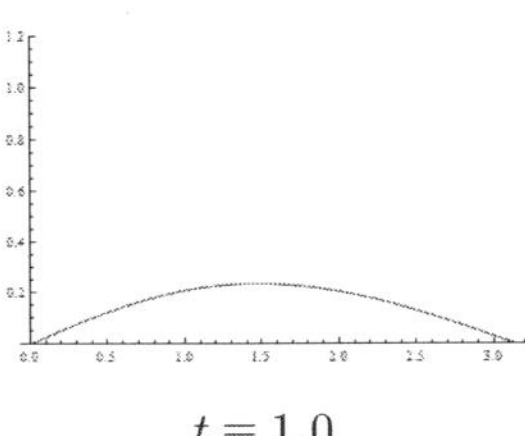
$t=1.0$

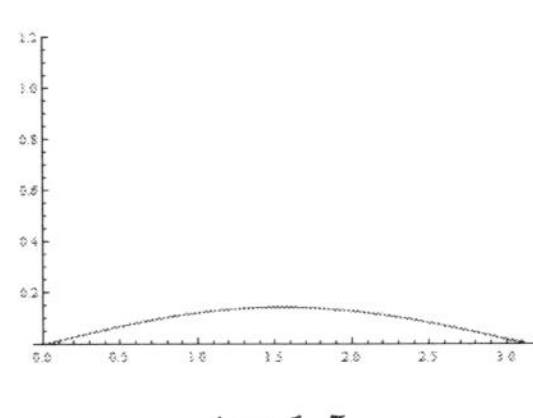
$t=1.5$

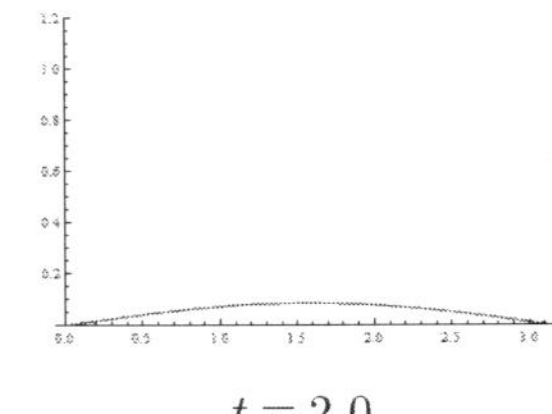
$t=2.0$

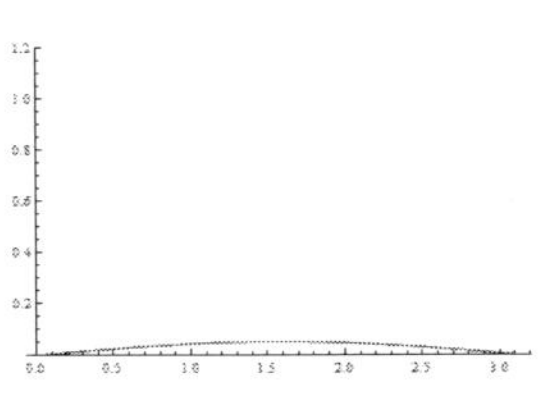
$t=2.5$

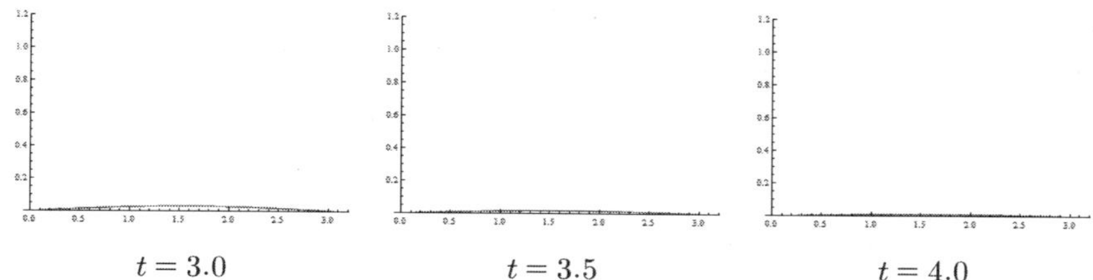

$t = 3.0$ $t = 3.5$ $t = 4.0$

2. 경계조건에 의해 $u(x,t) = a_0(t) + \sum_{n=1}^{\infty} a_n(t)\cos\frac{n\pi x}{L}$ 로 놓고 편미방에 대입하면

$$a_0'(t) + ha_0(t) = 0 \rightarrow a_0(t) = A_0 e^{-ht}$$

$$a_n'(t) + \left[h + \alpha\left(\frac{n\pi}{L}\right)^2\right]a_n(t) = 0 \rightarrow a_n(t) = A_n e^{-[h+\alpha(n\pi/L)^2]t}$$

$$\therefore\ u(x,t) = e^{-ht}\left[A_0 + \sum_{n=1}^{\infty} A_n e^{-\alpha(n\pi/L)^2 t}\cos(n\pi x/L)\right]$$

초기조건 $u(x,0) = f(x) = A_0 + \sum_{n=1}^{\infty} A_n \cos\frac{n\pi x}{L}$ 에서

$$A_0 = \frac{1}{L}\int_0^L f(x)dx,\ A_n = \frac{2}{L}\int_0^L f(x)\cos(n\pi x/L)dx$$

11.4 파동방정식

1. $\frac{\partial^2 u}{\partial t^2} = c^2\frac{\partial^2 u}{\partial x^2}$, $u(0,t) = u(L,t) = 0$, $u(x,0) = f(x)$, $u_t(x,0) = g(x)$

$u(x,t) = X(x)T(t)$로 놓으면

$$XT'' = c^2 X'' T$$

양변을 c^2XT로 나누고

$$\frac{T'}{c^2T} = \frac{X''}{X} = -\lambda^2$$

로 놓으면

$$X'' + \lambda^2 X = 0 \rightarrow X(x) = c_1\cos\lambda x + c_2\sin\lambda x,$$

$$T'' + c^2\lambda^2 T = 0 \rightarrow T(t) = c_3\cos c\lambda t + c_4\sin c\lambda t.$$

$X(0) = X(L) = 0$에서 $c_1 = 0$, $\lambda_n = \frac{n\pi}{L}$ ($n = 1,2,\cdots$)이므로

$$X_n(x) = c_2\sin\frac{n\pi x}{L},\ T_n(t) = c_3\cos\left(\frac{cn\pi t}{L}\right) + c_4\sin\left(\frac{cn\pi t}{L}\right)$$

따라서

$$u_n(x,t) = X_n(x)T_n(t) = \left[A_n\cos\left(\frac{cn\pi t}{L}\right) + B_n\sin\left(\frac{cn\pi t}{L}\right)\right]\sin\frac{n\pi x}{L}$$

이고 중첩의 원리에서

$$u(x,t)=\sum_{n=1}^{\infty}\left[A_n\cos\left(\frac{cn\pi t}{L}\right)+B_n\sin\left(\frac{cn\pi t}{L}\right)\right]\sin\frac{n\pi x}{L}.$$

이하 본문과 동일.

2. (1) $u(x,t)=\frac{1}{2}[f^*(x+ct)+f^*(x-ct)]$

$u(0,t)=\frac{1}{2}[f^*(ct)+f^*(-ct)]=0 \rightarrow f^*(ct)=-f^*(-ct)$: odd function

$u(L,t)=\frac{1}{2}[f^*(L+ct)+f^*(L-ct)]=0 \rightarrow f^*(L+ct)=-f^*(L-ct)=f^*(-L+ct)$: $2L$-period

3. 자유단 경계조건을 만족하도록

$$u(x,t)=a_0(t)+\sum_{n=1}^{\infty}a_n(t)\cos n\pi x$$

를 편미방에 대입하면

$$a_0''(t)=0 \rightarrow a_0(t)=A_0+B_0t$$

$$a_n''(t)+(n\pi)^2a_n(t)=0 \rightarrow a_n(t)=A_n\cos n\pi t+B_n\sin n\pi t.$$

따라서

$$u(x,t)=A_0+B_0t+\sum_{n=1}^{\infty}(A_n\cos n\pi t+B_n\sin n\pi t)\cos n\pi x$$

이고

$$u_t(x,t)=B_0+\sum_{n=1}^{\infty}n\pi(-A_n\sin n\pi t+B_n\cos n\pi t)\cos n\pi x.$$

초기조건 $u(x,0)=x=A_0+\sum_{n=1}^{\infty}A_n\cos n\pi x$ 에서

$$A_0=\int_0^1 x\,dx=\frac{1}{2},\quad A_n=2\int_0^1 x\cos n\pi x\,dx=\frac{2}{n^2\pi^2}[(-1)^n-1]$$

마찬가지로 $u_t(x,0)=0=B_0+\sum_{n=1}^{\infty}n\pi B_n\cos n\pi x$ 에서

$$B_0=B_n=0.$$

$$\therefore\ u(x,t)=\frac{1}{2}+\frac{2}{\pi^2}\sum_{n=1}^{\infty}\frac{(-1)^n-1}{n^2}\cos n\pi t\cos n\pi x.$$

4. (1) $u(x,t)=\sum_{n=1}^{\infty}b_n(t)\sin n\pi x$

$$\sum_{n=1}^{\infty}b_n''(t)\sin n\pi x=4\sum_{n=1}^{\infty}(-n^2\pi^2)b_n(t)\sin n\pi x$$

$$b_n''(t)+4n^2\pi^2b_n(t)=0 \rightarrow b_n(t)=A_n\cos 2n\pi t+B_n\sin 2n\pi t.$$

$$\therefore\ u(x,t)=\sum_{n=1}^{\infty}(A_n\cos 2n\pi t+B_n\sin 2n\pi t)\sin n\pi x$$

$$u(x,0) = \sin\pi x,\ \left.\frac{\partial u}{\partial t}\right|_{t=0} = 0 \rightarrow B_n = 0,\ A_1 = 1,\ A_n = 0 \text{ for } n \geqq 2.$$

$$\therefore\ u(x,t) = \sin\pi x \cos 2\pi t$$

(2) $u(x,t) = \frac{1}{2}[f(x+ct) + f(x-ct)] = \frac{1}{2}[\sin\pi(x+2t) + \sin\pi(x-2t)] = \sin\pi x \cos 2\pi t$

(3) 초기파형이 사인파이므로 푸리에 사인급수 중 한 항만 나타난다.

(4) $u(x,t) = \sin\pi x \cos 2\pi t$, 주기 $T = 2\pi/2\pi = 1$

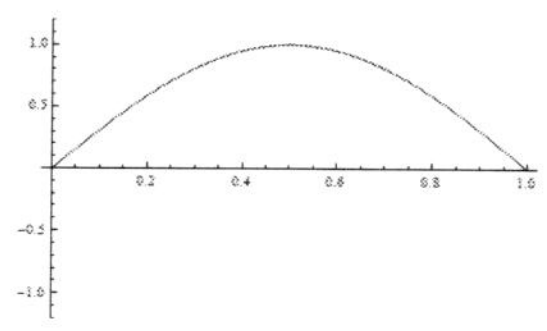

$t = 0$

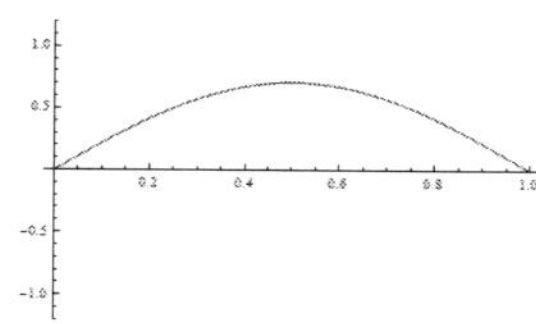

$t = 0.125$

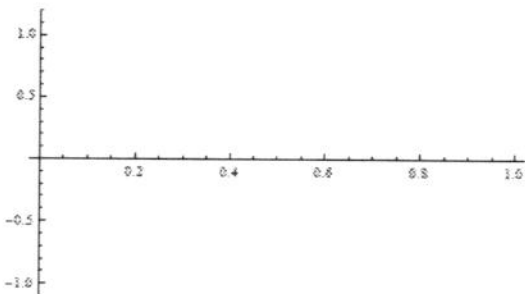

$t = 0.25$

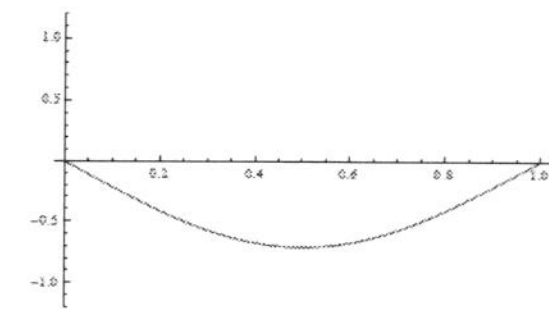

$t = 0.375$

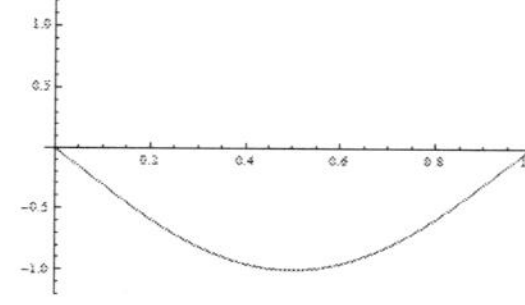

$t = 0.5$

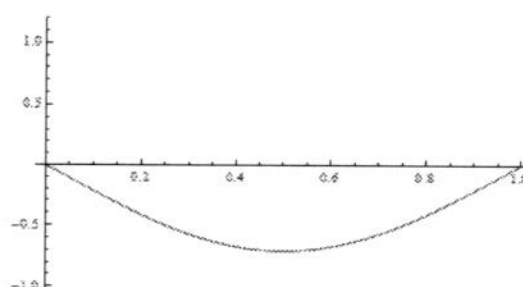

$t = 0.625$

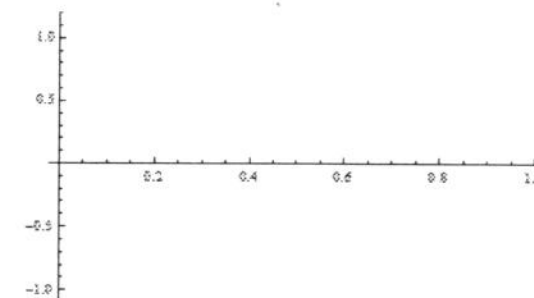

$t = 0.75$

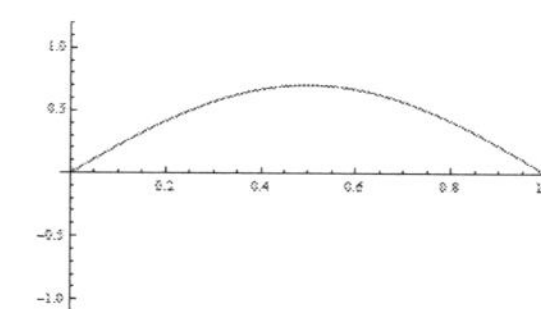

$t = 0.875$

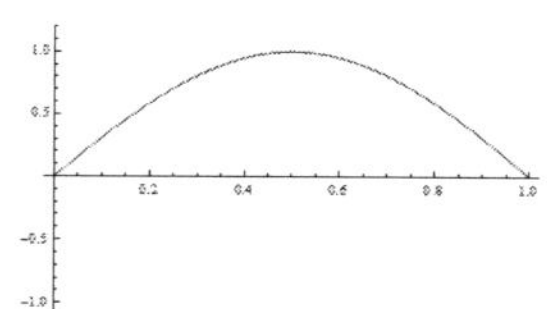

$t = 1.0$

5. $u(x,t) = \frac{1}{2}[f(x+t) + f(x-t)] = \frac{1}{2}\left[\frac{1}{1+(x+t)^2} + \frac{1}{1+(x-t)^2}\right]$

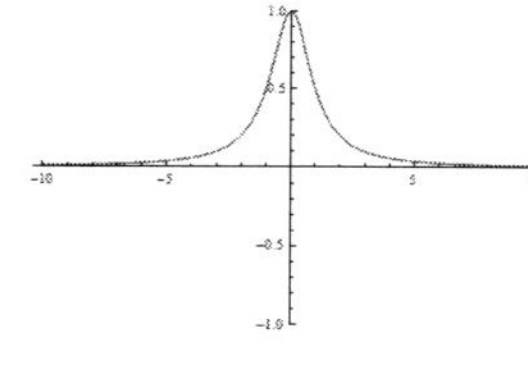

$t = 0$

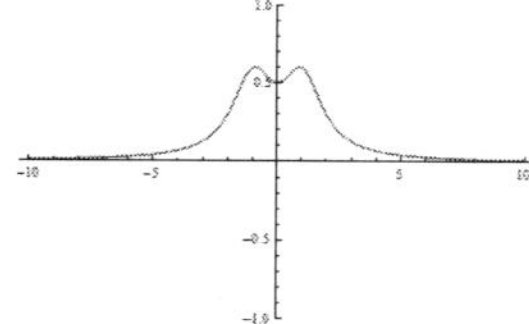

$t = 1$

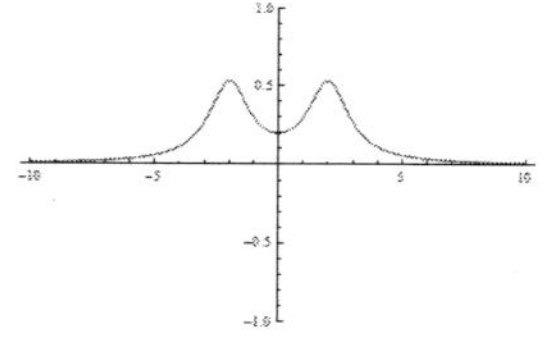

$t = 2$

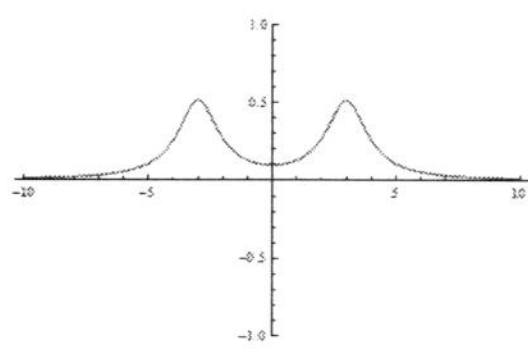

$t = 3$

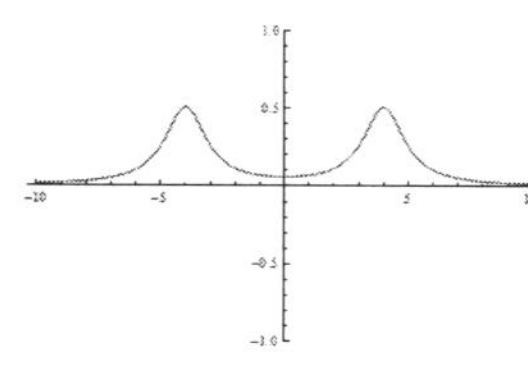

$t = 4$

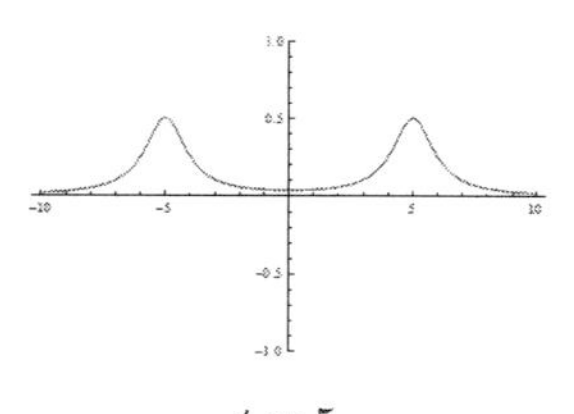

$t = 5$

11.5 Laplace 방정식

1. $\dfrac{\partial^2 u}{\partial x^2}+\dfrac{\partial^2 u}{\partial y^2}=0,\ u(x,0)=f(x),\ u(x,b)=0,\ u_x(0,y)=u_x(a,y)=0$

$u(x,y)=X(x)Y(y)$로 놓으면

$$X''Y+XY''=0$$

양변을 XY로 나누면

$$\frac{X''}{X}=-\frac{Y''}{Y}$$

이다.

(i) $\dfrac{X''}{X}=-\dfrac{Y''}{Y}=\lambda^2>0$일 때는 자명해 $u=0$이다.

(ii) $\dfrac{X''}{X}=-\dfrac{Y''}{Y}=0$ 일 때

$$X''=0 \ \to\ X(x)=c_1+c_2x$$
$$Y''=0 \ \to\ Y(y)=c_3+c_4y$$

$X'(0)=X'(a)=0$에서 $c_2=0$이므로 $X(x)=c_1$. 따라서,

$$u_0(x,y)=X_0(x)Y_0(y)=A_0+B_0y$$

(iii) $\dfrac{X''}{X}=-\dfrac{Y''}{Y}=-\lambda^2<0$ 일 때

$$X''+\lambda^2X=0 \ \to\ X(x)=c_1\cos\lambda x+c_2\sin\lambda x,$$
$$Y''-\lambda^2Y=0 \ \to\ Y(y)=c_3\cosh\lambda y+c_4\sinh\lambda y.$$

$X'(0)=X'(a)=0$에서 $c_2=0$이고 $\lambda_n=\dfrac{n\pi}{a}\ (n=1,2,\cdots)$. 따라서,

$$u_n(x,y)=\left(A_n\cosh\frac{n\pi y}{a}+B_n\sinh\frac{n\pi y}{a}\right)\cos\frac{n\pi x}{a}$$

(ii), (iii)에 중첩의 원리를 적용하면

$$u(x,y)=\sum_{n=0}^{\infty}u_n(x,y)=A_0+B_0y+\sum_{n=1}^{\infty}\left(A_n\cosh\frac{n\pi y}{a}+B_n\sinh\frac{n\pi y}{a}\right)\cos\frac{n\pi x}{a}$$

이하 본문과 동일.

2. (1) x 방향 경계조건을 만족하도록 $u(x,y)=\sum_{n=1}^{\infty}b_n(y)\sin nx$ 를 편미방에 대입하면

$$b_n''(y)-n^2b_n(y)=0 \ \to\ b_n(y)=A_ne^{-ny}+B_ne^{ny} \quad \therefore\ u(x,y)=\sum_{n=1}^{\infty}\left(A_ne^{-ny}+B_ne^{ny}\right)\sin nx$$

$y\to\infty$ 일 때 u는 유한하므로 $B_n=0$이고

$$u(x,0)=f(x)=\sum_{n=1}^{\infty}A_n\sin nx \ \to\ A_n=\frac{2}{\pi}\int_0^{\pi}f(x)\sin nx\,dx$$

(2) $A_n=\dfrac{2}{\pi}\displaystyle\int_0^{\pi}\sin x\sin nx\,dx=0$ for $n\neq 1$. $A_1=\dfrac{2}{\pi}\displaystyle\int_0^{\pi}\sin^2x\,dx=\dfrac{2}{\pi}\cdot\dfrac{\pi}{2}=1$

$$\therefore\ u(x,y)=e^{-y}\sin x$$

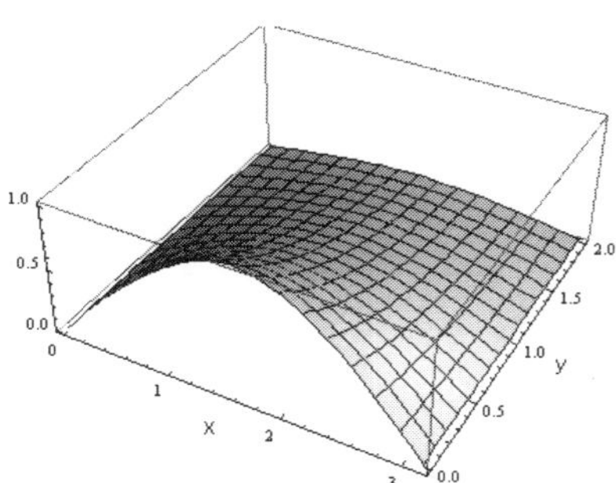

3. $u(x,y) = a_0(x) + \sum_{n=1}^{\infty} a_n(x)\cos ny$

$$a_0''(x) = 0 \rightarrow a_0(x) = A_0 + B_0 x,\ a_n''(x) - n^2 a_n(x) = 0 \rightarrow a_n(x) = A_n e^{-nx} + B_n e^{nx}$$

$$\therefore\ u(x,y) = A_0 + B_0 x + \sum_{n=1}^{\infty}\left(A_n e^{-nx} + B_n e^{nx}\right)\cos ny$$

$x \to \infty$ 일 때 u는 유한하므로 $B_0 = B_n = 0$이고

$$u(0,y) = 1 = A_0 + \sum_{n=1}^{\infty} A_n \cos ny \rightarrow A_0 = 1,\ A_n = 0 \quad \therefore\ u(x,y) = 1$$

4. $\dfrac{\partial^2 u}{\partial x^2} + \dfrac{\partial^2 u}{\partial y^2} = 0,\ u(0,y) = 0,\ u(2,y) = y(2-y),\ u(x,0) = 0,\ u(x,2) = \begin{cases} x & ,0 < x < 1 \\ 2-x & ,1 < x < 2 \end{cases}$

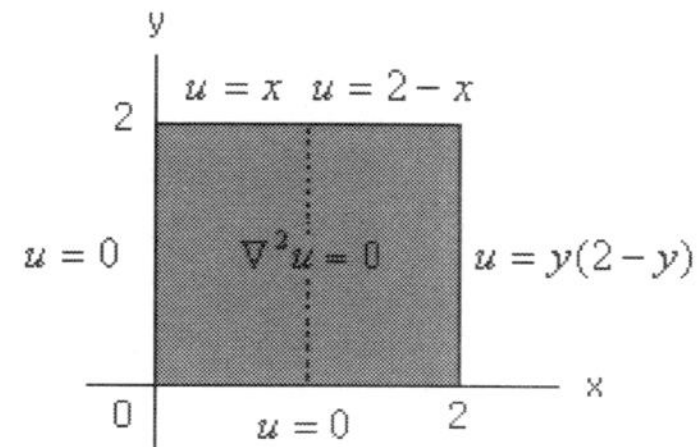

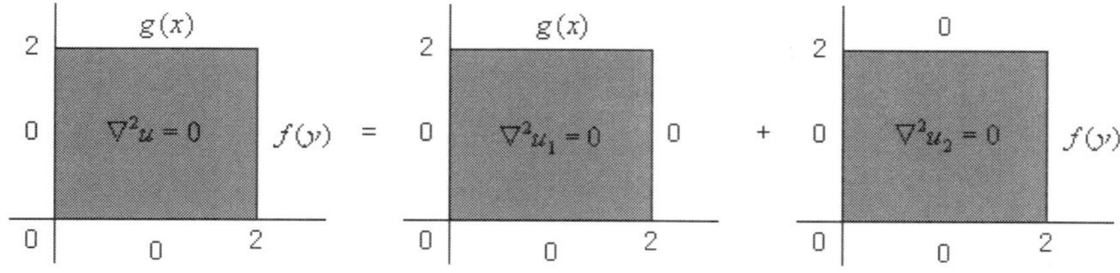

(i) $\dfrac{\partial^2 u_1}{\partial x^2} + \dfrac{\partial^2 u_1}{\partial y^2} = 0$: $u_1(0,y) = u_1(2,y) = u_1(x,0) = 0,\ u_1(x,2) = g(x) = \begin{cases} x, & 0 < x < 1 \\ 2-x, & 1 < x < 2 \end{cases}$

$u_1(x,y) = \sum_{n=1}^{\infty} b_n(y)\sin\dfrac{n\pi x}{2}$로 놓고 (i)의 편미방에 대입

$$b_n''(y) - \left(\frac{n\pi}{2}\right)^2 b_n(y) = 0 \rightarrow b_n(y) = A_n\cosh\frac{n\pi y}{2} + B_n\sinh\frac{n\pi y}{2}$$

$$\therefore\ u_1(x,y)=\sum_{n=1}^{\infty}\left(A_n\cosh\frac{n\pi y}{2}+B_n\sinh\frac{n\pi y}{2}\right)\sin\frac{n\pi x}{2}$$

$$u_1(x,0)=0=\sum_{n=1}^{\infty}A_n\sin\frac{n\pi x}{2}\ \rightarrow\ A_n=0$$

$$u_1(x,2)=g(x)=\sum_{n=1}^{\infty}B_n\sinh n\pi\sin\frac{n\pi x}{2}\ \rightarrow$$

$$B_n=\frac{2}{2\sinh n\pi}\int_0^2 g(x)\sin\frac{n\pi x}{2}dx=\frac{1}{\sinh n\pi}\left[\int_0^1 x\sin\frac{n\pi x}{2}dx+\int_1^2(2-x)\sin\frac{n\pi x}{2}dx\right]$$

$$=\frac{8\sin\frac{n\pi}{2}}{n^2\pi^2\sinh n\pi}\quad\therefore\ u_1(x,y)=\sum_{n=1}^{\infty}\frac{8\sin\frac{n\pi}{2}}{n^2\pi^2\sinh n\pi}\sin\frac{n\pi x}{2}\sinh\frac{n\pi y}{2}$$

(ii) $\dfrac{\partial^2 u_2}{\partial x^2}+\dfrac{\partial^2 u_2}{\partial y^2}=0$: $u_2(x,0)=u_2(x,2)=u_2(0,y)=0$, $u_2(2,y)=f(y)=y(2-y)$

$u_2(x,y)=\sum_{n=1}^{\infty}b_n(x)\sin\dfrac{n\pi y}{2}$로 놓고 (ii)의 편미방에 대입

$$b_n''(x)-\left(\frac{n\pi}{2}\right)^2 b_n(x)=0\ \rightarrow\ b_n(x)=C_n\cosh\frac{n\pi x}{2}+D_n\sinh\frac{n\pi x}{2}$$

$$u_2(x,y)=\sum_{n=1}^{\infty}\left(C_n\cosh\frac{n\pi x}{2}+D_n\sinh\frac{n\pi x}{2}\right)\sin\frac{n\pi y}{2}$$

$$u_2(0,y)=0=\sum_{n=1}^{\infty}C_n\sin\frac{n\pi y}{2}\ \rightarrow\ C_n=0$$

$$u_2(2,y)=f(y)=\sum_{n=1}^{\infty}D_n\sinh n\pi\sin\frac{n\pi y}{2}$$

$$\rightarrow\ D_n=\frac{2}{2\sinh n\pi}\int_0^2 f(y)\sin\frac{n\pi x}{2}dy=\frac{1}{\sinh n\pi}\int_0^2 y(2-y)\sin\frac{n\pi y}{2}dy$$

$$=\frac{16}{n^3\pi^3\sinh n\pi}[1-(-1)^n]\quad\therefore\ u_2(x,y)=\sum_{n=1}^{\infty}\frac{16[1-(-1)^n]}{n^3\pi^3\sinh n\pi}\sinh\frac{n\pi x}{2}\sin\frac{n\pi y}{2}$$

(i) & (ii)에서

$$u(x,y)=u_1(x,y)+u_2(x,y)$$

$$=\frac{8}{\pi^2}\sum_{n=1}^{\infty}\frac{1}{n^2\sinh n\pi}\left[\sin\frac{n\pi}{2}\sin\frac{n\pi x}{2}\sinh\frac{n\pi y}{2}+\frac{2[1-(-1)^n]}{n\pi}\sinh\frac{n\pi x}{2}\sin\frac{n\pi y}{2}\right]$$

5. $\dfrac{d^2T}{dx^2}=0\ \rightarrow\ T(x)=c_1+c_2x$. 경계조건 $T(0)=0$, $T(1)=100$에서 $c_1=0$, $c_2=100$.

$\therefore\ T(x)=100x$, $T(0.5)=100\cdot 0.5=50$

11.6 비제차 편미분방정식과 비제차 경계조건

1. $\dfrac{\partial u}{\partial t}=\dfrac{\partial^2 u}{\partial x^2}+e^{-x}$, $u(0,t)=u(\pi,t)=0$, $u(x,0)=f(x)$

$u(x,t)=v(x,t)+k(x)$로 놓으면

$$\frac{\partial v}{\partial t}=\frac{\partial^2 v}{\partial x^2}+k''(x)+e^{-x} \rightarrow k''(x)=-e^{-x},\ k(x)=-e^{-x}+c_1x+c_2$$

$$u(0,t)=0=v(0,t)+k(0) \rightarrow k(0)=0$$

$$u(\pi,t)=0=v(\pi,t)+k(\pi) \rightarrow k(\pi)=0 \qquad \therefore\ k(x)=-e^{-x}+\frac{1}{\pi}(e^{-\pi}-1)x+1$$

따라서 $v(x,t)$에 대하여

$$\frac{\partial v}{\partial t}=\frac{\partial^2 v}{\partial x^2},\ v(0,t)=v(\pi,t)=0,\ v(x,0)=f(x)-k(x).$$

$v(x,t)=\sum_{n=1}^{\infty} b_n(t)\sin nx$를 편미방에 대입하면

$$b_n'(t)+n^2b_n(t)=0 \rightarrow b_n(t)=A_ne^{-n^2t} \qquad \therefore\ v(x,t)=\sum_{n=1}^{\infty} A_ne^{-n^2t}\sin nx$$

$$v(x,0)=f(x)-k(x)=\sum_{n=1}^{\infty} A_n\sin nx \rightarrow A_n=\frac{2}{\pi}\int_0^{\pi}[f(x)-k(x)]\sin nx\,dx$$

$$\therefore\ u(x,t)=v(x,t)+k(x)=\sum_{n=1}^{\infty} A_ne^{-n^2t}\sin nx+k(x)$$

2. (1) $\dfrac{\partial^2 u}{\partial x^2}+\dfrac{\partial^2 u}{\partial y^2}=-2$, $u(0,y)=0$, $u(1,y)=10$, $u_y(x,0)=0$, $u(x,1)=f(x)$

$u(x,y)=v(x,y)+k(x)$로 놓으면

$$\frac{\partial^2 v}{\partial x^2}+k''(x)+\frac{\partial^2 v}{\partial y^2}=-2 \rightarrow k''(x)=-2,\ k(x)=-x^2+c_1x+c_2$$

$$u(0,y)=0=v(0,y)+k(0) \rightarrow k(0)=0$$

$$u(1,y)=10=v(1,y)+k(1) \rightarrow k(1)=10 \qquad \therefore\ k(x)=-x^2+11x$$

따라서, $\dfrac{\partial^2 v}{\partial x^2}+\dfrac{\partial^2 v}{\partial y^2}=0$, $v(0,y)=v(1,y)=0$, $\left.\dfrac{\partial v}{\partial y}\right|_{y=0}=0$, $v(x,1)=f(x)-k(x)=f(x)+x^2-11x$

$v(x,y)=\sum_{n=1}^{\infty} b_n(y)\sin n\pi x$를 편미방에 대입

$$b_n''(y)-n^2\pi^2b_n(y)=0 \rightarrow b_n(y)=A_n\cosh n\pi y+B_n\sinh n\pi y$$

$$\therefore\ v(x,y)=\sum_{n=1}^{\infty}(A_n\cosh n\pi y+B_n\sinh n\pi y)\sin n\pi x$$

$\left.\dfrac{\partial v}{\partial y}\right|_{y=0}=0$ 이므로 $B_n=0$이고

$$v(x,1)=f(x)+x^2-11x=\sum_{n=1}^{\infty} A_n\cosh n\pi\sin n\pi x \rightarrow A_n=\frac{2}{\cosh n\pi}\int_0^1[f(x)+x^2-11x]\sin n\pi x\,dx$$

$$\therefore\ u(x,y) = v(x,y) - x^2 + 11x = \sum_{n=1}^{\infty} A_n \sin n\pi x \cosh n\pi y - x^2 + 11x$$

(2) $f(x) = 10x^2$

$$A_n = \frac{2}{\cosh n\pi}\int_0^1 [10x^2 + x^2 - 11x]\sin n\pi x dx = \frac{22}{\cosh n\pi}\int_0^1 (x^2 - x)\sin n\pi x dx = -\frac{44[1-(-1)^n]}{n^3\pi^3\cosh n\pi}$$

$$u(x,y) = -\frac{44}{\pi^3}\sum_{n=1}^{\infty}\frac{1-(-1)^n}{n^3\cosh n\pi}\sin n\pi x \cosh n\pi y - x^2 + 11x$$

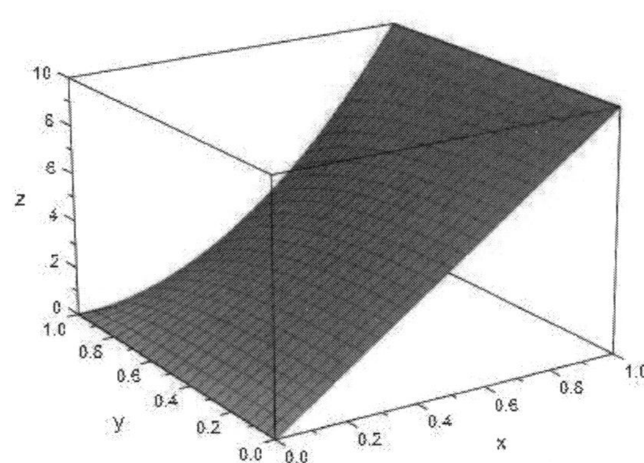

11.7 이중 Fourier 급수

1. (증명 1) 이중 코사인급수

$$f(x,y) = C_{00} + \sum_{m=1}^{\infty} C_{m0}\cos\frac{m\pi x}{a} + \sum_{n=1}^{\infty} C_{0n}\cos\frac{n\pi y}{b} + \sum_{m=1}^{\infty}\sum_{n=1}^{\infty} C_{mn}\cos\frac{m\pi x}{a}\cos\frac{n\pi y}{b}$$

에 대해

$$k_0(y) = C_{00} + \sum_{n=1}^{\infty} C_{0n}\cos\frac{n\pi y}{b},\ k_m(y) = C_{m0} + \sum_{n=1}^{\infty} C_{mn}\cos\frac{n\pi y}{b} \quad ---(\star)$$

로 놓으면

$$f(x,y) = k_0(y) + \sum_{m=1}^{\infty} k_m(y)\cos\frac{m\pi x}{a}$$

이고, 이는 고정된 y에 대해 $f(x,y)$의 코사인급수이므로

$$k_0(y) = \frac{1}{a}\int_0^a f(x,y)dx,\ k_m(y) = \frac{2}{a}\int_0^a f(x,y)\cos\frac{m\pi x}{a}dx$$

이다. 한편 $(\star)$ 또한 $k_0(y)$, $k_0(y)$의 코사인 급수이므로

$$C_{00} = \frac{1}{b}\int_0^b k_0(y)dy = \frac{1}{ab}\int_0^b\int_0^a f(x,y)dxdy$$

$$C_{0n} = \frac{2}{b}\int_0^b k_0(y)\cos\frac{n\pi y}{b}dy = \frac{2}{ab}\int_0^b\int_0^a f(x,y)\cos\frac{n\pi y}{b}dxdy$$

$$C_{m0} = \frac{1}{b}\int_0^b k_m(y)dy = \frac{2}{ab}\int_0^b\int_0^a f(x,y)\cos\frac{m\pi x}{a}dxdy$$

$$C_{mn} = \frac{2}{b}\int_0^b k_m(y)\cos\frac{n\pi y}{b}dy = \frac{4}{ab}\int_0^b\int_0^a f(x,y)\cos\frac{m\pi x}{a}\cos\frac{n\pi y}{b}dxdy$$

(증명 2) $f(x,y)=X(x)Y(y)$, $0 \leqq x \leqq a$, $0 \leqq y \leqq b$로 놓고 $X(x)$, $Y(y)$를 일변수함수에 대한 Fourier 코사인급수로 나타내면

$$X(x) = c_0 + \sum_{m=1}^{\infty} c_m \cos\frac{m\pi x}{a},\quad Y(y) = d_0 + \sum_{n=1}^{\infty} d_n \cos\frac{n\pi y}{b}$$

이고 여기서

$$c_0 = \frac{1}{a}\int_0^a X(x)dx,\ c_m = \frac{2}{a}\int_0^a X(x)\cos\frac{m\pi x}{a}dx$$

$$d_0 = \frac{1}{b}\int_0^b Y(y)dy,\ d_n = \frac{2}{b}\int_0^b Y(y)\cos\frac{n\pi y}{b}dy$$

이다. 따라서

$$f(x,y) = X(x)Y(y) = \left(c_0 + \sum_{m=1}^{\infty} c_m\cos\frac{m\pi x}{a}\right)\left(d_0 + \sum_{n=1}^{\infty} d_n\cos\frac{n\pi y}{b}\right)$$

$$= c_0d_0 + d_0\sum_{m=1}^{\infty} c_m\cos\frac{m\pi x}{a} + c_0\sum_{n=1}^{\infty} d_n\cos\frac{n\pi y}{b} + \sum_{m=1}^{\infty} c_m\cos\frac{m\pi x}{a}\sum_{n=1}^{\infty} d_n\cos\frac{n\pi y}{b}$$

이 되고, 이를 주어진 이중 Fourier 급수와 비교하면

$$C_{00} = c_0d_0 = \frac{1}{a}\int_0^a X(x)dx\,\frac{1}{b}\int_0^b Y(y)dy = \frac{1}{ab}\int_0^b\int_0^a f(x,y)dx\,dy$$

$$C_{m0} = c_md_0 = \frac{2}{a}\int_0^a X(x)\cos\frac{m\pi x}{a}dx\,\frac{1}{b}\int_0^b Y(y)dy = \frac{2}{ab}\int_0^b\int_0^a f(x,y)\cos\frac{m\pi x}{a}dx\,dy$$

$$C_{0n} = c_0d_n = \frac{1}{a}\int_0^a X(x)dx\,\frac{2}{b}\int_0^b Y(y)\cos\frac{n\pi y}{b}dy = \frac{2}{ab}\int_0^b\int_0^a f(x,y)\cos\frac{n\pi y}{b}dx\,dy$$

$$C_{0n} = c_0d_n = \frac{1}{a}\int_0^a X(x)\cos\frac{m\pi x}{a}dx\,\frac{2}{b}\int_0^b Y(y)\cos\frac{n\pi y}{b}dy$$

$$= \frac{4}{ab}\int_0^b\int_0^a f(x,y)\cos\frac{m\pi x}{a}\cos\frac{n\pi y}{b}dx\,dy$$

이다.

2. $f(x,y)=xy$, $0 \leqq x \leqq 1$, $0 \leqq y \leqq 1$

$$C_{00} = \frac{1}{1\cdot 1}\int_0^1\int_0^1 xydxdy = \int_0^1 xdx\int_0^1 ydy = \frac{1}{2}\cdot\frac{1}{2} = \frac{1}{4}$$

$$C_{m0} = \frac{2}{1\cdot 1}\int_0^1\int_0^1 xy\cos m\pi x dxdy = 2\int_0^1 x\cos m\pi x dx\int_0^1 ydy$$

$$= 2\cdot\frac{(-1)^m-1}{m^2\pi^2}\cdot\frac{1}{2} = \frac{(-1)^m-1}{m^2\pi^2}$$

$$C_{0n} = \frac{2}{1\cdot 1}\int_0^1\int_0^1 xy\cos n\pi y dxdy = 2\int_0^1 xdx\int_0^1 y\cos n\pi y dy = \frac{(-1)^n-1}{n^2\pi^2}$$

$$C_{mn} = \frac{4}{1 \cdot 1}\int_0^1\int_0^1 xy\cos m\pi x\cos n\pi y dxdy = 4\int_0^1 x\cos m\pi x dx\int_0^1 y\cos n\pi y dy$$
$$= 4 \cdot \frac{(-1)^m - 1}{m^2\pi^2} \cdot \frac{(-1)^n - 1}{n^2\pi^2}$$
$$\therefore\ xy = \frac{1}{4} + \frac{1}{\pi^2}\sum_{m=1}^{\infty}\frac{[(-1)^m - 1]}{m^2}\cos m\pi x + \frac{1}{\pi^2}\sum_{n=1}^{\infty}\frac{[(-1)^n - 1]}{n^2}\cos n\pi y$$
$$+ \frac{4}{\pi^4}\sum_{m=1}^{\infty}\sum_{n=1}^{\infty}\frac{[(-1)^m - 1][(-1)^n - 1]}{m^2n^2}\cos m\pi x\cos n\pi y$$

3. $\dfrac{\partial^2 u}{\partial t^2} = c^2\left(\dfrac{\partial^2 u}{\partial x^2} + \dfrac{\partial^2 u}{\partial y^2}\right)$: $u(0,y,t) = u(\pi,y,t) = 0$, $u(x,0,t) = u(x,\pi,t) = 0$,

$u(x,y,0) = xy(x-\pi)(y-\pi)$, $u_t(x,y,0) = 0$

(1) $u(x,y,t) = X(x)Y(y)T(t)$로 놓으면

$$\frac{X''}{X} = -\frac{Y''}{Y} + \frac{T''}{c^2T} = -\lambda^2$$

에서

$$X'' + \lambda^2 X = 0 \ \rightarrow\ X(x) = c_1\cos\lambda x + c_2\sin\lambda x$$

이고, 다시

$$\frac{Y''}{Y} = \frac{T''}{c^2T} + \lambda^2 = -\mu^2$$

로 놓으면

$$Y'' + \mu^2 Y = 0 \ \rightarrow\ Y(y) = c_3\cos\mu y + c_4\sin\mu y$$
$$T'' + c^2(\lambda^2 + \mu^2)T = 0 \ \rightarrow\ T(t) = c_5\cos c\sqrt{\lambda^2 + \mu^2}\,t + c_6\sin c\sqrt{\lambda^2 + \mu^2}\,t$$

이다. 경계조건 $X(0) = X(\pi) = 0$, $Y(0) = Y(\pi) = 0$에서 $c_1 = c_3 = 0$이고

$$c_2\sin\lambda\pi = 0,\ c_4\sin\mu\pi = 0 \ \rightarrow\ \lambda_m = m\ (m = 1,2,\cdots),\ \mu_n = n\ (n = 1,2,\cdots)$$

이다. 따라서,

$$u_{mn}(x,y,t) = X_m(x)Y_n(y)T_{mn}(t) = \left(A_{mn}\cos c\sqrt{m^2+n^2}\,t + B_{mn}\sin c\sqrt{m^2+n^2}\,t\right)\sin mx\sin ny$$

이고

$$u(x,y,t) = \sum_{m=1}^{\infty}\sum_{n=1}^{\infty}\left(A_{mn}\cos c\sqrt{m^2+n^2}\,t + B_{mn}\sin c\sqrt{m^2+n^2}\,t\right)\sin mx\sin ny$$

이다. 초기조건 $u(x,y,0) = xy(x-\pi)(y-\pi)$를 적용하면

$$xy(x-\pi)(y-\pi) = \sum_{m=1}^{\infty}\sum_{n=1}^{\infty}A_{mn}\sin mx\sin ny$$

$$A_{mn} = \frac{4}{\pi^2}\int_0^{\pi}\int_0^{\pi}xy(x-\pi)(y-\pi)\sin mx\sin ny dxdy$$
$$= \frac{4}{\pi^2}\int_0^{\pi}x(x-\pi)\sin mx dx\int_0^{\pi}y(y-\pi)\sin ny dy = \frac{4}{\pi^2}\cdot\frac{2}{m^3}[(-1)^m - 1]\frac{2}{n^3}[(-1)^n - 1]$$
$$= \frac{16}{\pi^2m^3n^3}[1-(-1)^m][1-(-1)^n]$$

이고, $u_t(x,y,0) = 0$에서 $B_{mn} = 0$이다.

(2) 경계조건을 만족하도록 $u(x,y,t)=\sum_{m=1}^{\infty}\sum_{n=1}^{\infty}C_{mn}(t)\sin mx\sin ny$로 놓고 편미방에 대입하면

$$C_{mn}''(t)+c^2(m^2+n^2)C_{mn}(t)=0 \rightarrow C_{mn}(t)=A_{mn}\cos c\sqrt{m^2+n^2}\,t+B_{mn}\sin c\sqrt{m^2+n^2}\,t$$

이므로

$$u(x,y,t)=\sum_{m=1}^{\infty}\sum_{n=1}^{\infty}\left(A_{mn}\cos c\sqrt{m^2+n^2}\,t+B_{mn}\sin c\sqrt{m^2+n^2}\,t\right)\sin mx\sin ny$$

이다. A_{mn}, B_{mn}을 구하는 방법은 (1)에서와 같다.

(3)

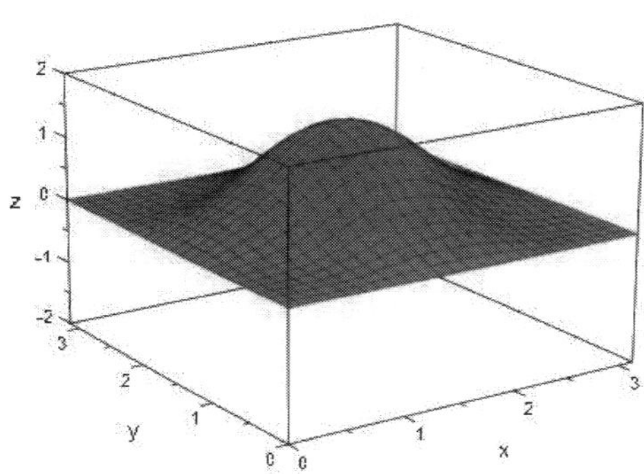

4. $\dfrac{\partial^2 u}{\partial x^2}+\dfrac{\partial^2 u}{\partial y^2}+\dfrac{\partial^2 u}{\partial z^2}=0$: $u(0,y,z)=\cdots=u(x,y,0)=0$, $u(x,y,c)=f(x)$

이중 푸리에 급수 $u(x,y,z)=\sum_{m=1}^{\infty}\sum_{n=1}^{\infty}C_{mn}(z)\sin\dfrac{m\pi x}{a}\sin\dfrac{n\pi y}{b}$로 놓으면

$$C_{mn}''(z)-\left[\left(\frac{m\pi}{a}\right)^2+\left(\frac{n\pi}{b}\right)^2\right]C_{mn}(z)=0$$

$$\rightarrow C_{mn}(z)=A_{mn}\cosh\sqrt{\left(\frac{m\pi}{a}\right)^2+\left(\frac{n\pi}{b}\right)^2}\,z+B_{mn}\sinh\sqrt{\left(\frac{m\pi}{a}\right)^2+\left(\frac{n\pi}{b}\right)^2}\,z$$

$$\therefore u(x,y,z)=\sum_{m=1}^{\infty}\sum_{n=1}^{\infty}\left[A_{mn}\cosh\sqrt{\left(\frac{m\pi}{a}\right)^2+\left(\frac{n\pi}{b}\right)^2}\,z+B_{mn}\sinh\sqrt{\left(\frac{m\pi}{a}\right)^2+\left(\frac{n\pi}{b}\right)^2}\,z\right]\sin\frac{m\pi x}{a}\sin\frac{n\pi y}{b}$$

경계조건 $u(x,y,0)=0$에서 $A_{mn}=0$이고, $u(x,y,c)=f(x,y)$는

$$f(x,y)=\sum_{m=1}^{\infty}\sum_{n=1}^{\infty}B_{mn}\sinh\sqrt{\left(\frac{m\pi}{a}\right)^2+\left(\frac{n\pi}{b}\right)^2}\,c\sin\frac{m\pi x}{a}\sin\frac{n\pi y}{b}$$

$$\rightarrow B_{mn}=\frac{4}{ab\sinh\sqrt{\left(\frac{m\pi}{a}\right)^2+\left(\frac{n\pi}{b}\right)^2}\,c}\int_0^b\int_0^a f(x,y)\sin\frac{m\pi x}{a}\sin\frac{n\pi y}{b}\,dx\,dy.$$

11.8 기타 직교함수를 이용한 풀이

1. $\theta(x,t)=X(x)T(t)$로 놓으면 $XT''=c^2X''T$가 되고, 양변을 c^2XT로 나누어 $-\lambda^2$로 놓으면

$$\frac{T''}{c^2T}=\frac{X''}{X}=-\lambda^2$$

에서

$$X''+\lambda^2X=0 \rightarrow X(x)=c_1\cos\lambda x+c_2\sin\lambda x$$
$$T''+c^2\lambda^2T=0 \rightarrow T(t)=c_3\cos c\lambda t+c_4\sin c\lambda t$$

이다. 경계조건 $X(0)=0$, $X'(1)=0$에서 $c_1=0$, $c_2\cos\lambda=0$이다. 코사인 함수는 $\pi/2$의 홀수 배에서 0이므로 $\lambda_n=(2n-1)\frac{\pi}{2}$, $n=1,2,\cdots$ 이고

$$X_n(x)=c_2\sin\left(\frac{2n-1}{2}\right)\pi x,$$
$$T_n(t)=c_3\cos c\left(\frac{2n-1}{2}\right)\pi t+c_4\sin c\left(\frac{2n-1}{2}\right)\pi t$$

에서

$$\theta(x,t)=\sum_{n=1}^{\infty}\theta_n(x,t)=\sum_{n=1}^{\infty}\left[A_n\cos\left(\frac{2n-1}{2}\right)c\pi t+B_n\sin\left(\frac{2n-1}{2}\right)c\pi t\right]\sin\left(\frac{2n-1}{2}\right)\pi x \tag{1}$$

이다. 초기조건 $\theta(x,0)=x$에서

$$x=\sum_{n=1}^{\infty}A_n\sin\left(\frac{2n-1}{2}\right)\pi x \tag{2}$$

이고 $\left.\frac{\partial\theta}{\partial t}\right|_{t=0}=0$에서 $B_n=0$이다. 식(2)의 양변에 $\sin\left(\frac{2m-1}{2}\right)\pi x$를 곱하여 구간 [0,1]로 적분하면

$$\int_0^1 x\sin\left(\frac{2m-1}{2}\right)\pi x dx=\sum_{n=1}^{\infty}A_n\int_0^1\sin\left(\frac{2m-1}{2}\right)\pi x\sin\left(\frac{2n-1}{2}\right)\pi x dx$$

인데, $\int_0^1\sin\left(\frac{2m-1}{2}\right)\pi x\sin\left(\frac{2n-1}{2}\right)\pi x dx=0$, $(m\neq n)$이므로

$$A_n=\frac{\int_0^1 x\sin\left(\frac{2n-1}{2}\right)\pi x dx}{\int_0^1\sin^2\left(\frac{2n-1}{2}\right)\pi x dx}=\frac{8(-1)^{n+1}}{(2n-1)^2\pi^2}$$

이다. 따라서,

$$\theta(x,t)=\frac{8}{\pi^2}\sum_{n=1}^{\infty}\frac{(-1)^{n+1}}{(2n-1)^2}\cos\left(\frac{2n-1}{2}\right)c\pi t\sin\left(\frac{2n-1}{2}\right)\pi x.$$

2. $\frac{\partial u}{\partial t}=\alpha\frac{\partial^2u}{\partial x^2}$, $u(0,t)=0$, $\left.\frac{\partial u}{\partial x}\right|_{x=\pi/2}=0$, $u(x,0)=1$

$u(x,t)=X(x)T(t)$로 놓으면

$$\frac{T'}{\alpha T}=\frac{X''}{X}=-\lambda^2$$

에서

$$X'' + \lambda^2 X = 0 \ \rightarrow \ X(x) = c_1 \cos\lambda x + c_2 \sin\lambda x$$
$$T' + \alpha\lambda^2 T = 0 \ \rightarrow \ T(t) = c_3 e^{-\alpha\lambda^2 t}$$

$X(0)=0$, $X'(\pi/2)=0$에서 $c_1=0$, $\lambda_n = 2n-1$, $(n=1,2,\cdots)$. 따라서,

$$u(x,t) = \sum_{n=1}^{\infty} A_n e^{-\alpha(2n-1)^2 t} \sin(2n-1)x$$

초기조건 $u(x,0)=1$에서

$$1 = \sum_{n=1}^{\infty} A_n \sin(2n-1)x$$

인데,

$$\int_0^{\pi/2} \sin(2n-1)x dx = \frac{1}{2n-1}, \qquad \int_0^{\pi/2} \sin^2(2n-1)x dx = \frac{\pi}{4}$$

이므로

$$A_n = \frac{\int_0^{\pi/2} \sin(2n-1)x dx}{\int_0^{\pi/2} \sin^2(2n-1)x dx} = \frac{4}{(2n-1)\pi}$$

$$\therefore \ u(x,t) = \frac{4}{\pi} \sum_{n=1}^{\infty} \frac{1}{2n-1} e^{-\alpha(2n-1)^2 t} \sin(2n-1)x = \frac{4}{\pi}\left[e^{-\alpha t}\sin x + \frac{1}{3}e^{-9\alpha t}\sin 3x + \cdots\right]$$

3. 경계조건을 만족하도록 $u(x,t) = \sum_{n=1}^{\infty} b_n(t) \sin nx$로 놓고, 이를 편미방에 대입하면

$$b_n'(t) + \alpha n^2 b_n(t) = 0 \ \rightarrow \ b_n(t) = A_n e^{-\alpha n^2 t}$$

이 되어

$$u(x,t) = \sum_{n=1}^{\infty} A_n e^{-\alpha n^2 t} \sin nx$$

이다. 초기조건

$$u(x,0) = 1 = \sum_{n=1}^{\infty} A_n \sin nx$$

에서

$$A_n = \frac{2}{\pi}\int_0^{\pi} \sin nx dx = \frac{2}{n\pi}[1-(-1)^n]$$

$$\therefore \ u(x,t) = \frac{2}{\pi}\sum_{n=1}^{\infty} \frac{1-(-1)^n}{n} e^{-\alpha n^2 t} \sin nx = \frac{4}{\pi}\left[e^{-\alpha t}\sin x + \frac{1}{3}e^{-9\alpha t}\sin 3x + \cdots\right]$$

이는 문제 2의 해와 동일하다.

제12장 기타 좌표계의 편미분방정식

12.1 극좌표계의 편미분방정식

12.2 원기둥좌표계의 편미분방정식, Bessel 함수

12.3 구좌표계의 편미분방정식, Legendre 다항식

12.1 극좌표계의 편미분방정식

1. $u_y = u_r r_y + u_\theta \theta_y$

$$u_{yy} = (u_y)_y = (u_r r_y + u_\theta \theta_y)_y = (u_r r_y)_y + (u_\theta \theta_y)_y = (u_r)_y r_y + u_r r_{yy} + (u_\theta)_y \theta_y + u_\theta \theta_{yy}$$

$$= (u_{rr} r_y + u_{r\theta}\theta_y) r_y + u_r r_{yy} + (u_{\theta r} r_y + u_{\theta\theta}\theta_y)\theta_y + u_\theta \theta_{yy}$$

여기서 $u_{r\theta} = u_{\theta r}$ 이므로

$$u_{yy} = (r_y)^2 u_{rr} + 2 r_y \theta_y u_{r\theta} + r_{yy} u_r + (\theta_y)^2 u_{\theta\theta} + \theta_{yy} u_\theta$$

이다. 한편, $r = \sqrt{x^2 + y^2}$ 이므로

$$r_y = \frac{y}{\sqrt{x^2+y^2}} = \frac{y}{r}$$

$$r_{yy} = \frac{r - y r_y}{r^2} = \frac{r - y\left(\frac{y}{r}\right)}{r^2} = \frac{r^2 - y^2}{r^3} = \frac{x^2}{r^3}$$

이고 $\theta = \tan^{-1}\frac{y}{x}$ 이므로

$$\theta_y = \frac{\frac{1}{x}}{1 + \left(\frac{y}{x}\right)^2} = \frac{x}{x^2+y^2} = \frac{x}{r^2}$$

$$\theta_{yy} = x\left(\frac{-2 r r_y}{r^4}\right) = -\frac{2x}{r^3}\left(\frac{y}{r}\right) = -\frac{2xy}{r^4}$$

이다. 따라서

$$u_{yy} = \left(\frac{y}{r}\right)^2 u_{rr} + \left(\frac{2xy}{r^3}\right) u_{r\theta} + \left(\frac{x^2}{r^3}\right) u_r + \left(\frac{x}{r^2}\right)^2 u_{\theta\theta} - \left(\frac{2xy}{r^4}\right) u_\theta$$

2. $u(r,\theta) = \sum_{n=1}^{\infty} b_n(r)\sin 2n\theta$ 로 놓으면 $\frac{\partial^2 u}{\partial r^2} + \frac{1}{r}\frac{\partial u}{\partial r} + \frac{1}{r^2}\frac{\partial^2 u}{\partial \theta^2} = 0$ 에서

$$r^2 b_n''(r) + r b_n'(r) - 4n^2 b_n(r) = 0 \;\to\; b_n(r) = A_n r^{2n} + B_n r^{-2n}$$

$r \to 0$ 일 때 u 가 유한하므로 $B_n = 0$ $\therefore$ $u(r,\theta) = \sum_{n=1}^{\infty} A_n r^{2n}\sin 2n\theta$.

$$u(b,\theta) = f(\theta) = \sum_{n=1}^{\infty} A_n b^{2n}\sin 2n\theta \;\to\; A_n = \frac{4}{\pi b^{2n}}\int_0^{\pi/2} f(\theta)\sin 2n\theta\, d\theta .$$

3. $u(r,\theta)$ 는 주기가 2π 이므로 $u(r,\theta) = a_0(r) + \sum_{n=1}^{\infty}[a_n(r)\cos n\theta + b_n(r)\sin n\theta]$ 로 놓고

$\frac{\partial^2 u}{\partial r^2} + \frac{1}{r}\frac{\partial u}{\partial r} + \frac{1}{r^2}\frac{\partial^2 u}{\partial \theta^2} = 0$ 에 대입하면

$$r^2 a_0''(r) + r a_0'(r) = 0 \;\to\; a_0(r) = A_0' + C_0' \ln r$$

$$r^2 a_n''(r) + r a_n'(r) - n^2 a_n(r) = 0 \;\to\; a_n(r) = A_n' r^n + C_n' r^{-n}$$

$$r^2 b_n''(r) + r b_n'(r) - n^2 b_n(r) = 0 \rightarrow b_n(r) = B_n' r^n + D_n' r^{-n}$$

이다. 즉

$$u(r,\theta) = A_0' + C_0' \ln r + \sum_{n=1}^{\infty} [(A_n' r^n + C_n' r^{-n}) \cos n\theta + (B_n' r^n + D_n' r^{-n}) \sin n\theta]$$

이 된다. $r = b$ 에서 경계조건을 적용하면

$$u(b,\theta) = 0 = A_0' + C_0' \ln b + \sum_{n=1}^{\infty} [(A_n' b^n + C_n' b^{-n}) \cos n\theta + (B_n' b^n + D_n' b^{-n}) \sin n\theta]$$

이므로

$$A_0' + C_0' \ln b = 0 \rightarrow C_0' = -A_0' / \ln b$$

$$A_n' b^n + C_n' b^{-n} = 0 \rightarrow C_n' = -A_n' b^{2n}$$

$$B_n' b^n + D_n' b^{-n} = 0 \rightarrow D_n' = -B_n' b^{2n}$$

로부터

$$\boxed{u(r,\theta) = A_0 \ln(b/r) + \sum_{n=1}^{\infty} [(r/b)^n - (b/r)^n](A_n \cos n\theta + B_n \sin n\theta)}$$

이 되는데, 여기서 $A_0 = A_0'/\ln b$, $A_n = A_n' b^n$, $B_n = B_n' b^n$ 로 간단히 표시하였다. $r = a$ 에서 경계조건

$$u(a,\theta) = f(\theta) = A_0 \ln(b/a) + \sum_{n=1}^{\infty} [(a/b)^n - (b/a)^n](A_n \cos n\theta + B_n \sin n\theta)$$

로부터

$$A_0 = \frac{1}{2\pi \ln(b/a)} \int_0^{2\pi} f(\theta) d\theta,$$

$$A_n = \frac{1}{\pi[(a/b)^n - (b/a)^n]} \int_0^{2\pi} f(\theta) \cos n\theta d\theta,$$

$$B_n = \frac{1}{\pi[(a/b)^n - (b/a)^n]} \int_0^{2\pi} f(\theta) \sin n\theta d\theta$$

임을 알 수 있다.

4. $u(r,\theta)$ 는 주기가 2π 이므로 $u(r,\theta) = a_0(r) + \sum_{n=1}^{\infty} [a_n(r) \cos n\theta + b_n(r) \sin n\theta]$ 로 놓으면

$\frac{\partial^2 u}{\partial r^2} + \frac{1}{r}\frac{\partial u}{\partial r} + \frac{1}{r^2}\frac{\partial^2 u}{\partial \theta^2} = 0$ 에서

$$r^2 a_0''(r) + r a_0'(r) = 0 \rightarrow a_0(r) = A_0 + C_0 \ln r$$

$$r^2 a_n''(r) + r a_n'(r) - n^2 a_n(r) = 0 \rightarrow a_n(r) = A_n r^n + C_n r^{-n}$$

$$r^2 b_n''(r) + r b_n'(r) - n^2 b_n(r) = 0 \rightarrow b_n(r) = B_n r^n + D_n r^{-n}$$

$r \rightarrow \infty$ 일 때 u 가 유한하므로 $C_0 = A_n = B_n = 0$

$$u(r,\theta) = A_0 + \sum_{n=1}^{\infty} r^{-n} [C_n \cos n\theta + D_n \sin n\theta]$$

$$u(b,\theta) = f(\theta) = A_0 + \sum_{n=1}^{\infty} c^{-n}[C_n \cos n\theta + D_n \sin n\theta] \text{ 에서}$$

$$A_0 = \frac{1}{2\pi}\int_0^{2\pi} f(\theta)d\theta,\ C_n = \frac{b^n}{\pi}\int_0^{2\pi} f(\theta)\cos n\theta d\theta,\ D_n = \frac{b^n}{\pi}\int_0^{2\pi} f(\theta)\sin n\theta d\theta$$

5. 문제의 성격으로 $u = u(r)$ 이다.

(1) $\dfrac{d^2u}{dr^2} + \dfrac{1}{r}\dfrac{du}{dr} = 0$ (Cauchy-Euler 방정식)에서 $u = r^m$ 로 놓으면

$m(m-1) + m = 0$ 에서 $m = 0$ (중근) $\therefore u = c_1 \ln r + c_2$.

$u(r=1) = 0 = c_2$, $u(r=e) = 100 = c_1$ 이므로 $u(r) = 100\ln r$ 이고

$$u(r = \sqrt{e}) = 100\ln\sqrt{e} = 50\ ℃.$$

(2) $\dfrac{1}{r}\dfrac{d}{dr}r\dfrac{du}{dr} = 0$ 에서 $r\dfrac{du}{dr} = c_1$ 이므로 $u = c_1\ln r + c_2$. 이하 (1)과 동일.

12.2 원기둥좌표계의 편미분방정식, Bessel 함수

1. $f(x) = x$, $0 < x < 3$, $J_1(3\lambda) = 0$

$$c_n = \frac{2}{3^2[J_2(3\lambda_n)]^2}\int_0^3 x^2 J_1(\lambda_n x)dx$$

에서 $t = \lambda_n x$ 로 치환하고, $[x^\nu J_\nu(x)]' = x^\nu J_{\nu-1}(x)$ 에서 $\dfrac{d}{dt}[t^2 J_2(t)] = t^2 J_1(t)$ 임을 이용하면

$$c_n = \frac{2}{9\lambda_n^3[J_2(3\lambda_n)]^2}\int_0^{3\lambda_n}\frac{d}{dt}[t^2J_2(t)]dt = \frac{2}{\lambda_n J_2(3\lambda_n)}$$

$$\therefore\ f(x) = 2\sum_{n=1}^{\infty}\frac{1}{\lambda_n J_2(3\lambda_n)}J_1(\lambda_n x)$$

2. $\dfrac{\partial u}{\partial t} = \alpha\left(\dfrac{\partial^2 u}{\partial r^2} + \dfrac{1}{r}\dfrac{\partial u}{\partial r}\right)$, $u(b,t) = 0$, $u(r,0) = f(r)$

$u(r,t) = R(r)T(t)$ 로 놓으면 $\dfrac{R''}{R} + \dfrac{1}{r}\dfrac{R'}{R} = \dfrac{T'}{\alpha T} = -\lambda^2$ 에서

$$r^2R'' + rR' + \lambda^2 r^2 R = 0 \quad\rightarrow\quad R(r) = c_1 J_0(\lambda r) + c_2 Y_0(\lambda r)$$

$$T' + \alpha\lambda^2 T = 0 \quad\rightarrow\quad T(t) = c_3 e^{-\alpha\lambda^2 t}$$

u 는 $r = 0$ 에서 유한하므로 $c_2 = 0$ 이고 $u(b,t) = R(b)T(t) = 0$ 에서 $R(b) = 0$ 이므로 $c_1 J_0(\lambda b) = 0$, 즉 $\lambda_n = x_n/b$, $(n = 1,2,\cdots)$. 여기서 x_n 은 $J_0(x) = 0$ 의 영점. 따라서

$$u(r,t) = \sum_{n=1}^{\infty} A_n e^{-\alpha\lambda_n^2 t} J_0(\lambda_n r)$$

$u(r,0) = f(r)$ 에서 $f(r) = \sum_{n=1}^{\infty} A_n J_0(\lambda_n r)$ 이므로

$$A_n = \frac{2}{b^2[J_1(\lambda_n b)]^2}\int_0^b rJ_0(\lambda_n r)f(r)dr$$

3. $\frac{\partial u}{\partial t} = \alpha\left(\frac{\partial^2 u}{\partial r^2} + \frac{1}{r}\frac{\partial u}{\partial r}\right)$, $u_r(b,t) = 0$, $u(r,0) = f(r)$

경계조건이 $u_r(b,t) = R'(b)T(t) = 0$ 이므로 $R'(b) = 0$. 문제 2에서 $R(r) = c_1 J_0(\lambda r)$, 즉 $R'(r) = c_1\lambda J_0{}'(\lambda r)$. $R'(b) = c_1\lambda J_0{}'(\lambda b) = 0$ 이므로 고유값은 $\lambda = 0$ 또는 x_n 이 $J_0{}'(x) = 0$ 의 영점일 때 $\lambda_n = \frac{x_n}{b}$. 따라서,

$$u(r,t) = A_1 + \sum_{n=2}^{\infty} A_n e^{-\alpha\lambda_n^2 t} J_0(\lambda_n r)$$

$u(r,0) = f(r)$ 에서 $f(r) = A_1 + \sum_{n=2}^{\infty} A_n J_0(\lambda_n r)$ 이므로 본문의 식(12.2.12), 식(12.2.13에 의해

$$A_1 = \frac{2}{b^2}\int_0^b rf(r)dr,\quad A_n = \frac{2}{b^2[J_1(\lambda_n b)]^2}\int_0^b rJ_0(\lambda_n r)f(r)dr$$

4. 생략

12.3 구좌표계의 편미분방정식, Legendre 다항식

1. $f(x) = \begin{cases} 0, & -1 < x < 0 \\ x, & 0 \leqq x < 1 \end{cases}$

$$c_0 = \frac{1}{2}\int_0^1 xP_0(x)dx = \frac{1}{2}\int_0^1 xdx = \frac{1}{4}$$

$$c_1 = \frac{3}{2}\int_0^1 xP_1(x)dx = \frac{3}{2}\int_0^1 x^2dx = \frac{1}{2}$$

$$c_2 = \frac{5}{2}\int_0^1 xP_2(x)dx = \frac{5}{2}\int_0^1 x\cdot\frac{1}{2}(3x^2-1)dx = \frac{5}{16}$$

$$c_3 = \frac{7}{2}\int_0^1 xP_3(x)dx = \frac{7}{2}\int_0^1 x\cdot\frac{1}{2}(5x^3-3x)dx = 0$$

$$c_4 = \frac{9}{2}\int_0^1 xP_4(x)dx = \frac{9}{2}\int_0^1 x\cdot\frac{1}{8}(35x^4-30x^2+3)dx = -\frac{3}{32}$$

$$\therefore\ f(x) = \frac{1}{4}P_0(x) + \frac{1}{2}P_1(x) + \frac{5}{16}P_2(x) - \frac{3}{32}P_4(x)$$

2. $f(x) = x^2$;

$$c_0 = \frac{1}{2}\int_{-1}^1 x^2P_0(x)dx = \frac{1}{2}\int_{-1}^1 x^2dx = \frac{1}{3}$$

$$c_1 = \frac{3}{2}\int_{-1}^1 x^2P_1(x)dx = \frac{3}{2}\int_{-1}^1 x^3dx = 0$$

$$c_2 = \frac{5}{2}\int_{-1}^{1} x^2 P_2(x)dx = \frac{5}{2}\int_{-1}^{1} x^2 \cdot \frac{1}{2}(3x^2-1)dx = \frac{2}{3}$$

$$c_3 = \frac{7}{2}\int_{-1}^{1} x^2 P_3(x)dx = \frac{7}{2}\int_{-1}^{1} x^2 \cdot \frac{1}{2}(5x^3-3x)dx = 0 \ \cdots$$

$\therefore\ f(x) = \frac{1}{3}P_0(x) + \frac{2}{3}P_2(x) = x^2$: $f(x)$가 n차 다항식인 경우는 P_n으로 끝남.

3. 예제 2의 풀이 중 Cauchy-Euler 방정식의 해 $R(\rho) = c_1\rho^n + c_2\rho^{-(n+1)}$에서 $\rho \to \infty$일 때 u는 유한하므로 $c_1 = 0$이다. 따라서

$$u(\rho,\phi) = \sum_{n=0}^{\infty} A_n \rho^{-(n+1)} P_n(\cos\phi)$$

가 되며, $\rho = a$에서 $f(\phi) = \sum_{n=0}^{\infty} A_n a^{-(n+1)} P_n(\cos\phi)$ 이므로

$$A_n = \frac{(2n+1)a^{n+1}}{2}\int_0^{\pi} f(\phi)P_n(\cos\phi)\sin\phi d\phi.$$

4. 예제 2에서 $\lambda^2 = n(n+1)$, $x = \cos\phi$일 때 $\Phi(\phi) = P_n(\cos\phi)$, $\Phi(x) = P_n(x)$이다. 그런데 경계조건 $\left.\frac{\partial u}{\partial \phi}\right|_{\phi=\pi/2} = R(\rho)\Phi'\left(\frac{\pi}{2}\right) = 0$, 즉 $\Phi'\left(\phi = \frac{\pi}{2}\right) = \Phi'(x=0) = 0$이므로 $P_n(x)$는 $P_n{}'(0) = 0$을 만족해야 하고 이는 $n = 0, 2, 4 \cdots$ 일 때 성립한다. 따라서 해는 식(12.3.15)에 의해

$$u(\rho,\phi) = \sum_{n=0}^{\infty} A_{2n}\rho^{2n}P_{2n}(\cos\phi)$$

이고, $\rho = a$에서 경계조건에서 $f(\phi) = \sum_{n=0}^{\infty} A_{2n}a^{2n}P_{2n}(\cos\phi)$ 또는 $f(x) = \sum_{n=0}^{\infty} A_{2n}a^{2n}P_{2n}(x)$이다. 양변에 $P_{2n}(x)$를 곱하고 구간 $[0,1]$로 적분하면

$$\int_0^1 f(x)P_{2n}(x)dx = A_{2n}a^{2n}\int_0^1 P_{2n}^2(x)dx = A_{2n}a^{2n}\frac{1}{2}\int_{-1}^{1} P_{2n}^2(x)dx$$

$$= A_{2n}a^{2n}\frac{1}{2}\frac{2}{2(2n)+1} = \frac{A_{2n}a^{2n}}{4n+1}$$

따라서 계수 A_{2n}은

$$A_{2n} = \frac{4n+1}{a^{2n}}\int_0^1 f(x)P_{2n}(x)dx = \frac{4n+1}{a^{2n}}\int_0^{\pi/2} f(\phi)P_{2n}(\cos\phi)\sin\phi d\phi$$

이다.

5. 생략

제13장 적분변환을 이용한 편미분방정식의 풀이

13.1 오차함수
13.2 Laplace 변환을 이용한 초기값 문제의 해
13.3 Fourier 변환을 이용한 경계값 문제의 해

13.1 오차함수

1. (1) $\int_a^b e^{-u^2}du = \int_0^b e^{-u^2}du - \int_0^a e^{-u^2}du = \frac{\sqrt{\pi}}{2}\mathrm{erf}(b) - \frac{\sqrt{\pi}}{2}\mathrm{erf}(a) = \frac{\sqrt{\pi}}{2}[\mathrm{erf}(b) - \mathrm{erf}(a)]$

(2) Since e^{-u^2} is even in u, $\int_{-a}^a e^{-u^2}du = 2\int_0^a e^{-u^2}du = 2\frac{\sqrt{\pi}}{2}\mathrm{erf}(a) = \sqrt{\pi}\,\mathrm{erf}(a)$

2. $e^{-u^2} = \sum_{n=0}^{\infty}\frac{(-u^2)^n}{n!} = \sum_{n=0}^{\infty}(-1)^n\frac{u^{2n}}{n!} = 1 - u^2 + \frac{u^4}{2!} - \frac{u^6}{3!} + \cdots$ 이므로

$$\mathrm{erf}(x) = \frac{2}{\sqrt{\pi}}\int_0^x e^{-u^2}du = \frac{2}{\sqrt{\pi}}\int_0^x \sum_{n=0}^{\infty}(-1)^n\frac{u^{2n}}{n!}du$$
$$= \frac{2}{\sqrt{\pi}}\sum_{n=0}^{\infty}(-1)^n\frac{x^{2n+1}}{(2n+1)n!} = \frac{2}{\sqrt{\pi}}\left[x - \frac{x^3}{3\cdot 1!} + \frac{x^5}{5\cdot 2!} - \frac{x^7}{7\cdot 3!} + \cdots\right]$$

3. $\mathcal{L}\left[e^{-Gt/C}\mathrm{erf}\left(\frac{x}{2}\sqrt{\frac{RC}{t}}\right)\right] = \mathcal{L}\left[e^{-Gt/C}\left\{1 - \mathrm{erfc}\left(\frac{x}{2}\sqrt{\frac{RC}{t}}\right)\right\}\right]$

$$= \mathcal{L}\left[e^{-Gt/C}\right] - \mathcal{L}\left[e^{-Gt/C}\mathrm{erfc}\left(\frac{x}{2}\sqrt{\frac{RC}{t}}\right)\right]$$
$$= \frac{1}{s+G/C} - \left[\frac{e^{-x\sqrt{RC}\sqrt{s}}}{s}\right]_{s\to s+G/C} = \frac{1}{s+G/C} - \frac{e^{-x\sqrt{RC}\sqrt{s+G/C}}}{s+G/C}$$
$$= \frac{C}{Cs+G}\left(1 - e^{-x\sqrt{RCs+RG}}\right)$$

4.
$$\frac{\sinh a\sqrt{s}}{s\sinh\sqrt{s}} = \frac{e^{a\sqrt{s}} - e^{-a\sqrt{s}}}{s\left(e^{\sqrt{s}} - e^{-\sqrt{s}}\right)} = \frac{1}{s}\frac{e^{(a-1)\sqrt{s}} - e^{-(a+1)\sqrt{s}}}{1 - e^{-2\sqrt{s}}} \qquad (1)$$

$\left|e^{-2\sqrt{s}}\right| < 1$ 이므로 $\frac{1}{1 - e^{-2\sqrt{s}}} = \sum_{n=0}^{\infty}e^{-2n\sqrt{s}}$

(1) $= \frac{1}{s}\left[e^{(a-1)\sqrt{s}} - e^{-(a+1)\sqrt{s}}\right]\sum_{n=0}^{\infty}e^{-2n\sqrt{s}} = \sum_{n=0}^{\infty}\frac{\left[e^{(a-2n-1)\sqrt{s}} - e^{-(a+2n+1)\sqrt{s}}\right]}{s}$

$$\mathcal{L}^{-1}\left[\frac{\sinh a\sqrt{s}}{s\sinh\sqrt{s}}\right] = \sum_{n=0}^{\infty}\left\{\mathcal{L}^{-1}\left[\frac{e^{(a-2n-1)\sqrt{s}}}{s}\right] - \mathcal{L}^{-1}\left[\frac{e^{-(a+2n+1)\sqrt{s}}}{s}\right]\right\}$$
$$= \sum_{n=0}^{\infty}\left[\mathrm{erfc}\left(\frac{2n+1-a}{2\sqrt{t}}\right) - \mathrm{erfc}\left(\frac{2n+1+a}{2\sqrt{t}}\right)\right] = \sum_{n=0}^{\infty}\left[\mathrm{erf}\left(\frac{2n+1+a}{2\sqrt{t}}\right) - \mathrm{erf}\left(\frac{2n+1-a}{2\sqrt{t}}\right)\right]$$

13.2 Laplce 변환을 이용한 초기값 문제의 해

1. $u(x,t) = \sum_{n=1}^{\infty}b_n(t)\sin n\pi x$

$$\sum_{n=1}^{\infty} b_n''(t)\sin n\pi x = \sum_{n=1}^{\infty}(-n^2\pi^2)b_n(t)\sin n\pi x$$

$$b_n''(t)+n^2\pi^2 b_n(t)=0 \;\to\; b_n(t)=A_n\cos n\pi t+B_n\sin n\pi t.$$

$$\therefore\; u(x,t)=\sum_{n=1}^{\infty}(A_n\cos n\pi t+B_n\sin n\pi t)\sin n\pi x$$

$u(x,0)=\sum_{n=1}^{\infty}A_n\sin n\pi x=0$에서 $A_n=0$이므로 $u(x,t)=\sum_{n=1}^{\infty}B_n\sin n\pi t\sin n\pi x$

$\left.\frac{\partial u}{\partial t}\right|_{t=0}=\sum_{n=1}^{\infty}n\pi B_n\sin n\pi x=\sin\pi x$ 에서 $B_1=1/\pi$, $B_n=0$ for $n\geq 2$.

$$\therefore\; u(x,t)=\frac{1}{\pi}\sin\pi t\sin\pi x$$

로 예제 1의 결과와 같다.

2. $u(x,t)=v(x,t)+k(x)$로 놓으면

$$\frac{\partial v}{\partial t}=\frac{\partial^2 v}{\partial x^2}+k''(x) \;\to\; k''(x)=0,\; k(x)=c_1x+c_2$$

$$u(0,t)=0=v(0,t)+k(0) \;\to\; k(0)=0$$

$$u(1,t)=1=v(1,t)+k(1) \;\to\; k(1)=1 \qquad \therefore\; k(x)=x$$

따라서 $v(x,t)$에 대하여

$$\frac{\partial v}{\partial t}=\frac{\partial^2 v}{\partial x^2},\; v(0,t)=v(1,t)=0,\; v(x,0)=-k(x)=-x.$$

$v(x,t)=\sum_{n=1}^{\infty}b_n(t)\sin n\pi x$를 편미방에 대입하면

$$b_n'(t)+n^2\pi^2 b_n(t)=0 \quad\to b_n(t)=A_ne^{-n^2\pi^2t}$$

에서 $v(x,t)=\sum_{n=1}^{\infty}A_ne^{-n^2\pi^2t}\sin n\pi x$

$$v(x,0)=-x=\sum_{n=1}^{\infty}A_n\sin n\pi x \;\to\; A_n=2\int_0^1(-x)\sin n\pi x\,dx=\frac{2(-1)^n}{n\pi}$$

$$\therefore\; u(x,t)=v(x,t)+k(x)=\frac{2}{\pi}\sum_{n=1}^{\infty}\frac{(-1)^n}{n}e^{-n^2\pi^2t}\sin n\pi x+x \quad \text{---}\; (\star)$$

본문의 식(13.2.9)는 식(⋆)의 다른 표현이다.

3. Let $\mathcal{L}[u(x,t)]=U(x,s)$ then BVP becomes

$$\frac{d^2U}{dx^2}-\frac{s^2}{4}U(x,s)=\frac{1}{4}s\sin\pi x,\; U(0,s)=0,\; U(1,s)=0$$

$$U_h=c_1\cosh\frac{sx}{2}+c_2\sinh\frac{sx}{2}$$

If we Let $U_p=A\sin\pi x$, then $A=\frac{s}{s^2+4\pi^2}$ so

$$U=U_h+U_p=c_1\cosh\frac{sx}{2}+c_2\sinh\frac{sx}{2}+\frac{s}{s^2+4\pi^2}\sin\pi x$$

$$U(0,s)=c_1=0,\ U(1,s)=c_2\sinh\frac{s}{2}=0,\ c_2=0.\ \therefore\ U(x,s)=\frac{s}{s^2+4\pi^2}\sin\pi x$$

$$u(x,t)=\mathcal{L}^{-1}[U(x,s)]=\mathcal{L}^{-1}\left[\frac{s}{s^2+4\pi^2}\right]\sin\pi x=\sin\pi x\cos 2\pi t$$

4. (1) Let $\mathcal{L}[u(x,t)]=U(x,s)$ then PDE becomes

$$\frac{d^2U}{dx^2}-s^2U(x,s)=0\ \rightarrow\ U(x,s)=c_1e^{-sx}+c_2e^{sx}$$

Using $U(0,s)=F(s)$ $(\mathcal{L}[f(t)]=F(s))$ and $\lim_{x\to\infty}U(x,s)=0$, we have $c_1=F(s)$ and $c_2=0$. $\therefore\ U(x,s)=F(s)e^{-sx}$, $u(x,t)=\mathcal{L}^{-1}[U(x,s)]=f(t-x)U_h(t-x)$.

(2) Since $f(t)=\sin\pi t[1-U_h(t-1)]$,

$$u(x,t)=\sin\pi(t-x)[1-U_h(t-x-1)]U_h(t-x).$$

$$=\begin{cases}0, & t<x\\ \sin\pi(t-x), & x\leqq t<x+1\\ 0, & t\geqq x+1\end{cases}$$

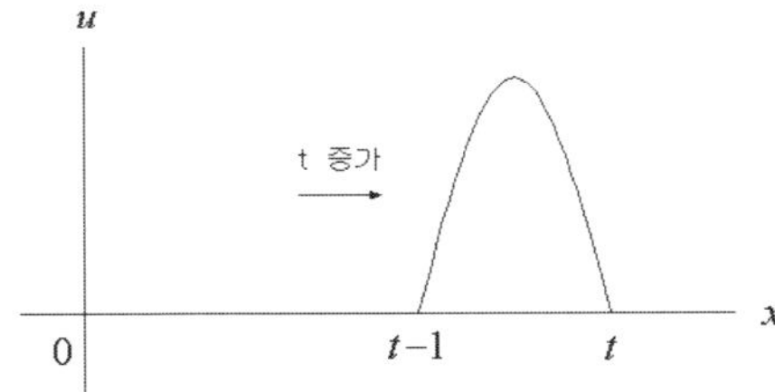

5. Let $\mathcal{L}[u(x,t)]=U(x,s)$ then the PDE becomes

$$\frac{d^2U}{dx^2}-\frac{s}{\alpha}U(x,s)=0\ \rightarrow\ U(x,s)=c_1e^{-\sqrt{s/\alpha}\,x}+c_2e^{\sqrt{s/\alpha}\,x}$$

Using $U(0,s)=\frac{u_0}{s}$ and $\lim_{x\to\infty}U(x,s)=0$, $c_1=\frac{u_0}{s}$ and $c_2=0$

$$\therefore\ U(x,s)=\frac{u_0}{s}e^{-\sqrt{s/\alpha}\,x}$$

$$u(x,t)=\mathcal{L}^{-1}[U(x,s)]=u_0\mathcal{L}^{-1}\left[\frac{e^{-\sqrt{s/\alpha}\,x}}{s}\right]=u_0\operatorname{erfc}\left(\frac{x/\sqrt{\alpha}}{2\sqrt{t}}\right)=u_0\operatorname{erfc}\left(\frac{x}{2\sqrt{\alpha t}}\right)$$

6. Let $\mathcal{L}[u(x,t)]=U(x,s)$ then BVP becomes $RC[sU(x,s)-u(x,0)]=\frac{\partial^2U}{\partial x^2}-RGU(x,s)$ or

$$\frac{d^2U}{dx^2}-R(Cs+G)U(x,s)=-RCu_0 \text{ with } U(0,s)=0,\ \left.\frac{dU}{dx}\right|_{x\to\infty}=0$$

$$U_h(x,s)=c_1e^{x\sqrt{R(Cs+G)}}+c_2e^{-x\sqrt{R(Cs+G)}}$$

Let $U_p=A$, then $A=\frac{u_0C}{Cs+G}$

$$U(x,s) = U_h(x,s) + U_p(x,s) = c_1 e^{x\sqrt{R(Cs+G)}} + c_2 e^{-x\sqrt{R(Cs+G)}} + \frac{u_0 C}{Cs+G}$$

$$U(0,s) = c_1 + c_2 + \frac{u_0 C}{Cs+G} = 0 \text{ and } \left.\frac{dU}{dx}\right|_{x\to\infty} = 0 \to c_1 = 0,\ c_2 = -\frac{u_0 C}{Cs+G}$$

$$\therefore\ U(x,s) = \frac{u_0 C}{Cs+G}\left(1 - e^{-x\sqrt{R(Cs+G)}}\right).$$

From Pb.3 in 13.1

$$u(x,t) = \mathcal{L}^{-1}[U(x,s)] = u_0 e^{-Gt/C} \operatorname{erf}\left(\frac{x}{2}\sqrt{\frac{RC}{t}}\right)$$

13.3 Fourier 변환을 이용한 경계값 문제의 해

1. $\mathscr{F}[u(x,t)] = U(\alpha,t)$ 로 놓고 주어진 편미분방정식을 변수 x 에 대해 Fourier 변환하면

$$\frac{dU}{dt} + k\alpha^2 U(\alpha,t) = 0$$

이고, 해는

$$U(\alpha,t) = ce^{-k\alpha^2 t} \tag{1}$$

이다. 한편.(Euler 공식 안 쓰고 적분 할 수도 있음.)

$$\mathscr{F}[e^{-|x|}] = \int_{-\infty}^{\infty} e^{-|x|} e^{i\alpha x} dx = \int_{-\infty}^{\infty} e^{-|x|}(\cos\alpha x + i\sin\alpha x)dx$$

$$= 2\int_0^{\infty} e^{-x}\cos\alpha x dx = \frac{2}{1+\alpha^2}$$

이므로 Fourier 변환된 초기조건은

$$U(\alpha,0) = \frac{2}{1+\alpha^2} \tag{2}$$

이다. 초기조건 (2)를 식(1)에 대입하면 $c = \dfrac{2}{1+\alpha^2}$ 이므로

$$U(\alpha,t) = \frac{2}{1+\alpha^2} e^{-k\alpha^2 t} \tag{3}$$

이다. 식(3)을 Fourier 역변환하여

$$u(x,t) = \mathscr{F}^{-1}[U(\alpha,t)] = \frac{1}{2\pi}\int_{-\infty}^{\infty} U(\alpha,t)e^{-i\alpha x} d\alpha = \frac{1}{2\pi}\int_0^{\infty} \frac{2}{1+\alpha^2} e^{-k\alpha^2 t} e^{-i\alpha x} d\alpha$$

$$= \frac{1}{\pi}\int_0^{\infty} \frac{1}{1+\alpha^2} e^{-k\alpha^2 t}(\cos\alpha x + i\sin\alpha x)d\alpha = \frac{2}{\pi}\int_0^{\infty} \frac{1}{1+\alpha^2} e^{-k\alpha^2 t}\cos\alpha x d\alpha.$$

2. 반무한구간 $0 \leqq x < \infty$, 경계조건 $u(0,t) = 0$ 이므로 Fourier 사인변환한다.
$\mathscr{F}_s[u(x,t)] = U(\alpha,t)$ 라 하면

$$c^2[-\alpha^2 U(\alpha,t) + \alpha u(0,t)] = \frac{d^2 U}{dt^2}$$

에서 상미방과 해

$$\frac{d^2U}{dt^2} + c^2\alpha^2 U(\alpha,t) = 0 \ \rightarrow \ U(\alpha,t) = c_1 \cos c\alpha t + c_2 \sin c\alpha t\,.$$

를 얻는다. Fourier 사인변환된 초기조건

$$U(\alpha,0) = \int_0^\infty xe^{-x}\sin\alpha x dx = \frac{2\alpha}{(1+\alpha^2)^2} \text{ (아래 참조)}, \ \left.\frac{dU}{dt}\right|_{t=0} = 0$$

에 의해

$$c_1 = \frac{2\alpha}{(1+\alpha^2)^2}, \ c_2 = 0$$

이므로

$$U(\alpha,t) = \frac{2\alpha}{(1+\alpha^2)^2}\cos c\alpha t$$

이다. 따라서

$$u(x,t) = \mathcal{F}_s^{-1}[U(\alpha,t)] = \frac{2}{\pi}\int_0^\infty U(\alpha,t)\sin\alpha x d\alpha = \frac{4}{\pi}\int_0^\infty \frac{\alpha}{(1+\alpha^2)^2}\cos c\alpha t \sin\alpha x d\alpha$$

이다.

3. 무한구간 x에 대해 Fourier 변환을 사용하면

$$\frac{d^2U}{dy^2} - \alpha^2 U(\alpha,y) = 0 \ \rightarrow \ U(\alpha,y) = c_1\cosh\alpha y + c_2\sinh\alpha y$$

이다. 경계조건 $U(\alpha,0)=0$ 에서 $c_1 = 0$ 이고 경계조건

$$U(\alpha,1) = \frac{1}{2}\int_{-\infty}^\infty e^{-|x|}e^{i\alpha x}dx = \int_0^\infty e^{-x}\cos\alpha x dx = \frac{1}{1+\alpha^2}$$

에서 $c_2 = \dfrac{1}{(1+\alpha^2)\sinh\alpha}$ 이다. 따라서

$$U(\alpha,y) = \frac{\sinh\alpha y}{(1+\alpha^2)\sinh\alpha}$$

이고 Fourier 역변환에 의해

$$u(x,y) = \mathcal{F}^{-1}[U(\alpha,y)] = \frac{1}{2\pi}\int_{-\infty}^\infty \frac{\sinh\alpha y}{(1+\alpha^2)\sinh\alpha}e^{-i\alpha x}d\alpha$$

$$= \frac{1}{2\pi}\int_{-\infty}^\infty \frac{\sinh\alpha y}{(1+\alpha^2)\sinh\alpha}(\cos\alpha x - i\sin\alpha x)d\alpha = \frac{1}{\pi}\int_0^\infty \frac{\sinh\alpha y\cos\alpha x}{(1+\alpha^2)\sinh\alpha}d\alpha$$

이다.

4. (1) 반무한구간 $0 \leq x < \infty$, $\left.\dfrac{\partial u}{\partial x}\right|_{x=0} = 0$ 이므로 x에 대해 Fourier 코사인변환한다.

$\mathcal{F}_c[u(x,y)] = U(\alpha,y)$ 라 하면

$$\frac{d^2U}{dy^2} - \alpha^2 U(\alpha,y) = 0 \ \rightarrow \ U(\alpha,y) = c_1e^{-\alpha y} + c_2e^{\alpha y}$$

이다. $y\rightarrow\infty$ 일 때 u가 유한하므로 $c_2 = 0$ 이고 $y=0$ 에서 경계조건을 변환하면

$$\mathcal{F}_c[u(x,0)] = \int_0^\infty u(x,0)\cos\alpha x dx = \int_0^1 50\cos\alpha x dx = \frac{50\sin\alpha}{\alpha}$$

즉 $U(\alpha,0)=\dfrac{50\sin\alpha}{\alpha}$ 이므로 $c_2=\dfrac{50\sin\alpha}{\alpha}$. 따라서

$$U(\alpha,y)=\frac{50\sin\alpha}{\alpha}e^{-\alpha y}$$

이고, Fourier 코사인역변환에 의해

$$\therefore\ u(x,y)=\frac{2}{\pi}\int_0^\infty\frac{50\sin\alpha}{\alpha}e^{-\alpha y}\cos\alpha x d\alpha=\frac{100}{\pi}\int_0^\infty\frac{\sin\alpha}{\alpha}e^{-\alpha y}\cos\alpha x d\alpha$$

(2) 주어진 Laplace 변환에 치환 $t\to\alpha$, $a\to1$, $b\to x$, $s\to y$를 사용하면

$$u(x,y)=\frac{100}{\pi}\int_0^\infty\frac{\sin\alpha}{\alpha}e^{-\alpha y}\cos\alpha x d\alpha=\frac{100}{\pi}\int_0^\infty\frac{\sin\alpha\cos\alpha x}{\alpha}e^{-\alpha y}d\alpha$$

$$=\frac{50}{\pi}\left[\tan^{-1}\left(\frac{1+x}{y}\right)+\tan^{-1}\left(\frac{1-x}{y}\right)\right]$$

제14장 경계값 문제의 수치해법

14.1 도함수의 차분

1. (1) $\dfrac{y_{i+1}-2y_i+y_{i-1}}{(1/2)^2}+y_i=0$ or $y_{i+1}-\dfrac{7}{4}y_i+y_{i-1}=0$

$i=0$: $y_1-\dfrac{7}{4}y_0+y_{-1}=0$

$i=1$: $y_2-\dfrac{7}{4}y_1+y_0=0$

Since $y_{-1}=y_1$ and $y_2=1$, we have

$\begin{pmatrix}-7/4 & 2\\ 1 & -7/4\end{pmatrix}\begin{pmatrix}y_0\\ y_1\end{pmatrix}=\begin{pmatrix}0\\ -1\end{pmatrix}$ -> $y_0=32/17=1.8824$, $y_1=28/17=1.6471$

(2) $f_i''=\dfrac{f_{i+1}-2f_i+f_{i-1}}{h^2}-\dfrac{h^2}{12}f_i^{(4)}+\cdots$ 이고, $f(x)=\dfrac{\cos x}{\cos 1}$ 이므로

maximum error < $\left|\dfrac{h^2}{12}f^{(4)}\right|=\left|\dfrac{(1/2)^2}{12}\dfrac{\cos x}{\cos 1}\right|\le\left|\dfrac{(1/2)^2}{12}\dfrac{1}{\cos 1}\right|=0.0386$

(3) $y=\dfrac{\cos x}{\cos 1}$: $y(0)=\dfrac{\cos 0}{\cos 1}=1.8508$, $y(1/2)=\dfrac{\cos 1/2}{\cos 1}=1.6242$

$|y(0)-y_0|=|1.8508-1.8824|=0.0316$ < max. error

$|y(1/2)-y_1|=|1.6471-1.6242|=0.0229$ < max. error

14.2 타원형 편미분방정식

1.

$$\begin{aligned}
&100+100+u_3+100-4u_1=0\\
&100+u_3+u_6+100-4u_2=0\\
&u_2+u_4+u_7+u_1-4u_3=0\\
&u_3+u_5+u_8+100-4u_4=0\\
&u_4+50+50+50-4u_5=0\\
&50+u_7+0+u_2-4u_6=0\\
&u_6+u_8+0+u_3-4u_7=0\\
&u_7+50+0+u_4-4u_8=0
\end{aligned}$$

또는

$$\begin{pmatrix}-4&0&1&0&0&0&0&0\\0&-4&1&0&0&1&0&0\\1&1&-4&1&0&0&1&0\\0&0&1&-4&1&0&0&1\\0&0&0&1&-4&0&0&0\\0&1&0&0&0&-4&1&0\\0&0&1&0&0&1&-4&1\\0&0&0&1&0&0&1&-4\end{pmatrix}\begin{pmatrix}u_1\\u_2\\u_3\\u_4\\u_5\\u_6\\u_7\\u_8\end{pmatrix}=\begin{pmatrix}-300\\-200\\0\\-100\\-150\\-50\\0\\-50\end{pmatrix}$$

이다. 위 선형계를 풀면

$u_1=91.9011$, $u_2=77.1342$, $u_3=67.6044$, $u_4=64.7867$,

$u_5 = 53.6967$, $u_6 = 40.9325$, $u_7 = 36.5956$, $u_8 = 37.8456$.

2.

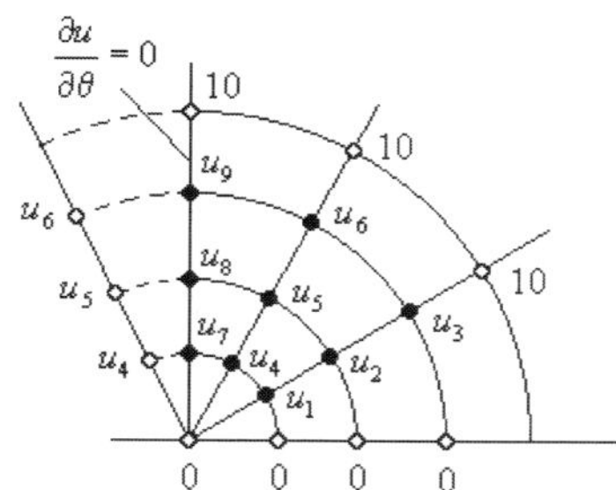

$x = r\cos\theta$, $y = r\sin\theta$ 이므로

$$\nabla^2 u(r,\theta) = \frac{\partial^2 u}{\partial r^2} + \frac{1}{r}\frac{\partial u}{\partial r} + \frac{1}{r^2}\frac{\partial^2 u}{\partial \theta^2} = r^3\cos^2\theta\sin\theta$$

이고, 이의 차분식은

$$\left(1 - \frac{\triangle r}{2r_i}\right)u_{i-1j} + \left(1 + \frac{\triangle r}{2r_i}\right)u_{i+1j} + \left(\frac{\triangle r}{r_i\triangle\theta}\right)^2 u_{ij-1} + \left(\frac{\triangle r}{r_i\triangle\theta}\right)^2 u_{ij+1}$$
$$-2\left[1 + \left(\frac{\triangle r}{r_i\triangle\theta}\right)^2\right]u_{ij} = (\triangle r)^2 r_i^3\cos^2\theta_j\sin\theta_j$$

이다. $\triangle r = 1.0$, $\triangle\theta = \pi/6$ 를 이용하여 각 점에 적용하면

$$u_1: \left(1 - \frac{1}{2\cdot 1}\right)0 + \left(1 + \frac{1}{2\cdot 1}\right)u_2 + \left(\frac{1}{1\cdot\pi/6}\right)^2 0 + \left(\frac{1}{1\cdot\pi/6}\right)^2 u_4 - 2\left[1 + \left(\frac{1}{1\cdot\pi/6}\right)^2\right]u_1$$
$$= (1)^2(1)^3\cos^2\frac{\pi}{6}\sin\frac{\pi}{6}$$

$$u_2: \left(1 - \frac{1}{2\cdot 2}\right)u_1 + \left(1 + \frac{1}{2\cdot 2}\right)u_3 + \left(\frac{1}{2\cdot\pi/6}\right)^2 0 + \left(\frac{1}{2\cdot\pi/6}\right)^2 u_5 - 2\left[1 + \left(\frac{1}{2\cdot\pi/6}\right)^2\right]u_2$$
$$= (1)^2(2)^3\cos^2\frac{\pi}{6}\sin\frac{\pi}{6}$$

$$u_3: \left(1 - \frac{1}{2\cdot 3}\right)u_2 + \left(1 + \frac{1}{2\cdot 3}\right)10 + \left(\frac{1}{3\cdot\pi/6}\right)^2 0 + \left(\frac{1}{3\cdot\pi/6}\right)^2 u_6 - 2\left[1 + \left(\frac{1}{3\cdot\pi/6}\right)^2\right]u_3$$
$$= (1)^2(3)^3\cos^2\frac{\pi}{6}\sin\frac{\pi}{6}$$

$$u_4: \left(1 - \frac{1}{2\cdot 1}\right)0 + \left(1 + \frac{1}{2\cdot 1}\right)u_5 + \left(\frac{1}{1\cdot\pi/6}\right)^2 u_1 + \left(\frac{1}{1\cdot\pi/6}\right)^2 u_7 - 2\left[1 + \left(\frac{1}{1\cdot\pi/6}\right)^2\right]u_4$$
$$= (1)^2(1)^3\cos^2\frac{\pi}{3}\sin\frac{\pi}{3}$$

$$u_5: \left(1 - \frac{1}{2\cdot 2}\right)u_4 + \left(1 + \frac{1}{2\cdot 2}\right)u_6 + \left(\frac{1}{2\cdot\pi/6}\right)^2 u_2 + \left(\frac{1}{2\cdot\pi/6}\right)^2 u_8 - 2\left[1 + \left(\frac{1}{2\cdot\pi/6}\right)^2\right]u_5$$
$$= (1)^2(2)^3\cos^2\frac{\pi}{3}\sin\frac{\pi}{3}$$

$$u_6: \left(1 - \frac{1}{2\cdot 3}\right)u_5 + \left(1 + \frac{1}{2\cdot 3}\right)10 + \left(\frac{1}{3\cdot\pi/6}\right)^2 u_3 + \left(\frac{1}{3\cdot\pi/6}\right)^2 u_9 - 2\left[1 + \left(\frac{1}{3\cdot\pi/6}\right)^2\right]u_6$$

$$= (1)^2(3)^3\cos^2\frac{\pi}{3}\sin\frac{\pi}{3}$$

$$u_7: \left(1-\frac{1}{2\cdot 1}\right)0+\left(1+\frac{1}{2\cdot 1}\right)u_8+\left(\frac{1}{1\cdot \pi/6}\right)^2u_4+\left(\frac{1}{1\cdot \pi/6}\right)^2u_4-2\left[1+\left(\frac{1}{1\cdot \pi/6}\right)^2\right]u_7$$

$$= (1)^2(1)^3\cos^2\frac{\pi}{2}\sin\frac{\pi}{2}$$

$$u_8: \left(1-\frac{1}{2\cdot 2}\right)u_7+\left(1+\frac{1}{2\cdot 2}\right)u_9+\left(\frac{1}{2\cdot \pi/6}\right)^2u_5+\left(\frac{1}{2\cdot \pi/6}\right)^2u_5-2\left[1+\left(\frac{1}{2\cdot \pi/6}\right)^2\right]u_8$$

$$= (1)^2(2)^3\cos^2\frac{\pi}{2}\sin\frac{\pi}{2}$$

$$u_9: \left(1-\frac{1}{2\cdot 3}\right)u_8+\left(1+\frac{1}{2\cdot 3}\right)10+\left(\frac{1}{3\cdot \pi/6}\right)^2u_6+\left(\frac{1}{3\cdot \pi/6}\right)^2u_6-2\left[1+\left(\frac{1}{3\cdot \pi/6}\right)^2\right]u_9$$

$$= (1)^2(3)^3\cos^2\frac{\pi}{2}\sin\frac{\pi}{2}$$

또는

$$\boldsymbol{A}U = B$$

이 되는데, 여기서

$$\boldsymbol{A}=\begin{pmatrix} -9.295 & 1.5 & 0 & 3.648 & 0 & 0 & 0 & 0 & 0 \\ 0.75 & -3.824 & 1.25 & 0 & 0.912 & 0 & 0 & 0 & 0 \\ 0 & 0.833 & -2.811 & 0 & 0 & 0.4053 & 0 & 0 & 0 \\ 3.648 & 0 & 0 & -9.295 & 1.5 & 0 & 3.648 & 0 & 0 \\ 0 & 0.9119 & 0 & 0.75 & -3.824 & 1.25 & 0 & 0.9119 & 0 \\ 0 & 0 & 0.4053 & 0 & 0.8333 & -2.811 & 0 & 0 & 0.4053 \\ 0 & 0 & 0 & 7.295 & 0 & 0 & -9.295 & 1.5 & 0 \\ 0 & 0 & 0 & 0 & 1.824 & 0 & 0.75 & -3.824 & 1.25 \\ 0 & 0 & 0 & 0 & 0 & 0.8106 & 0 & 0.8333 & -2.811 \end{pmatrix}$$

$$U=\begin{pmatrix} u_1 \\ u_2 \\ u_3 \\ u_4 \\ u_5 \\ u_6 \\ u_7 \\ u_8 \\ u_9 \end{pmatrix}, \qquad B=\begin{pmatrix} 0.375 \\ 3.0 \\ -1.545 \\ 0.2165 \\ 1.732 \\ -5.824 \\ 0 \\ 0 \\ -11.67 \end{pmatrix}$$

이다. 이를 풀면

$$u_1 = 0.2416,\ u_2 = -0.0255,\ u_3 = 1.0340,\ u_4 = 0.7289,\ u_5 = 1.5392$$
$$u_6 = 3.5508,\ u_7 = 1.0421,\ u_8 = 2.9126,\ u_9 = 6.0389$$

또는

r \ θ	$\theta = \pi/6$	$\theta = \pi/3$	$\theta = \pi/2$
$r = 1$	0.2416	0.7289	1.0421
$r = 2$	-0.0255	1.5392	2.9126
$r = 3$	1.0540	3.5508	6.0389

이다. 참고로 위와 아래의 경계조건이 바뀌면

r \ θ	$\theta=\pi/6$	$\theta=\pi/3$	$\theta=\pi/2$
$r=1$	6.911	5.273	4.881
$r=2$	2.594	0.810	1.267
$r=3$	-1.697	-2.118	-0.235

이 된다.

14.3 포물선형 편미분방정식

1. (1) 문제의 대칭성으로 $u_{0j}=u_{5j}$, $u_{1j}=u_{4j}$, $u_{2j}=u_{3j}$, $(j=0,1,2\cdots)$이다. 경계조건에서 $u_{00}=u_{01}=u_{02}=\cdots=0$ 이고 초기조건에서 $u_{00}=\sin(0\cdot\pi)=0$, $u_{10}=\sin(0.2\pi)=0.5878$, $u_{20}=\sin(0.4\pi)=0.9511$ 이다. $j=0$ 일 때

$i=1$: $u_{11}=0.25u_{00}+0.5u_{10}+0.25u_{20}=0.25(0)+0.5(0.5878)+0.25(0.9511)=0.5317$

$i=2$: $u_{21}=0.25u_{10}+0.5u_{20}+0.25u_{30}=0.25(0.5878)+0.5(0.9511)+0.25(0.9511)=0.8602$

여기서 $u_{30}=u_{20}$를 이용하였다. 마찬가지 방법으로 $j=1,2,\cdots$ 에 대하여 계산하면 같은 결과를 얻는다.

(2) $j=1$: $i=1$: $-u_{01}+3u_{11}-u_{21}=u_{10}$

$i=2$: $-u_{11}+3u_{21}-u_{31}=u_{20}$

Since $u_{10}=0.5878$, $u_{20}=0.9511$, and $u_{01}=0$ by the given initial and boundary conditions and $u_{31}=u_{21}$ by the symmetry, the set of equations becomes

$$\begin{pmatrix} 3 & -1 \\ -1 & 2 \end{pmatrix}\begin{pmatrix} u_{11} \\ u_{21} \end{pmatrix}=\begin{pmatrix} 0.5878 \\ 0.9511 \end{pmatrix}$$

and its solutions are $u_{11}=0.4253$, $u_{21}=0.6882$.

마찬가지로 $j=1,2,\cdots$ 에 대해서도 같은 결과를 얻는다.

(3) $-u_{i-1j+1}+4u_{ij+1}-u_{i+1j+1}=u_{i-1j}+u_{i+1j}$, $1\le i\le 4$, $j\ge 1$

$j=0$: $i=1$: $-u_{01}+4u_{11}-u_{21}=u_{00}+u_{20}$

$i=2$: $-u_{11}+4u_{21}-u_{31}=u_{10}+u_{30}$

Since $u_{00}=0$, $u_{10}=0.5878$, $u_{20}=u_{30}=0.9511$, and $u_{01}=0$ by the given initial and boundary conditions and $u_{31}=u_{21}$ by the symmetry, the set of equations becomes

$$\begin{pmatrix} 4 & -1 \\ -1 & 3 \end{pmatrix}\begin{pmatrix} u_{11} \\ u_{21} \end{pmatrix}=\begin{pmatrix} 0.9511 \\ 1.5389 \end{pmatrix}$$

and its solutions are $u_{11}=0.3993$, $u_{21}=0.6460$.

2. $\dfrac{\partial u}{\partial t}=\dfrac{\partial^2 u}{\partial x^2}$, $u(0,t)=u(1,t)=0$, $u(x,0)=x(1-x)$ with $h=0.25$, $k=0.05$

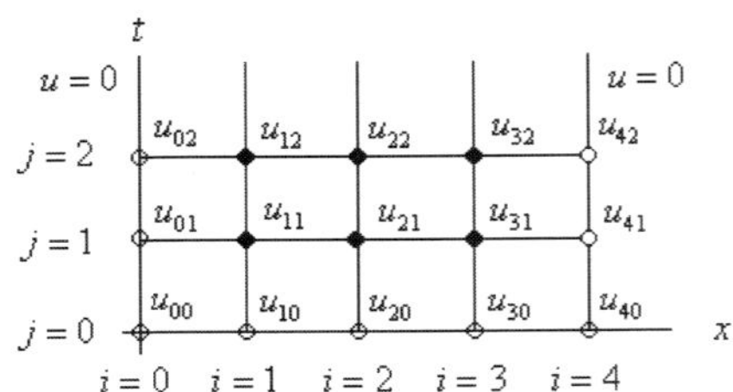

먼저, $\lambda = k/h^2 = 0.05/(0.25)^2 = 0.8$ 이고, 문제의 대칭성으로 $u_{3j} = u_{1j}$ $(j = 0,1,2\cdots)$이다. 경계조건에서 $u_{00} = u_{01} = u_{02} = \cdots = 0$ 이고 초기조건에서 $u_{10} = 0.25(1-0.25) = 0.1875$, $u_{20} = 0.5(1-0.5) = 0.25$ 이다.

(1) Explicit 법

$$u_{ij+1} = \lambda u_{i-1j} + (1-2\lambda)u_{ij} + \lambda u_{i+1j}$$

에 $\lambda = 0.8$ 을 대입하면

$$u_{ij+1} = 0.8u_{i-1j} - 0.6u_{ij} + 0.8u_{i+1j}$$

이 되고, 이를 그림 2의 미지점에 적용하면

$j = 0$, $i = 1$: $u_{11} = 0.8u_{00} - 0.6u_{10} + 0.8u_{20} = 0.8(0) - 0.6(0.1875) + 0.8(0.25) = 0.0875$

$i = 2$: $u_{21} = 0.8u_{10} - 0.6u_{20} + 0.8u_{30} = 0.8(0.1875) - 0.6(0.25) + 0.8(0.1875) = 0.15$

이 되는데, 여기서 $u_{30} = u_{10}$ 를 이용하였다.

$j = 1$, $i = 1$: $u_{12} = 0.8u_{01} - 0.6u_{11} + 0.8u_{21} = 0.8(0) - 0.6(0.0875) + 0.8(0.15) = 0.0675$

$i = 2$: $u_{22} = 0.8u_{11} - 0.6u_{21} + 0.8u_{31} = 0.8(0.0875) - 0.6(0.15) + 0.8(0.0875) = 0.05$

물론, 여기에서도 $u_{31} = u_{11}$ 를 이용하였다. 참고로 $t = 1$ 까지 계산 결과는 다음과 같다. 이 문제의 $\lambda = 0.8 > 0.5$ 이므로 해의 불안정성(instability)을 보임을 알 수 있다.

Explicit method with $h = 0.25$, $k = 0.05$

Time \ x	$x=0$	$x=0.25$	$x=0.5$	$x=0.75$	$x=1.0$
0.00	.0000E+00	.1875E+00	.2500E+00	.1875E+00	.0000E+00
0.05	.0000E+00	.8750E-01	.1500E+00	.8750E-01	.0000E+00
0.10	.0000E+00	.6750E-01	.5000E-01	.6750E-01	.0000E+00
0.15	.0000E+00	-.5000E-03	.7800E-01	-.5000E-03	.0000E+00
0.20	.0000E+00	.6270E-01	-.4760E-01	.6270E-01	.0000E+00
0.25	.0000E+00	-.7570E-01	.1289E+00	-.7570E-01	.0000E+00
0.30	.0000E+00	.1485E+00	-.1984E+00	.1485E+00	.0000E+00
0.35	.0000E+00	-.2479E+00	.3567E+00	-.2479E+00	.0000E+00
0.40	.0000E+00	.4341E+00	-.6106E+00	.4341E+00	.0000E+00
0.45	.0000E+00	-.7490E+00	.1061E+01	-.7490E+00	.0000E+00
0.50	.0000E+00	.1298E+01	-.1835E+01	.1298E+01	.0000E+00
0.55	.0000E+00	-.2247E+01	.3178E+01	-.2247E+01	.0000E+00
0.60	.0000E+00	.3890E+01	-.5502E+01	.3890E+01	.0000E+00
0.65	.0000E+00	-.6735E+01	.9526E+01	-.6735E+01	.0000E+00
0.70	.0000E+00	.1166E+02	-.1649E+02	.1166E+02	.0000E+00
0.75	.0000E+00	-.2019E+02	.2855E+02	-.2019E+02	.0000E+00
0.80	.0000E+00	.3496E+02	-.4944E+02	.3496E+02	.0000E+00
0.85	.0000E+00	-.6052E+02	.8559E+02	-.6052E+02	.0000E+00
0.90	.0000E+00	.1048E+03	-.1482E+03	.1048E+03	.0000E+00
0.95	.0000E+00	-.1814E+03	.2566E+03	-.1814E+03	.0000E+00
1.00	.0000E+00	.3141E+03	-.4442E+03	.3141E+03	.0000E+00

(2) Implicit 법

$$-\lambda u_{i-1j}+(1+2\lambda)u_{ij}-\lambda u_{i+1j}=u_{ij-1}$$

에 $\lambda=0.8$ 을 대입하면

$$-0.8u_{i-1j}+2.6u_{ij}-0.8u_{i+1j}=u_{ij-1}$$

이 되고, 이를 그림 2의 미지점에 적용하면

$$j=1,\quad i=1:\ -0.8u_{01}+2.6u_{11}-0.8u_{21}=u_{10}$$

$$i=2:\ -0.8u_{11}+2.6u_{21}-0.8u_{31}=u_{20}$$

이 되는데, 여기에 $u_{01}=0$, $u_{10}=0.1875$, $u_{20}=0.25$, $u_{31}=u_{11}$ 을 대입하면

$$\begin{pmatrix}2.6 & -0.8\\ -1.6 & 2.6\end{pmatrix}\begin{pmatrix}u_{11}\\ u_{21}\end{pmatrix}=\begin{pmatrix}0.1875\\ 0.25\end{pmatrix}$$

이고, 이의 해는 $u_{11}=0.1255$, $u_{21}=0.1734$ 이다. 같은 방법으로

$$j=2,\quad i=1:\ -0.8u_{02}+2.6u_{12}-0.8u_{22}=u_{11}$$

$$i=2:\ -0.8u_{12}+2.6u_{22}-0.8u_{32}=u_{21}$$

이 되는데, 여기에 $u_{02}=0$, $u_{11}=0.1255$, $u_{21}=0.1734$, $u_{32}=u_{12}$ 을 대입하여

$$\begin{pmatrix}2.6 & -0.8\\ -1.6 & 2.6\end{pmatrix}\begin{pmatrix}u_{12}\\ u_{22}\end{pmatrix}=\begin{pmatrix}0.1255\\ 0.1734\end{pmatrix}$$

이고, 이의 해는 $u_{11}=0.0848$, $u_{21}=0.1189$ 이다. 참고로 $t=1$ 까지 계산 결과는 다음 표와 같다.

Implicit method with $h=0.25$, $k=0.05$

Time \ x	$x=0$	$x=0.25$	$x=0.5$	$x=0.75$	$x=1.0$
0.00	.0000E+00	.1875E+00	.2500E+00	.1875E+00	.0000E+00
0.05	.0000E+00	.1255E+00	.1734E+00	.1255E+00	.0000E+00
0.10	.0000E+00	.8483E-01	.1189E+00	.8483E-01	.0000E+00
0.15	.0000E+00	.5760E-01	.8117E-01	.5760E-01	.0000E+00
0.20	.0000E+00	.3918E-01	.5533E-01	.3918E-01	.0000E+00
0.25	.0000E+00	.2667E-01	.3769E-01	.2667E-01	.0000E+00
0.30	.0000E+00	.1815E-01	.2567E-01	.1815E-01	.0000E+00
0.35	.0000E+00	.1236E-01	.1748E-01	.1236E-01	.0000E+00
0.40	.0000E+00	.8416E-02	.1190E-01	.8416E-02	.0000E+00
0.45	.0000E+00	.5731E-02	.8104E-02	.5731E-02	.0000E+00
0.50	.0000E+00	.3902E-02	.5518E-02	.3902E-02	.0000E+00
0.55	.0000E+00	.2657E-02	.3757E-02	.2657E-02	.0000E+00
0.60	.0000E+00	.1809E-02	.2558E-02	.1809E-02	.0000E+00
0.65	.0000E+00	.1232E-02	.1742E-02	.1232E-02	.0000E+00
0.70	.0000E+00	.8387E-03	.1186E-02	.8387E-03	.0000E+00
0.75	.0000E+00	.5711E-03	.8077E-03	.5711E-03	.0000E+00
0.80	.0000E+00	.3889E-03	.5499E-03	.3889E-03	.0000E+00
0.85	.0000E+00	.2648E-03	.3745E-03	.2648E-03	.0000E+00
0.90	.0000E+00	.1803E-03	.2550E-03	.1803E-03	.0000E+00
0.95	.0000E+00	.1228E-03	.1736E-03	.1228E-03	.0000E+00
1.00	.0000E+00	.8359E-04	.1182E-03	.8359E-04	.0000E+00

(3) Crank-Nicolson 법

$$-u_{i-1j+1}+\alpha u_{ij+1}-u_{i+1j+1}=u_{i-1j}-\beta u_{ij}+u_{i+1j}$$

에 $\alpha=2(1+1/\lambda)=2(1+1/0.8)=4.5$, $\beta=2(1-1/\lambda)=2(1-1/0.8)=-0.5$ 를 대입하면

$$-u_{i-1j+1}+4.5u_{ij+1}-u_{i+1j+1}=u_{i-1j}+0.5u_{ij}+u_{i+1j}$$

이 되고, 이를 그림 2의 미지점에 적용하면

$$j=0,\quad i=1:\ -u_{01}+4.5u_{11}-u_{21}=u_{00}+0.5u_{10}+u_{20}$$

$$i=2:\ -u_{11}+4.5u_{21}-u_{31}=u_{10}+0.5u_{20}+u_{30}$$

가 되는데, 여기에 $u_{00}=u_{01}=0$, $u_{10}=u_{30}=0.1875$, $u_{20}=0.25$, $u_{31}=u_{11}$을 대입하면

$$\begin{pmatrix}4.5 & -1\\ -2 & 4.5\end{pmatrix}\begin{pmatrix}u_{11}\\ u_{21}\end{pmatrix}=\begin{pmatrix}0.3438\\ 0.5\end{pmatrix}$$

이고, 이의 해는 $u_{11}=0.1122$, $u_{21}=0.1610$이다. 같은 방법으로

$$j=1,\quad i=1:\ -u_{02}+4.5u_{12}-u_{22}=u_{01}+0.5u_{11}+u_{21}$$

$$i=2:\ -u_{12}+4.5u_{22}-u_{32}=u_{11}+0.5u_{21}+u_{31}$$

가 되는데, 여기에 $u_{01}=u_{02}=0$, $u_{11}=u_{31}=0.1122$, $u_{21}=0.1610$, $u_{32}=u_{12}$을 대입하면

$$\begin{pmatrix}4.5 & -1\\ -2 & 4.5\end{pmatrix}\begin{pmatrix}u_{12}\\ u_{22}\end{pmatrix}=\begin{pmatrix}0.2171\\ 0.3049\end{pmatrix}$$

이고, 이의 해는 $u_{12}=0.0702$, $u_{22}=0.0989$이다. $t=1$까지 계산 결과는 표에 나타난다.

Crank-Nicolson method with $h=0.25$, $k=0.05$

Time \ x	$x=0$	$x=0.25$	$x=0.5$	$x=0.75$	$x=1.0$
0.00	.0000E+00	.1875E+00	.2500E+00	.1875E+00	.0000E+00
0.05	.0000E+00	.1122E+00	.1610E+00	.1122E+00	.0000E+00
0.10	.0000E+00	.7022E-01	.9894E-01	.7022E-01	.0000E+00
0.15	.0000E+00	.4346E-01	.6152E-01	.4346E-01	.0000E+00
0.20	.0000E+00	.2697E-01	.3814E-01	.2697E-01	.0000E+00
0.25	.0000E+00	.1673E-01	.2366E-01	.1673E-01	.0000E+00
0.30	.0000E+00	.1038E-01	.1468E-01	.1038E-01	.0000E+00
0.35	.0000E+00	.6438E-02	.9105E-02	.6438E-02	.0000E+00
0.40	.0000E+00	.3994E-02	.5648E-02	.3994E-02	.0000E+00
0.45	.0000E+00	.2478E-02	.3504E-02	.2478E-02	.0000E+00
0.50	.0000E+00	.1537E-02	.2174E-02	.1537E-02	.0000E+00
0.55	.0000E+00	.9534E-03	.1348E-02	.9534E-03	.0000E+00
0.60	.0000E+00	.5914E-03	.8364E-03	.5914E-03	.0000E+00
0.65	.0000E+00	.3669E-03	.5188E-03	.3669E-03	.0000E+00
0.70	.0000E+00	.2276E-03	.3219E-03	.2276E-03	.0000E+00
0.75	.0000E+00	.1412E-03	.1997E-03	.1412E-03	.0000E+00
0.80	.0000E+00	.8758E-04	.1239E-03	.8758E-04	.0000E+00
0.85	.0000E+00	.5433E-04	.7683E-04	.5433E-04	.0000E+00
0.90	.0000E+00	.3370E-04	.4766E-04	.3370E-04	.0000E+00
0.95	.0000E+00	.2091E-04	.2957E-04	.2091E-04	.0000E+00
1.00	.0000E+00	.1297E-04	.1834E-04	.1297E-04	.0000E+00

(5) 해석해 : 경계조건을 만족하도록 $u(x,t)=\sum_{n=1}^{\infty}b_n(t)\sin n\pi x$로 놓고, 이를 편미방에 대입하면

$$b_n{}'(t)+n^2\pi^2 b_n(t)=0\ \rightarrow\ b_n(t)=A_n e^{-n^2\pi^2 t}$$

이 되어 $u(x,t)=\sum_{n=1}^{\infty}A_n e^{-n^2\pi^2 t}\sin n\pi x$이다. 초기조건 $u(x,0)=x(1-x)=\sum_{n=1}^{\infty}A_n\sin n\pi x$에서

$$A_n=\frac{2}{1}\int_0^1 x(1-x)\sin n\pi x\,dx=\frac{4}{n^3\pi^3}[1-(-1)^n]$$

이 되어, 최종해는

$$u(x,t)=\frac{4}{\pi^3}\sum_{n=1}^{\infty}\frac{1-(-1)^n}{n^3}e^{-n^2\pi^2 t}\sin n\pi x$$

이다. 위의 급수해를 20항까지 계산한 결과는 다음과 같다.

20항까지의 급수해

Time	x =0.00	x =0.25	x =0.50	x =0.75	x =1.00
0.00	.0000E+00	.1875E+00	.2500E+00	.1875E+00	.7906E-06
0.05	.0000E+00	.1115E+00	.1574E+00	.1115E+00	.4002E-06
0.10	.0000E+00	.6800E-01	.9616E-01	.6800E-01	.2438E-06
0.15	.0000E+00	.4151E-01	.5871E-01	.4151E-01	.1488E-06
0.20	.0000E+00	.2534E-01	.3584E-01	.2534E-01	.9086E-07
0.25	.0000E+00	.1547E-01	.2188E-01	.1547E-01	.5547E-07
0.30	.0000E+00	.9446E-02	.1336E-01	.9446E-02	.3387E-07
0.35	.0000E+00	.5767E-02	.8155E-02	.5767E-02	.2067E-07
0.40	.0000E+00	.3520E-02	.4979E-02	.3520E-02	.1262E-07
0.45	.0000E+00	.2149E-02	.3040E-02	.2149E-02	.7706E-08
0.50	.0000E+00	.1312E-02	.1856E-02	.1312E-02	.4704E-08
0.55	.0000E+00	.8010E-03	.1133E-02	.8010E-03	.2872E-08
0.60	.0000E+00	.4890E-03	.6916E-03	.4890E-03	.1753E-08
0.65	.0000E+00	.2986E-03	.4222E-03	.2986E-03	.1070E-08
0.70	.0000E+00	.1823E-03	.2578E-03	.1823E-03	.6535E-09
0.75	.0000E+00	.1113E-03	.1574E-03	.1113E-03	.3990E-09
0.80	.0000E+00	.6793E-04	.9607E-04	.6793E-04	.2436E-09
0.85	.0000E+00	.4147E-04	.5865E-04	.4147E-04	.1487E-09
0.90	.0000E+00	.2532E-04	.3581E-04	.2532E-04	.9078E-10
0.95	.0000E+00	.1546E-04	.2186E-04	.1546E-04	.5542E-10
1.00	.0000E+00	.9437E-05	.1335E-04	.9437E-05	.3383E-10

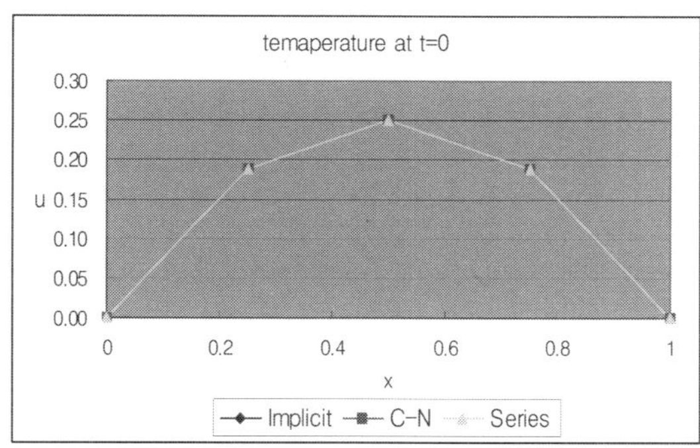

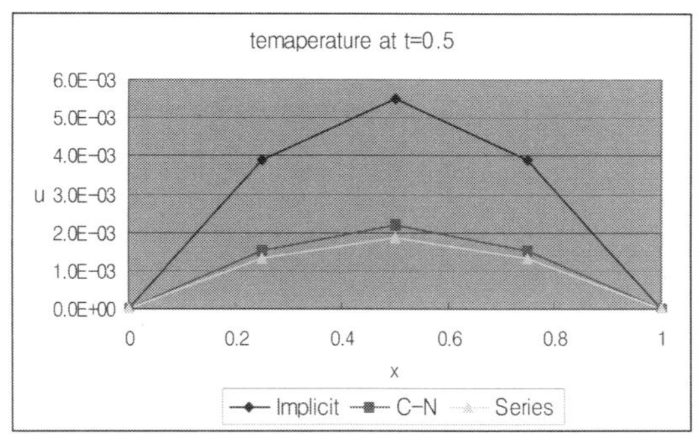

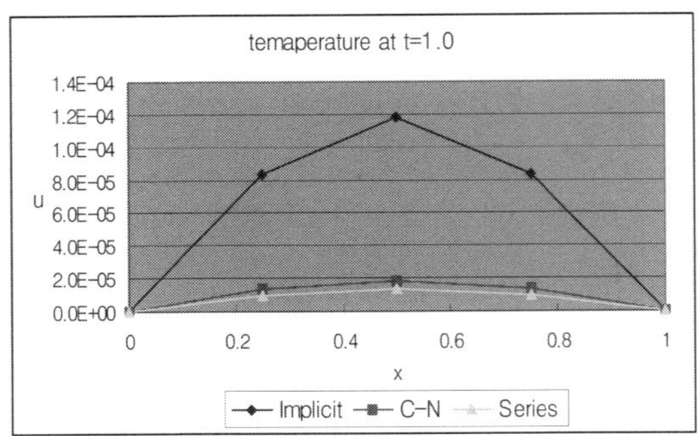

$t = 0.1$ 에서 계산 결과

방법 \ 결과	$u(x=0.25)$	$u(x=0.5)$
해석해	.9437E-05	.1335E-04
Explicit	.3141E+03	-.4442E+03
Implicit	.8359E-04	.1182E-03
Crank-Nicolson	.1297E-04	.1834E-04

14.4 쌍곡선형 편미분방정식

1. With $h=0.2$, $k=0.05$, $\lambda = c^2k^2/h^2 = 4 \cdot 0.05^2/0.2^2 = 0.25$. Thus, with $g(x)=0$,

$$u_{i,1} = 0.125u_{i-1,0} + 0.75u_{i,0} + 0.125u_{i-1,0}, \tag{1}$$

$$u_{ij+1} = 0.25u_{i-1j} + 1.5u_{ij} + 0.25u_{i+1j} - u_{ij-1} \tag{2}$$

From the initial condition and symmetry, we have

$$u_{00} = \sin(0 \cdot \pi) = 0, \qquad u_{10} = \sin(0.2\pi) = 0.5878, \; u_{20} = \sin(0.4\pi) = 0.9511 = u_{30}$$

For the first time step ($j=0$), we use Eq.(1) for $i=1,2$ producing

$$u_{11} = 0.125u_{00} + 0.75u_{10} + 0.125u_{20} = 0.125(0) + 0.75(0.5878) + 0.125(0.9511) = 0.5597$$

$$u_{21} = 0.125u_{10} + 0.75u_{20} + 0.125u_{30} = 0.125(0.5878) + 0.75(0.9511) + 0.125(0.9511) = 0.9056$$

For $j = 1, 2, \cdots$, we use Eq.(2) for $i=1,2$:

$$u_{12} = 0.25u_{01} + 1.5u_{11} + 0.25u_{21} - u_{10}$$
$$= 0.25(0) + 1.5(0.5597) + 0.25(0.9056) - 0.5878 = 0.4782$$
$$u_{22} = 0.25u_{11} + 1.5u_{21} + 0.25u_{31} - u_{20}$$
$$= 0.25(0.5597) + 1.5(0.9056) + 0.25(0.9056) - 0.9511 = 0.7738$$

로 본문의 결과와 같다.

2. $h = 10$ [cm], $c^2 = \dfrac{T}{\rho} = \dfrac{1.4 \times 10^7}{0.025} = 5.6 \times 10^8$ [cm^2/sec^2],

$k = \frac{h}{2}\sqrt{\rho / T} = 5\sqrt{0.025/1.4 \times 10^7} = 2.1129 \times 10^{-4}$ [sec] 이므로

$$\lambda = \frac{c^2 k^2}{h^2} = \frac{\left(\frac{T}{\rho}\right)\left[\left(\frac{h}{2}\right)^2 \frac{\rho}{T}\right]}{h^2} = 0.25$$

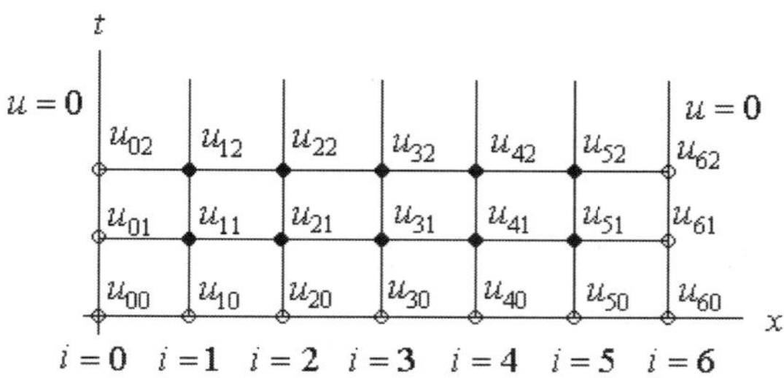

문제의 대칭성으로 $u_{1j} = u_{5j}$, $u_{2j} = u_{4j}$ $(j = 0, 1, 2 \cdots)$이다. 경계조건에서 $u_{00} = u_{01} = u_{02} = \cdots = 0$이고, 초기조건에서 $u_{10} = u_{50} = 0.1$, $u_{20} = u_{40} = 0.2$, $u_{30} = 0.3$ 이다.

Explicit Method에서 첫 번째 시간 단계($j = 0$)의 차분식

$$u_{i,1} = \frac{\lambda}{2} u_{i-1,0} + (1-\lambda) u_{i,0} + \frac{\lambda}{2} u_{i+1,0} - k g(x_i)$$

에 $\lambda = 0.25$ 과 $g(x_i) = 0$ 를 대입하면

$$u_{i1} = 0.125 u_{i-1,0} + 0.75 u_{i,0} + 0.125 u_{i+1,0} \quad (1)$$

이 되고, 이후의 시간 단계($j = 1, 2, \cdots$)의 차분식

$$u_{ij+1} = \lambda u_{i-1j} + 2(1-\lambda) u_{ij} + \lambda u_{i+1j} - u_{ij-1}$$

에 $\lambda = 0.25$ 을 대입하면

$$u_{ij+1} = 0.25 u_{i-1j} + 1.5 u_{ij} + 0.25 u_{i+1j} - u_{ij-1} \quad (2)$$

이다. 먼저 식(1)을 그림의 미지점에 적용하면

$j = 0$, $i = 1$: $u_{11} = 0.125 u_{00} + 0.75 u_{10} + 0.125 u_{20}$
$= 0.125(0) + 0.75(0.1) + 0.125(0.2) = 0.1$

$i = 2$: $u_{21} = 0.125 u_{10} + 0.75 u_{20} + 0.125 u_{30}$
$= 0.125(0.1) + 0.75(0.2) + 0.125(0.3) = 0.2$

$i = 3$: $u_{31} = 0.125 u_{20} + 0.75 u_{30} + 0.125 u_{40}$
$= 0.125(0.2) + 0.75(0.3) + 0.125(0.2) = 0.275$

이 되는데, 여기서 $u_{40} = u_{30}$ 를 이용하였다. 이후에는 식(2)를 이용하여

$j = 1$, $i = 1$: $u_{12} = 0.25 u_{01} + 1.5 u_{11} + 0.25 u_{21} - u_{10}$
$= 0.25(0) + 1.5(0.1) + 0.25(0.2) - 0.1 = 0.1$

$i = 2$: $u_{22} = 0.25 u_{11} + 1.5 u_{21} + 0.25 u_{31} - u_{20}$
$= 0.25(0.1) + 1.5(0.2) + 0.25(0.275) - 0.2 = 0.1937$

$i = 3$: $u_{32} = 0.25 u_{21} + 1.5 u_{31} + 0.25 u_{41} - u_{30}$
$= 0.25(0.2) + 1.5(0.275) + 0.25(0.2) - 0.3 = 0.2125$

물론, 여기서도 $u_{41} = u_{31}$ 를 이용하였다. 시간간격 50까지의 계산 결과는 다음 표와 같다.

Explicit method (Hyperbolic)

Time	x =0.00	x =10	x =20	x =30	x =40	x =50	x =60
.0000E+00	.0000E+00	.1000E+00	.2000E+00	.3000E+00	.2000E+00	.1000E+00	.0000E+00
.2113E-03	.0000E+00	.1000E+00	.2000E+00	.2750E+00	.2000E+00	.1000E+00	.0000E+00
.4226E-03	.0000E+00	.1000E+00	.1937E+00	.2125E+00	.1937E+00	.1000E+00	.0000E+00
.6339E-03	.0000E+00	.9844E-01	.1687E+00	.1406E+00	.1687E+00	.9844E-01	.0000E+00
.8452E-03	.0000E+00	.8984E-01	.1191E+00	.8281E-01	.1191E+00	.8984E-01	.0000E+00
.1056E-02	.0000E+00	.6611E-01	.5312E-01	.4316E-01	.5312E-01	.6611E-01	.0000E+00
.1268E-02	.0000E+00	.2261E-01	-.1214E-01	.8495E-02	-.1214E-01	.2261E-01	.0000E+00
.1479E-02	.0000E+00	-.3524E-01	-.6355E-01	-.3649E-01	-.6355E-01	-.3524E-01	.0000E+00
.1690E-02	.0000E+00	-.9135E-01	-.1011E+00	-.9500E-01	-.1011E+00	-.9135E-01	.0000E+00
.1902E-02	.0000E+00	-.1271E+00	-.1347E+00	-.1566E+00	-.1347E+00	-.1271E+00	.0000E+00
.2113E-02	.0000E+00	-.1329E+00	-.1719E+00	-.2072E+00	-.1719E+00	-.1329E+00	.0000E+00
.2324E-02	.0000E+00	-.1153E+00	-.2081E+00	-.2402E+00	-.2081E+00	-.1153E+00	.0000E+00
.2535E-02	.0000E+00	-.9204E-01	-.2292E+00	-.2571E+00	-.2292E+00	-.9204E-01	.0000E+00
.2747E-02	.0000E+00	-.8007E-01	-.2230E+00	-.2601E+00	-.2230E+00	-.8007E-01	.0000E+00
.2958E-02	.0000E+00	-.8379E-01	-.1903E+00	-.2445E+00	-.1903E+00	-.8379E-01	.0000E+00
.3169E-02	.0000E+00	-.9319E-01	-.1445E+00	-.2018E+00	-.1445E+00	-.9319E-01	.0000E+00
.3381E-02	.0000E+00	-.9213E-01	-.1003E+00	-.1304E+00	-.1003E+00	-.9213E-01	.0000E+00
.3592E-02	.0000E+00	-.7007E-01	-.6151E-01	-.4402E-01	-.6151E-01	-.7007E-01	.0000E+00
.3803E-02	.0000E+00	-.2835E-01	-.2052E-01	.3365E-01	-.2052E-01	-.2835E-01	.0000E+00
.4015E-02	.0000E+00	.2242E-01	.3206E-01	.8424E-01	.3206E-01	.2242E-01	.0000E+00
.4226E-02	.0000E+00	.6999E-01	.9527E-01	.1087E+00	.9527E-01	.6999E-01	.0000E+00
.4437E-02	.0000E+00	.1064E+00	.1555E+00	.1265E+00	.1555E+00	.1064E+00	.0000E+00
.4648E-02	.0000E+00	.1285E+00	.1962E+00	.1588E+00	.1962E+00	.1285E+00	.0000E+00
.4860E-02	.0000E+00	.1354E+00	.2106E+00	.2098E+00	.2106E+00	.1354E+00	.0000E+00
.5071E-02	.0000E+00	.1273E+00	.2060E+00	.2612E+00	.2060E+00	.1273E+00	.0000E+00
.5282E-02	.0000E+00	.1070E+00	.1955E+00	.2851E+00	.1955E+00	.1070E+00	.0000E+00
.5494E-02	.0000E+00	.8214E-01	.1853E+00	.2641E+00	.1853E+00	.8214E-01	.0000E+00
.5705E-02	.0000E+00	.6251E-01	.1689E+00	.2037E+00	.1689E+00	.6251E-01	.0000E+00
.5916E-02	.0000E+00	.5385E-01	.1347E+00	.1260E+00	.1347E+00	.5385E-01	.0000E+00
.6127E-02	.0000E+00	.5196E-01	.7810E-01	.5257E-01	.7810E-01	.5196E-01	.0000E+00
.6339E-02	.0000E+00	.4360E-01	.8553E-02	-.8058E-02	.8553E-02	.4360E-01	.0000E+00
.6550E-02	.0000E+00	.1559E-01	-.5638E-01	-.6039E-01	-.5638E-01	.1559E-01	.0000E+00
.6761E-02	.0000E+00	-.3432E-01	-.1043E+00	-.1107E+00	-.1043E+00	-.3432E-01	.0000E+00
.6973E-02	.0000E+00	-.9314E-01	-.1364E+00	-.1578E+00	-.1364E+00	-.9314E-01	.0000E+00
.7184E-02	.0000E+00	-.1395E+00	-.1630E+00	-.1942E+00	-.1630E+00	-.1395E+00	.0000E+00
.7395E-02	.0000E+00	-.1568E+00	-.1915E+00	-.2150E+00	-.1915E+00	-.1568E+00	.0000E+00
.7606E-02	.0000E+00	-.1436E+00	-.2173E+00	-.2240E+00	-.2173E+00	-.1436E+00	.0000E+00
.7818E-02	.0000E+00	-.1129E+00	-.2263E+00	-.2297E+00	-.2263E+00	-.1129E+00	.0000E+00
.8029E-02	.0000E+00	-.8235E-01	-.2078E+00	-.2336E+00	-.2078E+00	-.8235E-01	.0000E+00
.8240E-02	.0000E+00	-.6254E-01	-.1644E+00	-.2247E+00	-.1644E+00	-.6254E-01	.0000E+00
.8452E-02	.0000E+00	-.5257E-01	-.1106E+00	-.1856E+00	-.1106E+00	-.5257E-01	.0000E+00
.8663E-02	.0000E+00	-.4397E-01	-.6106E-01	-.1091E+00	-.6106E-01	-.4397E-01	.0000E+00
.8874E-02	.0000E+00	-.2866E-01	-.1922E-01	-.8503E-02	-.1922E-01	-.2866E-01	.0000E+00
.9085E-02	.0000E+00	-.3819E-02	.2294E-01	.8670E-01	.2294E-01	-.3819E-02	.0000E+00
.9297E-02	.0000E+00	.2866E-01	.7435E-01	.1500E+00	.7435E-01	.2866E-01	.0000E+00
.9508E-02	.0000E+00	.6540E-01	.1333E+00	.1755E+00	.1333E+00	.6540E-01	.0000E+00
.9719E-02	.0000E+00	.1028E+00	.1858E+00	.1799E+00	.1858E+00	.1028E+00	.0000E+00
.9931E-02	.0000E+00	.1352E+00	.2160E+00	.1872E+00	.2160E+00	.1352E+00	.0000E+00
.1014E-01	.0000E+00	.1540E+00	.2189E+00	.2089E+00	.2189E+00	.1540E+00	.0000E+00
.1035E-01	.0000E+00	.1506E+00	.2030E+00	.2356E+00	.2030E+00	.1506E+00	.0000E+00
.1056E-01	.0000E+00	.1226E+00	.1822E+00	.2461E+00	.1822E+00	.1226E+00	.0000E+00

14장 부록 문제

1. (1) Jacobi Method

$$x_1^{(l)} = \frac{1}{10}(9 + x_2^{(l-1)})$$

$$x_2^{(l)} = \frac{1}{10}(7 + x_1^{(l-1)} + 2x_3^{(l-1)})$$

$$x_3^{(l)} = \frac{1}{10}(8 + 2x_2^{(l-1)})$$

With starting values $X^{(0)} = (0,0,0)^t$

$l = 1$: $x_1^{(1)} = \frac{1}{10}(9+0) = 0.9$

$$x_2^{(1)} = \frac{1}{10}(7+0+2 \cdot 0) = 0.7$$

$$x_3^{(1)} = \frac{1}{10}(8+2 \cdot 0) = 0.8$$

$$\vdots$$

x_i \ l	0	1	2	3	4	5	6
x_1	0	0.9000	0.9700	0.9950	0.9985	0.9998	0.9999
x_2	0	0.7000	0.9500	0.9850	0.9975	0.9992	0.9999
x_3	0	0.8000	0.9400	0.9900	0.9970	0.9995	0.9998

(2) Gauss-Seidel Method

$$x_1^{(l)} = \frac{1}{10}(9 + x_2^{(l-1)})$$

$$x_2^{(l)} = \frac{1}{10}(7 + x_1^{(l)} + 2x_3^{(l-1)})$$

$$x_3^{(l)} = \frac{1}{10}(8 + 2x_2^{(l)})$$

$l = 1$: $x_1^{(1)} = \frac{1}{10}(9+0) = 0.9$

$$x_2^{(1)} = \frac{1}{10}(7+0.9+2 \cdot 0) = 0.79$$

$$x_3^{(1)} = \frac{1}{10}(8+2 \cdot 0.79) = 0.958$$

$$\vdots$$

x_i \ l	0	1	2	3	4
x_1	0	0.9000	0.9790	0.9990	0.9999
x_2	0	0.7900	0.9895	0.9995	1.000
x_3	0	0.9580	0.9979	0.9999	1.000

(3) SOR with $\omega = 1.2$

$$x_1^{(l)} = (1-\omega)x_1^{(l-1)} + \frac{\omega}{10}(9 + x_2^{(l-1)}) = -0.2x_1^{(l-1)} + 0.12(9 + x_2^{(l-1)})$$

$$x_2^{(l)} = (1-\omega)x_2^{(l-1)} + \frac{\omega}{10}(7 + x_1^{(l)} + 2x_3^{(l-1)}) = -0.2x_2^{(l-1)} + 0.12(7 + x_1^{(l)} + 2x_3^{(l-1)})$$

$$x_3^{(l)} = (1-\omega)x_3^{(l-1)} + \frac{\omega}{10}(8 + 2x_2^{(l)}) = -0.2x_3^{(l-1)} + 0.12(8 + 2x_2^{(l)})$$

$l = 1$: $x_1^{(l)} = -0.2 \cdot 0 + 0.12(9 + 0) = 1.08$

$x_2^{(l)} = -0.2 \cdot 0 + 0.12(7 + 1.08 + 2 \cdot 0) = 0.9696$

$x_3^{(l)} = -0.2 \cdot 0 + 0.12(8 + 2 \cdot 0.9696) = 1.192704$

⋮

x_i \ l	0	1	2	3	4	5	6	7
x_1	0	1.080	0.9804	1.010	0.9962	1.001	0.9997	1.000
x_2	0	0.9696	1.050	0.9848	1.003	0.9996	1.000	1.000
x_3	0	0.1193	0.9735	1.002	1.000	0.9998	1.000	1.000